できる

エクセル
Excel
グラフ

Office 2021/2019/2016 & Microsoft 365 対応

きたみあきこ & できるシリーズ編集部

インプレス

動画について

操作を確認できる動画をYouTube動画で参照できます。画面の動きがそのまま見られるので、より理解が深まります。QRが読めるスマートフォンなどからはレッスンタイトル横にあるQRを読むことで直接動画を見ることができます。パソコンなどQRが読めない場合は、以下の動画一覧ページからご覧ください。

▼動画一覧ページ
https://dekiru.net/graph2021

●用語の使い方

　本文中では、「Microsoft Excel 2021」のことを、「Excel 2021」または「Excel」、「Microsoft 365 Personal」の「Excel」のことを、「Microsoft 365」または「Excel」と記述しています。また、本文中で使用している用語は、基本的に実際の画面に表示される名称に則っています。

●本書の前提

　本書では、「Windows 11」に「Microsoft Excel 2021」がインストールされているパソコンで、インターネットに常時接続されている環境を前提に画面を再現しています。

まえがき

　即効性が求められるビジネスの現場において、「グラフ」は欠かせない情報伝達ツールです。表の数値をグラフ化すれば、数値が増えているのか減っているのか、また、その変化は急速なのか緩やかなのかが、一目瞭然（りょうぜん）になります。プレゼンテーションやデータ分析など、さまざまなシーンでグラフの重要度は高まるばかりです。

　Excelのグラフ機能は非常に優秀です。わずか数クリックで、グラフを手早く作成できます。ただし、その数クリックでグラフ作りを完了してしまっては、グラフのメリットが半減します。ひと目で情報が得られるような分かりやすいグラフに仕上げるには、「プラスアルファのテクニック」が必要です。テクニックを駆使することで、グラフの分かりやすさや完成度は格段にアップします。

　本書では、基本編と活用編の2部構成でグラフ作りを解説します。第1章から第4章までの基本編では、表からグラフを作成する方法と、どのグラフにも共通する基本的なテクニックを紹介します。活用編の第5章から第7章では、日常的によく使う棒グラフ、折れ線グラフ、円グラフにスポットを当て、各グラフに特有のテクニックを紹介します。続く第8章では、データ分析やデータ管理に役立つ応用的なグラフの作成方法を解説します。そして最終章である第9章では、プレゼンテーション向けの説得力のあるグラフ作りの考え方を説明します。

　本書で対応するExcelのバージョンは、Excel 2021、2019、2016およびMicrosoft 365の4つです。手順は基本的にExcel 2021の画面を使用して説明しますが、操作が異なる場合はほかのバージョンの手順も補足説明しているので、あらゆるExcelユーザーに安心してお読みいただけます。

　伝えたいことを相手に正しく伝達できる分かりやすいグラフ、相手の興味をグンと引き寄せる美しいグラフ、情報を正しく分析するための表現力のあるグラフ、企画を通す訴求度満点のグラフ、本書には、そんなグラフ作りをお手伝いする知識やテクニックがたくさん詰め込まれています。本書が、皆さまのグラフ作りの手助けになれば幸いです。

　最後に、本書の制作にご協力くださったすべての皆さまに、心からお礼申し上げます。

2023年4月　きたみあきこ

本書の読み方

レッスンタイトル

やりたいことや知りたいことが探せるタイトルが付いています。

サブタイトル

機能名やサービス名などで調べやすくなっています。

関連情報

レッスンの操作内容を補足する要素を種類ごとに色分けして掲載しています。

使いこなしのヒント

操作を進める上で役に立つヒントを掲載しています。

ショートカットキー

キーの組み合わせだけで操作する方法を紹介しています。

時短ワザ

手順を短縮できる操作方法を紹介しています。

スキルアップ

一歩進んだテクニックを紹介しています。

用語解説

レッスンで覚えておきたい用語を解説しています。

ここに注意

間違えがちな操作について注意点を紹介しています。

練習用ファイル

レッスンで使用する練習用ファイルの名前です。ダウンロード方法などは6ページをご参照ください。

YouTube動画で見る

パソコンやスマートフォンなどで視聴できる無料の動画です。詳しくは2ページをご参照ください。

レッスン
37 項目軸に「月」を縦書きで表示するには

セルの書式設定

YouTube 動画で見る
詳細は2ページへ

練習用ファイル L37_セルの書式設定.xlsx

基本編 第 章

Ctrl + J キーで項目軸の表示形式を変更できる

12カ月分のデータからグラフを作成すると、グラフのサイズやレイアウトによっては、横（項目）軸にある「月名」が横向きに表示されたり、とびとびに表示されるなどして見づらくなります。月名を軸にすっきり収めようと縦書きにすると、今度は2けたの月の2つの数字が縦1列に並んでしまい、うまくいきません。

下の［After］のグラフのように、数値と月を縦書きで表示し、なおかつ2けたの月の数値を横書きで見せるには、元表に月の数値だけを入力し、表示形式で単位の「月」を表示させます。その際、Ctrl + J キーという特別なショートカットキーで数値と「月」の間に改行を入れるという裏ワザを使います。グラフの横（項目）軸を横書きで表示すれば、2けたの月の数値が横書きで表示された後、改行を挟んで「月」が数値の下に表示されるというわけです。

関連レッスン

レッスン36
項目軸の日付を半年ごとに表示するには　　　　　P.134

キーワード

表示形式　　　　　P.345

ショートカットキー

[セルの書式設定]
ダイアログボックスの表示　Ctrl + 1
改行　　　　　Ctrl + J

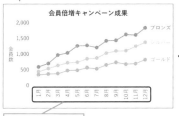

Before
会員倍増キャンペーン成果

横（項目）軸の「月」が横向きで見づらい

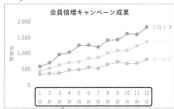

After
会員倍増キャンペーン成果

単位の「月」を縦書きで表示できる

使いこなしのヒント

改行と表示形式

Ctrl + J キーは改行という特殊な文字を表すショートカットキーです。セルに改行を入れるときは Alt + Enter キーを押しますが、改行を含む表示形式を設定するときは Ctrl + J キーを使用します。Alt + Enter キーで改行した場合は、セ

ルのデータが即座に複数行で表示されます。一方、改行を含む表示形式を設定したセルで実際にデータを複数行で表示するには、手動で行高の調整と［折り返して全体を表示する］の設定を行う必要があります。

138　できる

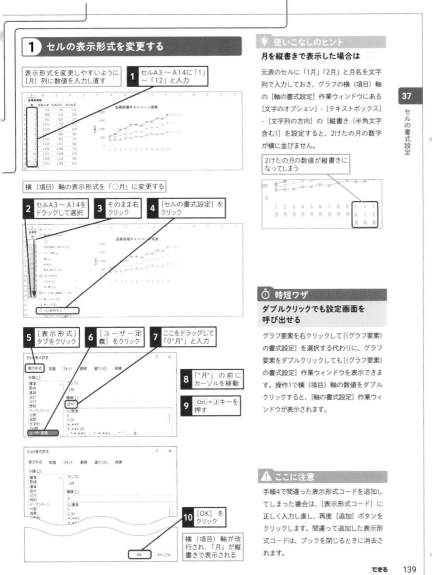

---

1 セルの表示形式を変更する

表示形式を変更しやすいように［月］列に数値を入力し直す

1 セルA3 〜 A14に「1」〜「12」と入力

横（項目）軸の表示形式を「○月」に変更する

2 セルA3 〜 A14をドラッグして選択
3 そのまま右クリック
4 ［セルの書式設定］をクリック

5 ［表示形式］タブをクリック
6 ［ユーザー定義］をクリック
7 ここをドラッグして「0"月"」と入力
8 「"月"」の前にカーソルを移動
9 Ctrl＋Jキーを押す

10 ［OK］をクリック

横（項目）軸が改行され、「月」が縦書きで表示される

💡 使いこなしのヒント

月を縦書きで表示した場合は

元表のセルに「1月」「2月」と月名を文字列で入力しておき、グラフの横（項目）軸の［軸の書式設定］作業ウィンドウにある［文字のオプション］-［テキストボックス］-［文字列の方向］の［縦書き（半角文字含む）］を設定すると、2けたの月の数字が横に並びません。

2けたの月の数値が縦書きになってしまう

⏱ 時短ワザ

ダブルクリックでも設定画面を呼び出せる

グラフ要素を右クリックして［(グラフ要素)の書式設定］を選択する代わりに、グラフ要素をダブルクリックしても［(グラフ要素)の書式設定］作業ウィンドウを表示できます。操作1で横（項目）軸の数値をダブルクリックすると、［軸の書式設定］作業ウィンドウが表示されます。

⚠ ここに注意

手順4で間違った表示形式コードを追加してしまった場合は、［表示形式コード］に正しく入力し直し、再度［追加］ボタンをクリックします。間違って追加した表示形式コードは、ブックを閉じるときに消去されます。

できる 139

操作手順

実際のパソコンの画面を撮影して、操作を丁寧に解説しています。

●手順見出し

1 セルの表示形式を変更する

操作の内容ごとに見出しが付いています。目次で参照して探すことができます。

●操作説明

1 セルA3 〜 A14に「1」〜「12」と入力

実際の操作を1つずつ説明しています。番号順に操作することで、一通りの手順を体験できます。

●解説

表示形式を変更しやすいように［月］列に数値を入力し直す

作の前提や意味、操作結果について解説しています。

※ここに掲載している紙面はイメージです。実際のレッスンページとは異なります。

練習用ファイルの使い方

本書では、レッスンの操作をすぐに試せる無料の練習用ファイルを用意しています。ダウンロードした練習用ファイルは必ず展開して使ってください。ここではMicrosoft Edgeを使ったダウンロードの方法を紹介します。

▼練習用ファイルのダウンロードページ
https://book.impress.co.jp/books/1122101171

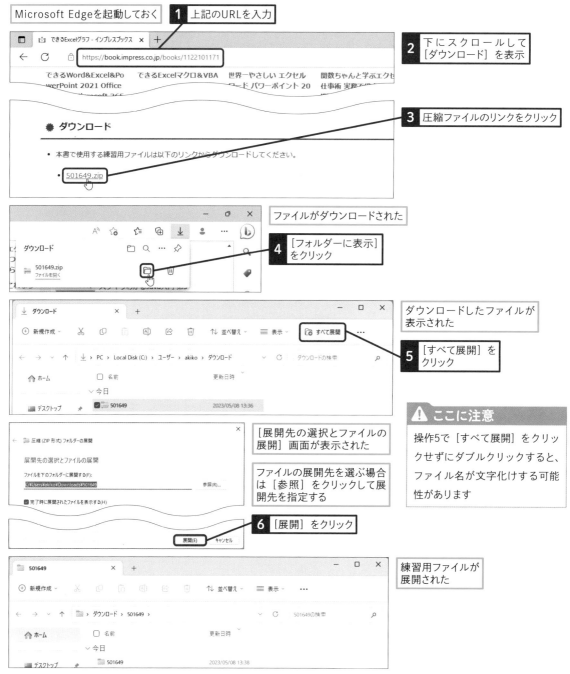

Microsoft Edgeを起動しておく

1 上記のURLを入力

2 下にスクロールして [ダウンロード] を表示

3 圧縮ファイルのリンクをクリック

⚛ ダウンロード

・ 本書で使用する練習用ファイルは以下のリンクからダウンロードしてください。

・ 501649.zip

ファイルがダウンロードされた

4 [フォルダーに表示] をクリック

ダウンロードしたファイルが表示された

5 [すべて展開] をクリック

[展開先の選択とファイルの展開] 画面が表示された

ファイルの展開先を選ぶ場合は [参照] をクリックして展開先を指定する

6 [展開] をクリック

⚠️ ここに注意

操作5で [すべて展開] をクリックせずにダブルクリックすると、ファイル名が文字化けする可能性があります

練習用ファイルが展開された

●練習用ファイルを使えるようにする

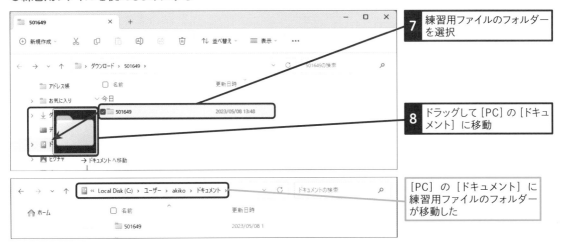

7 練習用ファイルのフォルダーを選択

8 ドラッグして [PC] の [ドキュメント] に移動

[PC] の [ドキュメント] に練習用ファイルのフォルダーが移動した

練習用ファイルの内容

練習用ファイルには章ごとにファイルが格納されており、ファイル先頭の「L」に続く数字がレッスン番号、次がレッスンの内容を表します。レッスンによって、練習用ファイルがなかったり、1つだけになっていたりします。 手順実行後のファイルは、収録できるもののみ入っています。

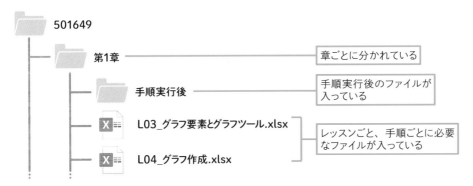

501649

第1章 ──────────── 章ごとに分かれている

手順実行後 ──────── 手順実行後のファイルが入っている

L03_グラフ要素とグラフツール.xlsx

L04_グラフ作成.xlsx
──── レッスンごと、手順ごとに必要なファイルが入っている

［保護ビュー］が表示された場合は

インターネットを経由してダウンロードしたファイルを開くと、保護ビューで表示されます。ウイルスやスパイウェアなど、セキュリティ上問題があるファイルをすぐに開いてしまわないようにするためです。ファイルの入手時に配布元をよく確認して、安全と判断できた場合は［編集を有効にする］ボタンをクリックしてください。

［保護ビュー］の警告が表示された

1 ［編集を有効にする］をクリック

目次

基本編

第1章 グラフを作成しよう　23

01 伝わるグラフを作成しよう Introduction　24

グラフ作りの基本を知ろう
伝えたいことが伝わるグラフを作ろう

02 グラフの種類を理解しよう グラフの種類　26

表現したいことを効果的に見せるグラフを選ぼう

03 グラフ作成のポイントを理解しよう グラフ要素とグラフツール　28

グラフの標準的な構成要素を理解しよう
さまざまなグラフ要素で工夫を凝らす
グラフ編集用のタブ役割を知ろう
詳細な設定は作業ウィンドウで

04 グラフを作成するには グラフ作成　32

選択したデータから瞬時にグラフができる！
グラフを作成する
グラフタイトルを編集できるようにする

スキルアップ おすすめグラフが利用できる　34

グラフタイトルを入力する

スキルアップ クイック分析ツールでもグラフを作成できる　35

05 項目軸と凡例を入れ替えるには 行/列の切り替え　36

ボタン1つで瞬時にグラフの情報が切り替わる
横（項目）軸と凡例を入れ替える

06 グラフの種類を変更するには グラフの種類の変更　38

データに応じて最適なグラフに変更しよう
グラフの種類を変更する

活用編
第 9 章 データを効果的に見せるテクニック 299

本書の構成

本書は手順を1つずつ学べる「基本編」、便利な操作をバリエーション豊かに揃えた「活用編」の2部で、グラフの基礎から応用まで無理なく身に付くように構成されています。

基本編
第1章〜第4章

基本的な操作方法から、グラフの見た目やグラフ要素の編集方法など、どのグラフにも共通するテクニックをひと通り解説します。最初から続けて読むことでグラフに関する基本知識と基本操作がよく身に付きます。

活用編
第5章〜第9章

棒グラフ、折れ線グラフ、円グラフなど、ビジネスでよく使うグラフの種類別に便利なテクニックを紹介します。また、データ分析に役立つ応用的なグラフや説得力のあるグラフにするコツなどについても解説します。

用語集・索引

重要なキーワードを解説した用語集、知りたいことから調べられる索引などを収録。基本編、活用編と連動させることで、グラフについての理解がさらに深まります。

登場人物紹介

グラフを皆さんと一緒に学ぶ生徒と先生を紹介します。各章の冒頭にある「イントロダクション」、最後にある「この章のまとめ」で登場します。それぞれの章で学ぶ内容や、重要なポイントを説明していますので、ぜひご参照ください。

北島タクミ（きたじまたくみ）
元気が取り柄の若手社会人。うっかりミスが多いが、憎めない性格で周りの人がフォローしてくれる。好きな食べ物はカレーライス。

南マヤ（みなみまや）
タクミの同期。しっかり者で周囲の信頼も厚い。 タクミがミスをしたときは、おやつを条件にフォローする。好きなコーヒー豆はマンデリン。

エクセル先生
Excelのすべてをマスターし、その素晴らしさを広めている先生。基本から活用まで幅広いExcelの疑問に答える。好きな関数はVLOOKUP。

基本編

第1章

グラフを作成しよう

グラフは、数値データを視覚的に表現する道具です。表に並んだ数値を眺めてデータを分析するのは至難の業。しかしデータをグラフ化すれば、数値の大小関係や、時系列の傾向などが一目瞭然です。この章ではまず、グラフに関する基本知識と基本操作を身に付けましょう。基本を押さえておけば、この先の発展的なグラフ作りにすんなり進めるはずです。

01

伝わるグラフを作成しよう

ニュース番組や新聞、広告など、身近なところで目にすることが多い「グラフ」ですが、いざ自分で作るとなると戸惑う人も多いでしょう。この章では基本的なグラフの作成方法とともに、効果的に活用するためのグラフの選び方について学びます。

グラフ作りの基本を知ろう

製品別の売上数をグラフにまとめてみました。2020年、2021年、2022年と順調に売上数が伸びていますね！

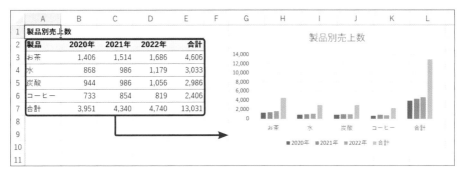

表からグラフを作成

そうなの？　合計の棒が大き過ぎて、そのほかの棒の数値があまり読み取れないけど……。

何だかいろいろ間違っていますね。グラフを作成するときは、表の合計欄を含めないのが基本ですよ。

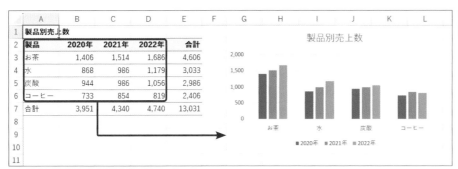

合計を含めずにグラフを作成

伝えたいことが伝わるグラフを作ろう

棒が大きくなったから、「お茶」が一番売れている
ことが簡単に読み取れますね♪

ちょっと待った。タクミ君の意図をグラフで伝えるには、横軸に
「製品」ではなく「年」を配置したほうがいいのでは？

横軸に「製品」を配置

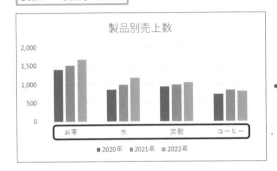

横軸に「年」を配置

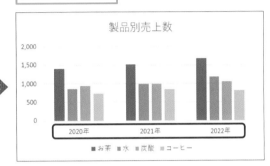

なるほど。2020年、2021年、2022年と売上数が増えていく
様子が伝わりますね！

でも合計の棒を省いちゃったから、売上数の合計が本当に
増えているのか、今ひとつピンとこないんですけど……？

売上数の合計の変化を伝えたいなら、単純な縦棒グラフではなく、
「積み上げ縦棒」グラフにしたらどうでしょうか？　伝えたいことに
応じて適切なグラフを選ぶことが、グラフ作りのポイントです。

◆縦棒グラフ

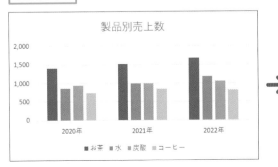

◆積み上げ縦棒グラフ

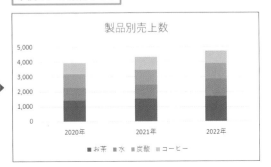

02 グラフの種類を理解しよう

グラフの種類

基本編　第1章　グラフを作成しよう

表現したいことを効果的に見せるグラフを選ぼう

グラフは、数値の情報を目で見て把握するための道具です。グラフで何を伝えたいのか、それを伝えるためには「どんなグラフが効果的か」ということを理解してグラフの種類を選ぶことが大切です。例えば同じ売り上げを扱うグラフでも、売れ筋の商品を見極めたいなら大きさを比較しやすい「棒グラフ」、売り上げの貢献度を分析したいときは割合を表現できる「円グラフ」というように、グラフ化の目的に応じて最適なグラフを選びます。Excelでは、棒グラフ、折れ線グラフ、円グラフのような基本的なグラフから、レーダーチャートやバブルチャートのようなより高度なグラフまで、さまざまな種類のグラフを作成できます。各グラフの特徴を理解し、目的に応じて使い分けてください。

🔍 キーワード

グラフエリア	P.343
データ範囲	P.345
凡例	P.345

🔖 用語解説

グラフ

数値の大小関係や割合、時系列の推移などを視覚的に表した図を「グラフ」といいます。棒や円、線などの図形を使用して、数値の大きさや割合を示します。

●棒グラフで数値の大きさを比較する

◆棒グラフ
数値の大きさを
比較しやすい

◆横棒グラフ
複数項目の大きさを水平に表示
して比較するのに向いている

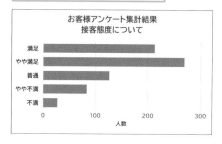

◆積み上げ縦棒グラフ
項目の大きさだけでなく
割合も把握できる

◆上下対称グラフ
マイナスの数値が下に伸びているので、
プラスの数値と比較しやすい

●折れ線グラフで推移が直感的に分かる

◆折れ線グラフ
数値の推移を表現
できる

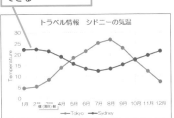

◆2軸グラフ
単位の異なる数値を折れ線と
棒グラフで表現できる

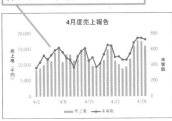

◆積み上げ面グラフ
各項目とその合計の時系列の
推移が分かる

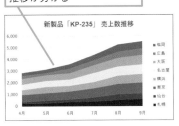

●円グラフやドーナツグラフでデータの割合や内訳を表せる

◆円グラフ
数値の割合を
表現できる

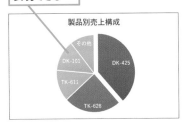

◆補助縦棒付き円
円グラフに含まれる項目の
内訳を縦棒で表示する

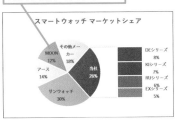

◆二重ドーナツグラフ
固定費と変動費などの内訳を
グラフで表せる

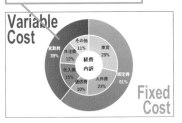

●高度なグラフで傾向や動きを分析する

◆レーダーチャート
性能や特徴といったバランス
を分析できる

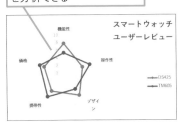

◆散布図
2種類の数値データの
相関性を表現できる

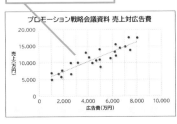

◆バブルチャート
3種類の数値データの
関係を表現できる

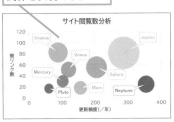

◆ウォーターフォール
値の増減による累計の結果を示せる。
財務状況の把握などに使われる

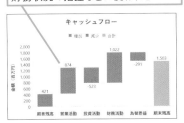

◆箱ひげ図
データのばらつき具合を
分かりやすく表示できる

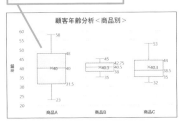

◆じょうごグラフ
数値が絞り込まれていく様子を
表現できる

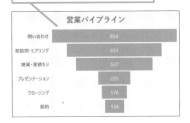

レッスン 03 グラフ作成のポイントを理解しよう

グラフ要素とグラフツール

練習用ファイル　L03_グラフ要素とグラフツール.xlsx

基本編

第1章　グラフを作成しよう

グラフの標準的な構成要素を理解しよう

グラフを構成する部品のことを「グラフ要素」と呼びます。グラフ要素の組み合わせ方が分かりやすいグラフのポイントとなるので、どのようなグラフ要素があるのかを知っておくことが大切です。
下の例は、縦棒グラフを構成する標準的なグラフ要素です。まずは、各要素の名称と役割を把握しておきましょう。一度に全部を覚えるのは難しいかもしれませんが、この先のレッスンを進めながら何度もこのページに戻って確認してください。

🔗 関連レッスン

レッスン02
グラフの種類を理解しよう　　P.26

レッスン04
グラフを作成するには　　P.32

🔍 キーワード

グラフ要素	P.344
作業ウィンドウ	P.344
凡例	P.345
プロットエリア	P.345

●グラフの標準的な構成要素

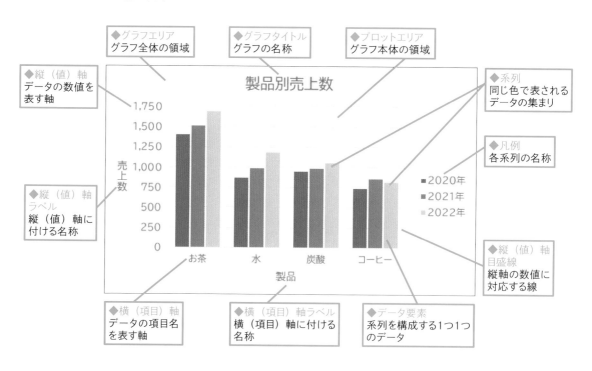

28　できる

さまざまなグラフ要素で工夫を凝らす

前ページで紹介した以外にも、下図のようなさまざまなグラフ要素があり、グラフの種類や目的に応じて利用できます。特に軸の名称はグラフの種類によって変わるので注意が必要です。下図で確認しておきましょう。

●横棒グラフ

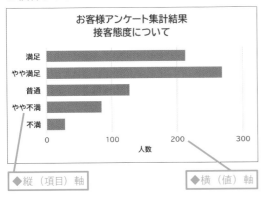

◆縦（項目）軸 ◆横（値）軸

●折れ線グラフ

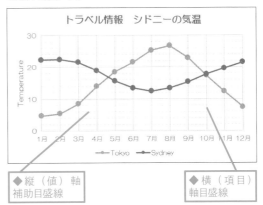

◆縦（値）軸 補助目盛線 ◆横（項目）軸目盛線

●2軸グラフ

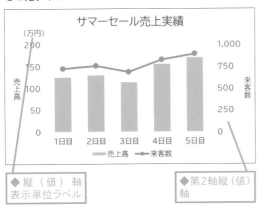

◆縦（値）軸 表示単位ラベル ◆第2軸縦（値）軸

●散布図

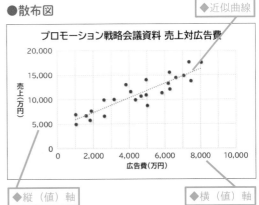

◆近似曲線 ◆縦（値）軸 ◆横（値）軸

🔆 使いこなしのヒント

グラフ要素にマウスポインターを合わせてみよう

グラフ要素の名前を知りたいときは、グラフ要素にマウスポインターを合わせましょう。ポップヒントに「グラフエリア」「縦（値）軸」などとグラフ要素の名前が表示されます。データ要素の場合は、系列名、要素名、数値の3種類の情報を確認できます。

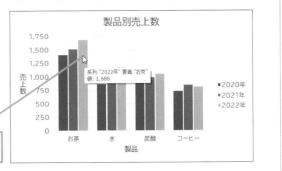

マウスポインターを合わせるとグラフ要素の名前が表示される

次のページに続く➡

グラフ編集用のタブ役割を知ろう

グラフを選択すると、リボンに [グラフのデザイン] タブと [書式] タブが表示されます。これらのタブは、グラフのレイアウトやデザインを設定するために欠かせないグラフの編集専用のタブです。ここでは各タブの役割を大まかにつかんでおきましょう。

使いこなしのヒント

バージョンによってタブの種類が違う

Excel 2019/2016では、グラフを選択すると [デザイン] タブと [書式] タブが [グラフツール] コンテキストタブの中に表示されます。[デザイン] タブは、Excel 2021/Microsoft 365の [グラフのデザイン] タブに相当します。

●Excel 2021とMicrosoft 365のExcelのリボン

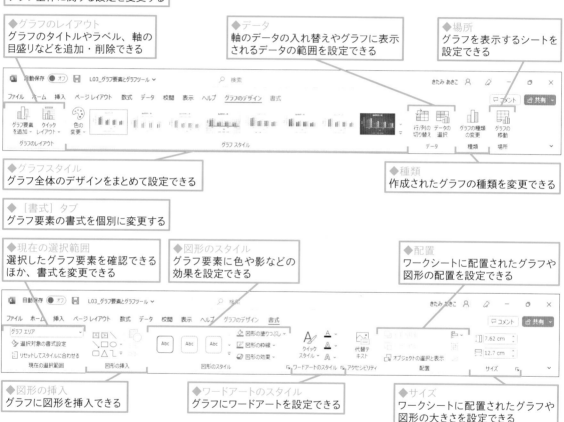

◆ [グラフのデザイン] タブ
グラフ全体に関する設定を変更する

◆グラフのレイアウト
グラフのタイトルやラベル、軸の目盛りなどを追加・削除できる

◆データ
軸のデータの入れ替えやグラフに表示されるデータの範囲を設定できる

◆場所
グラフを表示するシートを設定できる

◆グラフスタイル
グラフ全体のデザインをまとめて設定できる

◆種類
作成されたグラフの種類を変更できる

◆ [書式] タブ
グラフ要素の書式を個別に変更する

◆現在の選択範囲
選択したグラフ要素を確認できるほか、書式を変更できる

◆図形のスタイル
グラフ要素に色や影などの効果を設定できる

◆配置
ワークシートに配置されたグラフや図形の配置を設定できる

◆図形の挿入
グラフに図形を挿入できる

◆ワードアートのスタイル
グラフにワードアートを設定できる

◆サイズ
ワークシートに配置されたグラフや図形の大きさを設定できる

●Excel 2019/2016のリボン

◆ [グラフツール] の [デザイン] タブ
Excel 2021とMicrosoft 365のExcelの [グラフのデザイン] タブにあたる

◆ [グラフツール] の [書式] タブ
Excel 2021とMicrosoft 365のExcelの [書式] タブにあたる

詳細な設定は作業ウィンドウで

グラフ要素の詳細な設定は、[○○の書式設定] 作業ウィンドウで行います。作業ウィンドウの設定項目は3段階の階層構造になっています。例えば、グラフエリアのサイズに関する設定を行いたいときは、[グラフエリアの書式設定] 作業ウィンドウで [グラフのオプション] - [サイズとプロパティ] - [サイズ] とたどっていきます。目的の設定項目をスムーズに探せるように、作業ウィンドウの構造を把握しておきましょう。

💡 使いこなしのヒント

作業ウィンドウが見当たらない?

作業ウィンドウは、必要なときに画面に呼び出して使用します。本書で作業ウィンドウを使用するときは、その都度表示方法の手順を紹介します。

●1番目の階層のメニュー

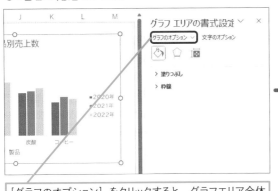 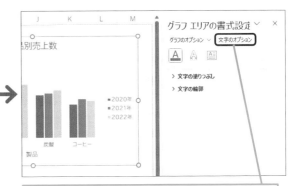

[グラフのオプション] をクリックすると、グラフエリア全体の設定に関するメニューアイコンが表示される

[文字のオプション] をクリックすれば、グラフエリアの文字の設定に関するメニュー項目が表示される

●2番目の階層のメニュー

●3番目の階層のメニュー

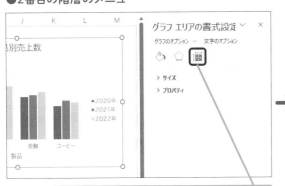 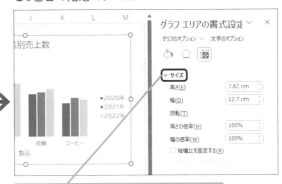

[グラフのオプション] をクリックして [サイズとプロパティ] のアイコンをクリックすると、サイズとプロパティに関するメニューが表示される

[サイズ] の左の三角形をクリックするごとに、設定項目の表示と非表示が切り替わる

04 グラフを作成するには

グラフ作成

練習用ファイル　L04_グラフ作成.xlsx

基本編
第1章　グラフを作成しよう

選択したデータから瞬時にグラフができる!

グラフの作成方法は至って簡単、表を選択してリボンのボタンからグラフの種類を指定するだけです。このわずか2ステップで、即座にグラフを作成できます。

このレッスンでは、「製品別売上数」の表から集合縦棒グラフを作成します。作成されるのはグラフの周りにグラフタイトルと凡例があるだけの単純なものですが、表とは比べ物にならないほどの表現力を持っています。数値の大小関係を表から読み取るのは大変ですが、集合縦棒グラフならひと目で把握できます。簡単な操作で瞬時にグラフを作成できるので、気軽に表のデータからグラフを作成しましょう。さらに、この先のレッスンを参考に、色や目盛りなどの細かい設定を行えば、より見栄えのする分かりやすいグラフになるでしょう。

🔗 関連レッスン

レッスン11
グラフのデザインを
まとめて設定するには　　　　P.56

レッスン19
グラフのレイアウトを
まとめて変更するには　　　　P.84

🔍 キーワード

グラフタイトル	P.343
データ範囲	P.345
凡例	P.345

⌨ ショートカットキー

標準グラフの作成	Alt + F1

Before

	A	B	C	D	E	F
1	製品別売上数					
2	製品	2020年	2021年	2022年	合計	
3	お茶	1,406	1,514	1,686	4,606	
4	水	868	986	1,179	3,033	
5	炭酸	944	986	1,056	2,986	
6	コーヒー	733	854	819	2,406	
7	合計	3,951	4,340	4,740	13,031	
8						

製品ごとに2020年から2022年の売上数と合計を表にまとめている

「合計」を含まずにグラフを作成する

↓

After

製品ごとの売上数を棒グラフにすると、データの大小がひと目で分かる

製品別売上数

(棒グラフ: お茶、水、炭酸、コーヒー　■2020年 ■2021年 ■2022年)

1 グラフを作成する

合計を除いたセル範囲を選択する

1 セルA2～D6をドラッグして選択

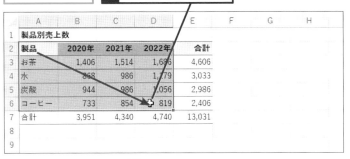

ここでは集合縦棒を選択する

2 [挿入] タブをクリック

3 [縦棒/横棒グラフの挿入] をクリック

4 [集合縦棒] をクリック

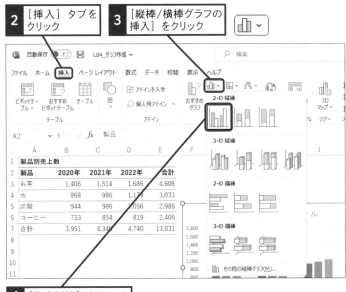

選択したデータから集合縦棒が作成された

使いこなしのヒント

データの選択範囲に「合計」は含めない

手順1でセル範囲をドラッグするときは、「合計」を含めずに選択しましょう。合計の行や列を含めると、合計値までグラフ化されて思い通りのグラフになりません。

使いこなしのヒント

グラフ作成で選択するセルを「データ範囲」と呼ぶ

グラフの基になるデータのセル範囲を「データ範囲」と呼びます。このレッスンで作成するグラフの場合、セルA2～D6がデータ範囲です。

使いこなしのヒント

グラフの種類はリボンのボタンで指定する

リボンの [挿入] タブには、縦棒、折れ線、円など、グラフの種類を指定するボタンが並んでいます。ボタンをクリックすると、グラフの細かい分類が一覧表示されるので、その中から作成したいものを選択します。このレッスンでは集合縦棒グラフを選択していますが、ほかの種類のグラフも同じ要領で作成できます。

次のページに続く →

② グラフタイトルを編集できるようにする

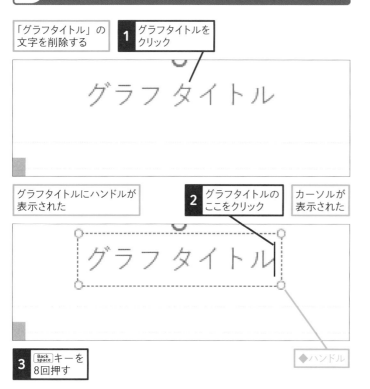

「グラフタイトル」の文字を削除する

1 グラフタイトルをクリック

グラフタイトルにハンドルが表示された

2 グラフタイトルのここをクリック

カーソルが表示された

3 Back space キーを8回押す

◆ハンドル

基本編

第1章 グラフを作成しよう

⚠ ここに注意

作成されたグラフが手順1の図と異なる場合は、最初にデータ範囲を正しく選択できていない可能性があります。[ホーム]タブ（Excel 2019/2016の場合はクイックアクセスツールバー）の[元に戻す]ボタン（🔁）をクリックしてグラフの作成を取り消し、手順1の操作1をやり直します。

[元に戻す]をクリックして操作を取り消せる

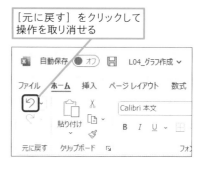

👍 スキルアップ

おすすめグラフが利用できる

[おすすめグラフ]ボタンを使用すると、選択したデータに適した数種類のグラフが提示され、その中から選ぶだけで最適なグラフを作成できます。選択したデータによっては、棒と折れ線を組み合わせた複合グラフのような複雑なグラフも作成できます。グラフの種類に迷ったときは、利用するといいでしょう。

1 セルA2 〜 D6をドラッグして選択

2 [挿入]タブをクリック

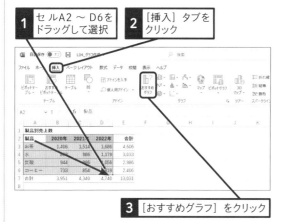

3 [おすすめグラフ]をクリック

[グラフの挿入]ダイアログボックスが表示された

選択したデータに合わせたグラフの種類が自動的に表示された

4 [集合縦棒]をクリック

集合縦棒グラフは、複数の項目間の値を比較する際に使用します。項目の順序が重要でない場合に、このグラフを使用します。

5 [OK]をクリック

集合縦棒グラフが作成される

③ グラフタイトルを入力する

「グラフタイトル」の文字が削除された

1 「製品別売上数」と入力

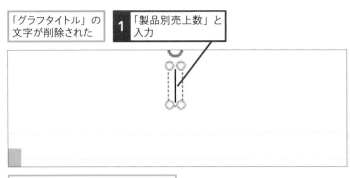

セルをクリックしてグラフタイトルの選択を解除しておく

製品別売上数

使いこなしのヒント

離れたセル範囲からもグラフを作成できる

Ctrl キーを使用して複数のセル範囲を選択すれば、選択したセル範囲からグラフを作成できます。複数のセル範囲を並べたときに長方形の形になるように、選択するセルの数を合わせましょう。

1 セルA2 ～ A6をドラッグ

2 Ctrl キーを押しながらセルE2 ～ E6をドラッグ

グラフを作成する

スキルアップ

クイック分析ツールでもグラフを作成できる

数値のセル範囲を選択したときに表示される [クイック分析] ボタンをクリックすると、選択した数値データの分析に適したさまざまな機能が提示されます。選択肢にマウスポインターを合わせると、設定結果をプレビューできるので、グラフをはじめ、条件付き書式やテーブルなど、最適なデータ分析機能を手軽に試せます。どのようなツールでデータを分析すればいいか迷ったときは、利用してみましょう。

1 セルA2 ～ D6をドラッグして選択

2 [クイック分析] をクリック

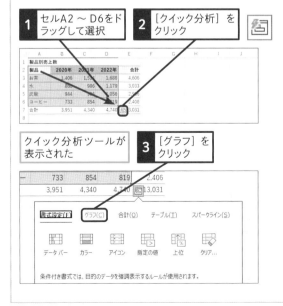

クイック分析ツールが表示された

3 [グラフ] をクリック

4 [集合縦棒] をクリック

グラフの種類にマウスポインターを合わせると、作成後のグラフが表示される

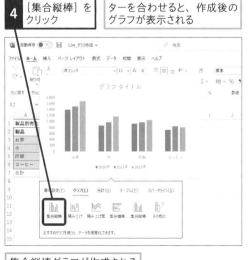

集合縦棒グラフが作成される

05 項目軸と凡例を 入れ替えるには

行/列の切り替え

練習用ファイル L05_行列の切り替え.xlsx

ボタン1つで瞬時にグラフの情報が切り替わる

グラフは、数値データを分かりやすく伝えるための手段です。グラフで何を伝えたいのか、そしてどのようなグラフにしたら、伝えたいことを効果的に見せられるかを考えることが大切です。例えば、集合縦棒グラフは、横（項目）軸に表示される内容と凡例に表示される内容を入れ替えるだけで、グラフから伝わる内容が変わります。下の［Before］のグラフを見てください。横（項目）軸に製品名、凡例に年が配置されており、製品ごとの売上数の違いを重視したグラフになっています。［After］のグラフでは、横（項目）軸に年、凡例に製品名を配置しました。横（項目）軸と凡例の項目を入れ替えただけですが、どうでしょうか？［After］のグラフでは、年ごとの売上数の違いが手に取るように分かります。入れ替えの操作は簡単なので、データをいろいろな角度から分析したいときは、横（項目）軸と凡例を入れ替えてみるといいでしょう。

関連レッスン
レッスン22
凡例の位置を変更するには　　P.92

キーワード
カラーリファレンス	P.343
グラフエリア	P.343
データ範囲	P.345
凡例	P.345
横（項目）軸	P.346

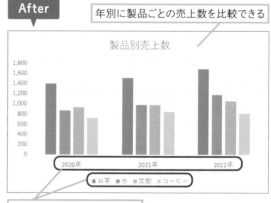

Before 製品別に年ごとの売上数を比較できる
横（項目）軸に製品名、凡例に年が配置されている

After 年別に製品ごとの売上数を比較できる
横（項目）軸に年、凡例に製品名が配置されている

1 横（項目）軸と凡例を入れ替える

製品名（横（項目）軸）と年（凡例）を入れ替える

1	グラフエリア をクリック

2	[グラフのデザイン] タブをクリック

3	[行/列の切り替 え] をクリック

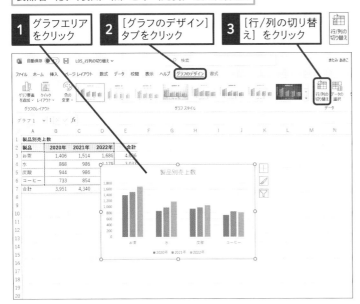

横（項目）軸に年、凡例に 製品名が配置された

別の角度から売上数を 比較できる

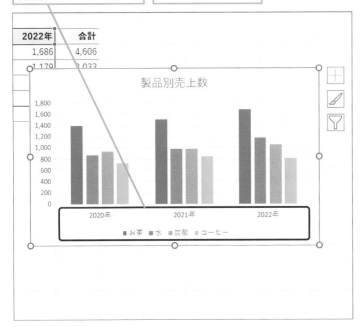

使いこなしのヒント

グラフエリアを選択するには

グラフを編集するときは、まずグラフを選択します。グラフを選択するには、マウスポインターを合わせたときに［グラフエリア］と表示される場所をクリックします。

グラフ全体を選択するには［グラフエリア］と表示される場所をクリックする

使いこなしのヒント

横（項目）軸と凡例は どのように決まるの？

横（項目）軸と凡例は、データ範囲の数値の行数と列数の関係で決まります。数が多いほうが横（項目）軸になります。このレッスンの元表の場合、製品名の行数が4行、年の列数が3列なので、各行の見出しの製品名が横（項目）軸に並びます。

列数より行数が多いので、製品名が横（項目）軸に並ぶ

使いこなしのヒント

元の表に表示されている 色の枠は何？

グラフエリアをクリックすると、グラフの元になるセルが色の枠で囲まれます。この枠は「カラーリファレンス」と呼ばれ、グラフのデータ範囲の変更に利用できます。詳しくは、レッスン30で解説します。

06 グラフの種類を変更するには

グラフの種類の変更

YouTube
動画で
見る

詳細は2ページへ

練習用ファイル L06_グラフの種類の変更.xlsx

データに応じて最適なグラフに変更しよう

Excelで作成できるグラフの種類は豊富です。棒グラフからは数値の大小、折れ線グラフからは時系列の変化、円グラフからは内訳というように、グラフの種類によって伝えたい内容が変わります。同じ縦棒グラフの中にも、集合縦棒や積み上げ縦棒など、複数の形式が用意されています。グラフの種類は簡単に変更できるので、いろいろと試して最適なグラフの種類を選びましょう。

下の［Before］のグラフは集合縦棒グラフです。各年、各製品の売上数の大小を比較するのに向いています。それに対して、年別の合計売上数に注目させるには、積み上げ縦棒グラフがお薦めです。［After］のグラフと比較してみましょう。棒の高さが年全体の売上数を表し、年ごとの売上数全体が比較しやすくなります。同時に、各製品の売上数が年ごとにどうなっているかも分かります。グラフの種類を変えるだけで、違った視点からの分析が可能になるのです。

🔗 関連レッスン

レッスン22
凡例の位置を変更するには　　P.92

🔍 キーワード

グラフエリア　　P.343

Before

年別に製品ごとの売上数が
集合縦棒で表示されている

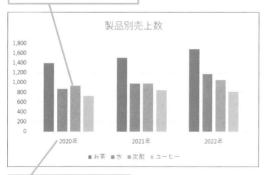

各年、各製品の売上数の
大小を比較しやすい

After

積み上げ縦棒グラフに変更すると、年ごとの売上数
の合計と製品別の売上数の割合がひと目で分かる

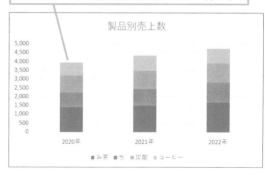

1 グラフの種類を変更する

グラフエリアをクリックしてグラフ全体を選択する

1 グラフエリアを
クリック

2 [グラフのデザイン]
タブのクリック

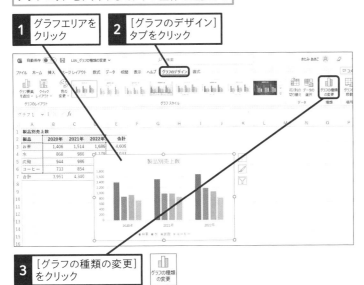

3 [グラフの種類の変更]
をクリック

[グラフの種類の変更] ダイアログボックスが表示された

4 [縦棒] をクリック

5 [積み上げ縦棒] をクリック

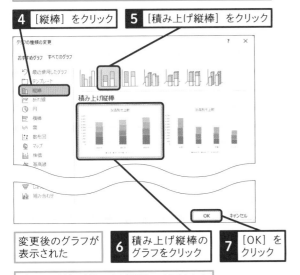

変更後のグラフが
表示された

6 積み上げ縦棒の
グラフをクリック

7 [OK] を
クリック

グラフの種類が積み上げ縦棒に変更された

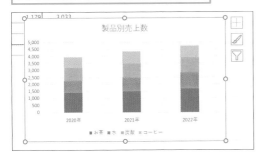

使いこなしのヒント
グラフの種類は早めに決定しよう

グラフの種類は、後から何度でも変更できます。ただし、グラフのレイアウトやデザインを作り込んだ後でグラフの種類を変更すると、レイアウトやデザインの再調整が必要になることがあります。グラフの種類は、細部を作り込む前に決定したほうがいいでしょう。

使いこなしのヒント
変更した結果を事前に確認できる

[グラフの種類の変更] ダイアログボックスには、実際のデータによるグラフのプレビューが表示されます。プレビューにマウスポインターを合わせると、さらに大きなプレビューが表示され、変更後の状態を詳しく確認できます。

グラフのプレビューにマウスポインターを合わせると、大きいサイズで表示される

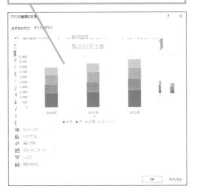

グラフの位置やサイズを変更するには

移動とサイズ変更

YouTube 動画で見る　詳細は2ページへ

練習用ファイル L07_移動とサイズ変更.xlsx

基本編
第1章　グラフを作成しよう

ドラッグ操作でグラフを見やすく配置！

グラフをワークシート上に作成すると、グラフは画面の中央に配置されます。元の表やほかのグラフなど、ワークシート上の内容とのバランスを考え、グラフの位置とサイズを調整しましょう。

また、グラフエリアは通常横長ですが、円グラフの場合は幅を狭くしたり、項目数が多いときはグラフのサイズを大きくしたりするなど、作成するグラフに応じてサイズを調整しましょう。移動とサイズ変更は、マウスのドラッグ操作で簡単に行えます。

下の［Before］のワークシートは、グラフを作成した直後の状態です。表の一部と重なり、セルの内容が見えづらくなっています。［After］のワークシートでは、グラフを元表の真下に移動し、サイズを元表の幅にそろえました。これなら表のデータも確認でき、右側のセルに別の表を入力したり、新しいグラフを挿入したりすることも可能です。

🔗 関連レッスン

レッスン12
グラフ内の文字サイズを
変更するには　　　　　　P.58

🔍 キーワード

クイックアクセスツールバー	P.343
グラフエリア	P.343
グラフシート	P.343
プロットエリア	P.345

Before

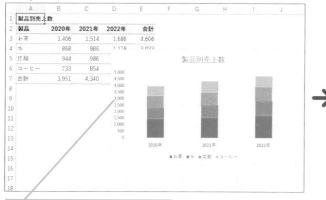

表とグラフの位置がそろっておらず、
表の一部が隠れている

After

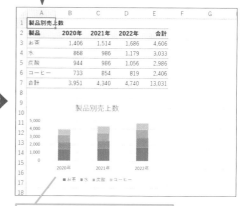

グラフの位置とサイズを変更して、
バランスよく配置できる

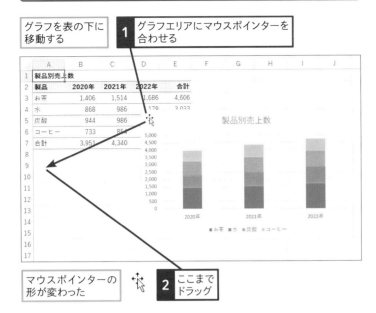

1 グラフを移動する

グラフを表の下に移動する

グラフエリアにマウスポインターを合わせる **1**

マウスポインターの形が変わった

2 ここまでドラッグ

2 グラフのサイズを変更する

グラフが表の下に移動した

グラフのサイズを表と同じ幅に変更する

グラフのハンドルにマウスポインターを合わせる **1**

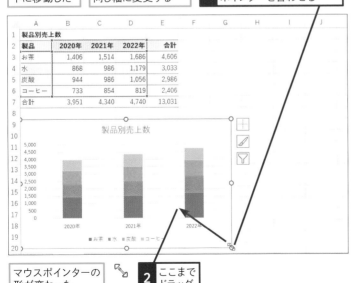

マウスポインターの形が変わった

2 ここまでドラッグ

グラフのサイズが変更される

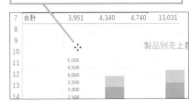

💡 使いこなしのヒント

マウスポインターを合わせる位置に注意する

グラフを移動できるのは、グラフエリアをドラッグしたときです。プロットエリアやグラフタイトルなど、ほかの要素をドラッグすると、そのグラフ要素がグラフ内で移動してしまうので注意してください。

💡 使いこなしのヒント

セルの枠線に合わせてレイアウトするには

移動やサイズを変更するときに、Alt キーを押しながらドラッグすると、グラフをセルの枠線にぴったり合わせられます。

Alt キーを押しながらドラッグすると、セルの枠線にそろえられる

💡 使いこなしのヒント

縦横比を保ったままサイズを変更するには

Shift キーを押しながらグラフの右下角のハンドルをドラッグすると、グラフの縦横比を保ったままサイズを変更できます。

⚠️ ここに注意

手順1で間違ってプロットエリアやグラフタイトルを移動してしまった場合は、[ホーム]タブ（Excel 2019/2016の場合はクイックアクセスツールバー）の[元に戻す]ボタン（🔄）をクリックしてから、操作し直しましょう。

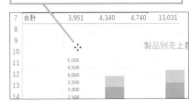

次のページに続く➡

スキルアップ

グラフを別のワークシートに移動するには

[グラフの移動] ダイアログボックスで以下のように操作すると、グラフを別のワークシートに移動できます。移動先は既存のワークシートに限られます。ちなみに [グラフの移動] ダイアログボックスで [新しいシート] をクリックした場合は、「グラフシート」と呼ばれるグラフ表示専用の新しいシートにグラフが移動します。

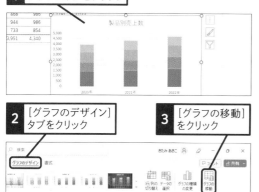

1 グラフエリアをクリック

2 [グラフのデザイン] タブをクリック

3 [グラフの移動] をクリック

[グラフの移動] ダイアログボックスが表示された

4 [オブジェクト] をクリック

5 ここをクリックして移動先のワークシートを選択

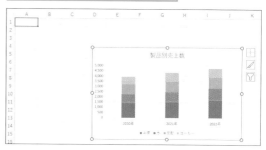

6 [OK] をクリック

グラフが別のワークシートに移動した

スキルアップ

セルに連動してグラフの位置やサイズが変わらないようにする

既定の設定では、グラフを配置しているセルのサイズに連動して、グラフの位置やサイズが変わります。例えば列幅を広げるとグラフの幅も広がり、列を削除するとグラフの幅は狭くなります。グラフのサイズが勝手に変わると、グラフ内のレイアウトの微調整が必要になり面倒です。グラフの細部を作り込んだ後は、以下の手順のように操作して、グラフの位置やサイズが変わらないようにするといいでしょう。

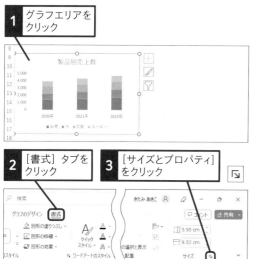

1 グラフエリアをクリック

2 [書式] タブをクリック

3 [サイズとプロパティ] をクリック

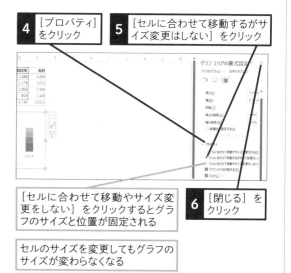

4 [プロパティ] をクリック

5 [セルに合わせて移動するがサイズ変更はしない] をクリック

[セルに合わせて移動やサイズ変更をしない] をクリックするとグラフのサイズと位置が固定される

6 [閉じる] をクリック

セルのサイズを変更してもグラフのサイズが変わらなくなる

👍 スキルアップ

複数のグラフで位置やサイズをそろえる

複数のグラフを配置するときは、サイズや位置をそろえるときれいです。マウス操作で同じサイズにするのは難しいので、以下のようにグラフの高さと幅をセンチメートル単位の数値で指定するといいでしょう。配置は、[オブジェクトの配置]ボタンの項目でそろえます。例えば、2つのグラフを選択して［上揃え］を設定すると、2つのグラフのうち、上にある方のグラフの上端を基準に、もう一方のグラフが上に移動します。

1 グラフをクリック

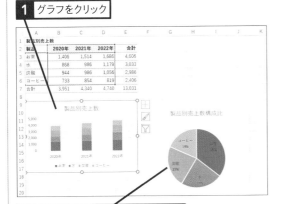

2 Ctrl キーを押しながらもう1つのグラフをクリック

グラフのサイズがそろった

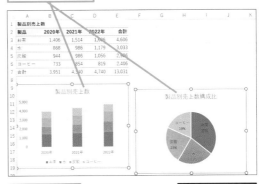

6 [配置] をクリック

7 [上揃え] をクリック

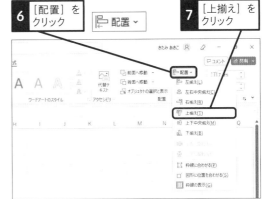

2つのグラフが選択された

2つのグラフの位置がそろった

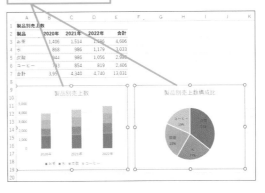

3 [図形の書式] タブをクリック

4 [図形の高さ] に「7」と入力して Enter キーを押す

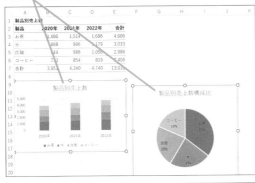
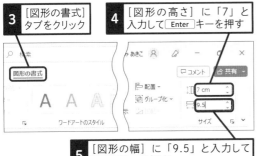

5 [図形の幅] に「9.5」と入力して Enter キーを押す

グラフだけを印刷するには

YouTube
動画で
見る
詳細は2ページへ

グラフの印刷

グラフを用紙いっぱいに拡大して印刷できる

作成したグラフを、会議やプレゼンテーションの資料として添付したいことがあります。表とグラフの両方が配置されたワークシートを普通に印刷すると、表とグラフが一緒に印刷されます。

下の［Before］のワークシートの場合、標準の設定では、A4サイズの縦向きの用紙に製品別売上数の表とグラフが一緒に印刷されます。グラフと表を照らし合わせて数値を確認したいときには便利です。しかし、細かい数値にとらわれず、グラフでデータ全体の分布や傾向を見てほしいときもあります。そのようなときは、用紙いっぱいにグラフだけを印刷するといいでしょう。

あらかじめグラフを選択してから印刷プレビューを表示すると、グラフのみの印刷イメージが表示されるので、必要に応じて用紙の向きを切り替えてから印刷を実行しましょう。このレッスンでは、印刷イメージの確認とページ設定、印刷の実行という流れで手順を説明します。

関連レッスン

レッスン39
作成したグラフの種類を保存するには
P.144

キーワード

グラフエリア	P.343
データ範囲	P.345

ショートカットキー

［印刷］画面の表示　Ctrl + P

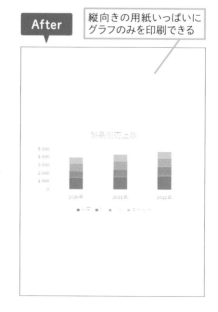

Before
表とグラフがあるワークシートでグラフのみを印刷する

After
縦向きの用紙いっぱいにグラフのみを印刷できる

1 印刷のプレビューを表示する

プリンターを使えるように準備しておく

グラフのみを印刷するので
グラフエリアを選択する

1 グラフエリアを
クリック

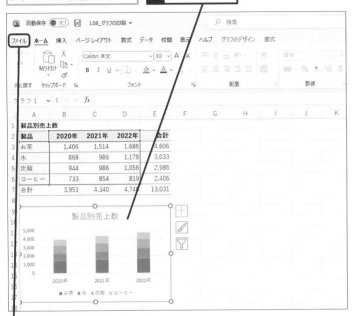

2 [ファイル] タブをクリック

[ホーム] の画面が
表示された

3 [印刷] を
クリック

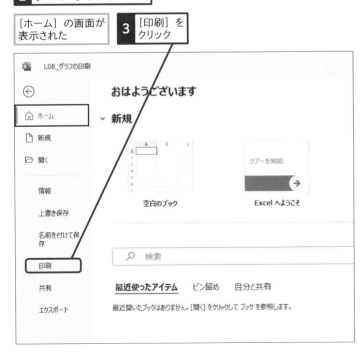

次のページに続く➡

選択内容によって
印刷対象が決まる

セルを選択した状態で印刷や印刷プレ
ビューを実行すると、ワークシートが印刷
対象になります。そのため、表とグラフが
一緒に印刷されます。

一方、グラフエリアを選択しているときに
印刷や印刷プレビューを実行すると、そ
のグラフのみが印刷対象になります。グ
ラフだけを印刷したいときは、必ず事前
にグラフエリアを選択しましょう。

☀ 使いこなしのヒント

[ファイル] タブは何ができるの?

手順1でクリックした [ファイル] タブには、
ファイル全般や印刷に関する機能が集め
られています。左側の一覧からメニュー
項目を選ぶと、その項目に関する機能が
画面に表示されます。例えば一覧から [印
刷] をクリックすると、印刷プレビューの
確認や印刷の実行を行えます。

☀ 使いこなしのヒント

ワークシートの編集画面を
表示するには

[ファイル] タブをクリックした後で元の
ワークシートの画面に戻るには、画面左
上にある⊝をクリックします。[印刷] の
画面で印刷プレビューを確認した後、印
刷せずに元の画面に戻る場合も同様です。

② 印刷を実行する

[印刷]の画面に印刷プレビューが表示された

1 印刷部数を確認

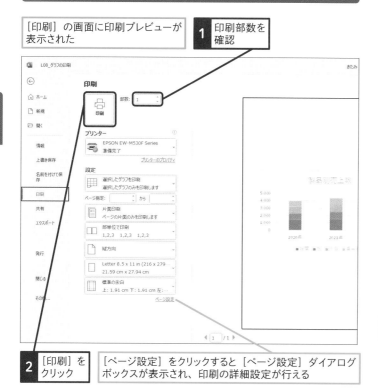

2 [印刷]をクリック

[ページ設定]をクリックすると[ページ設定]ダイアログボックスが表示され、印刷の詳細設定が行える

用紙の向きを変更するには

印刷の方向や余白の設定など簡単なページ設定は、[印刷]の画面で行えます。なお、より詳細なページ設定は、[ページ設定]をクリックして[ページ設定]ダイアログボックスを表示して行ってください。

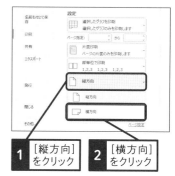

1 [縦方向]をクリック　**2** [横方向]をクリック

用紙の向きが横に設定される

⚠️ ここに注意

利用するプリンターの設定によって印刷プレビューの表示が異なります。

👍 スキルアップ

モノクロプリンターで印刷するには

カラーのグラフをモノクロプリンターで印刷すると、グラフの色の違いが分かりにくくなることがあります。[ページ設定]ダイアログボックスの[グラフ]タブで[白黒印刷]をクリックしてチェックマークを付けると、色の代わりにモノクロの網かけ模様が表示され、モノクロでも分かりやすく印刷できます。

手順2の画面で[ページ設定]をクリックして[ページ設定]ダイアログボックスを表示しておく

1 [グラフ]タブをクリック

ページ設定　　　　　　　　　　？　✕
ページ　余白　ヘッダー/フッター　グラフ
印刷品質
☐ 簡易印刷(Q)
☑ 白黒印刷(B)

オプション(O)...
OK　　キャンセル

2 [白黒印刷]をクリックしてチェックマークを付ける　**3** [OK]をクリック

カラーのグラフがモノクロの網かけ模様で表示された

👍 スキルアップ

PDF形式で保存するには

表やグラフをネット経由で受け渡しするときは、PDF形式で保存しておくと便利です。PDFファイルは、開発元のアドビから無料で配布される「Acrobat Reader」などのアプリで表示できます。そのため、PDF形式で保存して渡せば、Excelがない環境でも相手に内容を確認してもらえます。あらかじめセルを選択していた場合は表とグラフが、グラフを選択していた場合はグラフのみがPDFファイルに保存されます。

グラフを選択しておく

1 [ファイル] タブをクリック

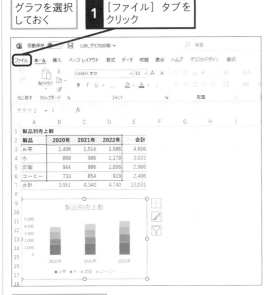

[ホーム] の画面が表示された

2 [エクスポート] をクリック

[エクスポート] の画面が表示された

3 [PDF/XPSドキュメントの作成] をクリック

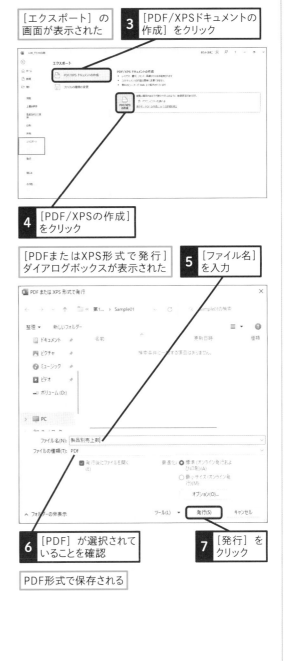

4 [PDF/XPSの作成] をクリック

[PDFまたはXPS形式で発行] ダイアログボックスが表示された

5 [ファイル名] を入力

6 [PDF] が選択されていることを確認

7 [発行] をクリック

PDF形式で保存される

09 グラフをWordや PowerPointで利用するには

YouTube
動画で
見る

詳細は2ページへ

PowerPointへの貼り付け

練習用ファイル　L09_コピー元.xlsx、L09_貼り付け先.pptx

Excelのグラフをいろいろなアプリで使い倒す

Excelで作成したグラフは、ほかのアプリに貼り付けて利用できます。このレッスンでは、PowerPointのスライドに貼り付ける手順を紹介します。PowerPointの多くのファイルには「テーマ」という書式が適用されていますが、ExcelのグラフはPowerPointのテーマに沿った書式に変換されて貼り付けられるので、雰囲気を損ねることなくスライドに馴染みます。[貼り付けのオプション]を使用すれば、Excelの書式のまま貼り付けたり、Excelにリンクしたりすることも可能です。

Wordの場合も、同様の操作でExcelのグラフを利用できます。また、51ページのスキルアップで紹介する[図としてコピー]を利用すれば画像編集ソフトなどに貼り付けることもできます。手間をかけて作成したグラフを、ほかのアプリでもとことん利用してください。

🔗 関連レッスン

レッスン83
伝えたいことはダイレクトに
文字にしよう　　　　　　　P.318

レッスン84
気付いてほしいポイントを
図形で誘導しよう　　　　　P.322

レッスン88
見せたいデータにフォーカスを
合わせよう　　　　　　　　P.332

🔍 キーワード

グラフエリア	P.343
リンク貼り付け	P.346

After

[グラフのデザイン]タブや[書式]タブで
グラフを編集できる

Excelで作成したグラフを、
PowerPointのスライドに
貼り付ける

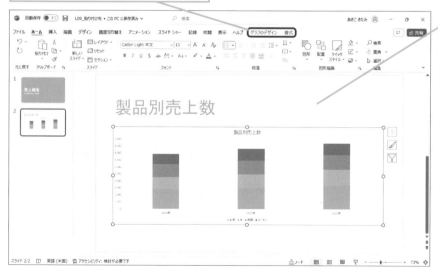

1 Excelのファイルからグラフをコピーする

Excelで「L09_コピー元.xlsx」を、PowerPointで「L09_貼り付け先.pptx」を開いておく

Excelで「L09_コピー元.xlsx」を表示しておく

1 グラフエリアをクリック

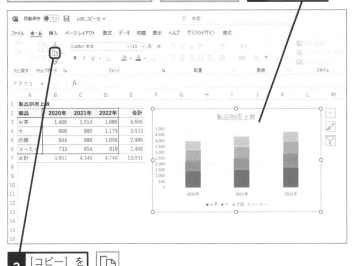

2 [コピー] をクリック

2 PowerPointの画面に切り替える

PowerPointに切り替える

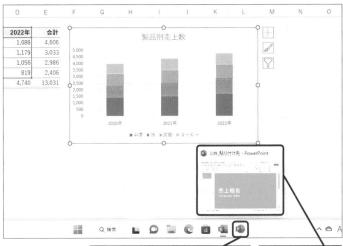

1 PowerPointのボタンにマウスポインターを合わせる

2 プレビューをクリック

次のページに続く →

使いこなしのヒント

「テーマ」って何?

「テーマ」とは、ファイル全体の書式を統括する機能です。テーマにはフォント、配色、図形の効果といった書式がセットになって登録されており、ファイル全体のフォントや色合いを統一できます。「テーマ」の機能はWordやExcelにも搭載されています。Excelでは [ページレイアウト] タブの [テーマ] からテーマを変更できます。

PowerPointでは [デザイン] タブの [テーマ] からテーマを変更できる

Excelでは [ページレイアウト] タブの [テーマ] からテーマを変更できる

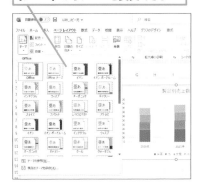

使いこなしのヒント

PowerPointやWordでグラフを編集できる

PowerPointのスライドやWordの文書に貼り付けたグラフを選択すると、リボンに [グラフのデザイン] タブと [書式] タブ（Excel 2019/2016の場合は [グラフツール] の [デザイン] タブと [書式] タブ）が表示され、Excelと同様の操作でグラフを編集できます。

3 スライドにグラフを貼り付ける

ここでは2枚目のスライドにグラフを貼り付ける

1 2枚目のスライドをクリック

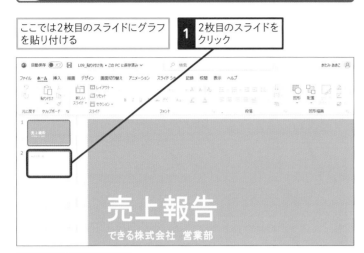

2 プレースホルダーをクリック

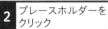

3 [貼り付け] のここをクリック

4 [貼り付け先のテーマを使用しブックを埋め込む] をクリック

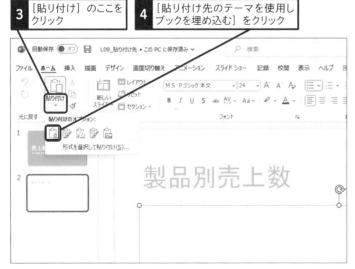

使いこなしのヒント

プレースホルダーを選択して貼り付ける

手順3のスライドに「テキストを入力」と書かれた枠が表示されています。この枠のことを「プレースホルダー」と呼びます。プレースホルダーを選択して貼り付けると、プレースホルダーの中にグラフが大きく表示されます。

使いこなしのヒント

スライドのテーマに合わせてグラフの色が変わる

グラフを貼り付けると、PowerPointのファイルに適用されているテーマに合わせてグラフの色合いが自動的に変わります。なお、自動的に変化するのは、Excelのカラーパレットの [テーマの色] 欄から設定した色だけです。

[テーマの色] から設定した色は、貼り付け先のテーマに合わせて自動で変化する

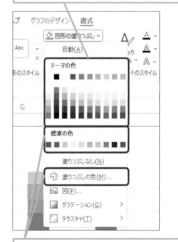

[標準の色] や [塗りつぶしの色] から設定した色は、貼り付け先で変化しない

●貼り付けられたグラフを確認する

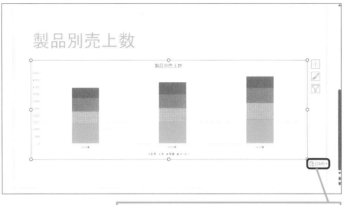

PowerPointのファイルを
上書き保存しておく

[貼り付けのオプション]ボタンをクリックすると、
貼り付け方法を変更できる

使いこなしのヒント

貼り付け方法を後から変更できる

グラフを貼り付けた直後に右下に表示される[貼り付けのオプション]をクリックすると、貼り付け方法を変更できます。各選択肢の意味は以下の通りです。

●貼り付け先のテーマを使用しブックを埋め込む …… グラフはExcelと切り離される、書式は貼り付け先のテーマに変更される

●元の書式を保持しブックを埋め込む …… グラフはExcelと切り離される、書式は変更されない

●貼り付け先テーマを使用しデータをリンク …… グラフはExcelにリンクする、書式は貼り付け先のテーマに変更される

●元の書式を保持しデータをリンク …… グラフはExcelにリンクする、書式は変更されない

●図 …… グラフを画像として貼り付ける

スキルアップ

グラフを図としてコピーするには

[図としてコピー]を使用すると、グラフを画像としてコピーできます。グラフを画像に変換すると、WordやPowerPoint以外のさまざまなアプリに貼り付けて利用できるので、活用の幅が広がります。Windowsに標準搭載されているペイントなどの画像編集ソフトに貼り付ければ、グラフを画像ファイルとして保存することも可能です。

グラフエリアを
選択しておく

1 [コピー]のここを
クリック

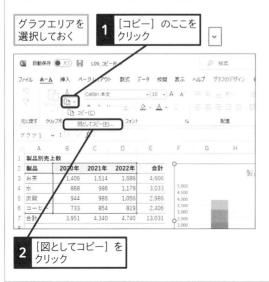

2 [図としてコピー]を
クリック

表示の方法や、ファイル
形式を選択できる

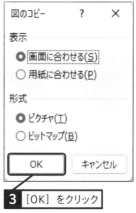

3 [OK]をクリック

この章のまとめ

基本が分かれば、すぐにグラフが作れる！

Excelではセルにデータを入力するだけで簡単に表を作成できますが、その表からグラフを作成するとなると、ハードルが高いと感じるかもしれません。しかし、心配は無用です。Excelのグラフ作成機能は強力で、単純なグラフなら誰でも簡単に作成できます。グラフを作成すれば、その便利さが実感できます。すると今度は、より分かりやすいグラフを作りたい、という欲が湧いてきます。そうなればシメタモノ、どんどんグラフ作りが上達し、作業が楽しくなってきます。「分かりやすいグラフにするにはどうしたらいいか」と迷ったときは、まずグラフの種類を検討し

ましょう。グラフで何を表現したいのかを考え、それを最も効果的に見せるには、棒グラフがいいのか、折れ線グラフがいいのか、と考えるのです。グラフの種類が決まったら、次にグラフに配置するグラフ要素を考えます。グラフにはいろいろなグラフ要素を配置できますが、最初からすべて覚える必要はありません。そのとき必要なグラフ要素を配置しながら、1つずつ理解していけばいいのです。グラフをいくつか作成していくうちに理解が深まり、グラフ作りが上達するはずです。

	A	B	C	D	E	F
1	製品別売上数					
2	製品	2020年	2021年	2022年	合計	
3	お茶	1,406	1,514	1,686	4,606	
4	水	868	986	1,179	3,033	
5	炭酸	944	986	1,056	2,986	
6	コーヒー	733	854	819	2,406	
7	合計	3,951	4,340	4,740	13,031	
8						
9						

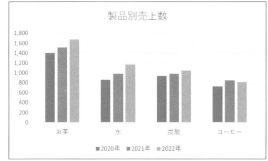

表をグラフで見える化すると、数値の大小関係や時系列の推移が直感的につかめますね。

グラフ作りをマスターしたことだし、これからジャンジャングラフを作りまくるぞ〜！

まだまだグラフ作りのスタートラインですよ。より分かりやすいグラフに仕上げるには、もう少し勉強が必要です。いろいろなグラフを作りながら、コツをつかんでいきましょう。

基本編

第2章

グラフをきれいに修飾しよう

グラフは、いろいろなシーンで資料として使われます。「会議用には落ち着いたデザイン」「パンフレット用には人目を引くデザイン」というように、目的と用途に応じて適切なデザインを設定することが大切です。この章で紹介する機能を使いこなして、グラフを思い通りに修飾しましょう。

10

色や線を工夫してグラフの見栄えを上げよう

Excelでグラフを作成すると、ひと目で「Excelで作ったグラフ」と分かる色合いのグラフが出来上がります。顧客やプレゼンテーションの相手に見せるグラフなら、ひと手間かけていつもとはひと味違うグラフに仕上げましょう。

"いつものExcelのグラフ"から脱却しよう

客先でのプレゼンに、このグラフを使おうと思います。グラフには説得力がありますからね〜。

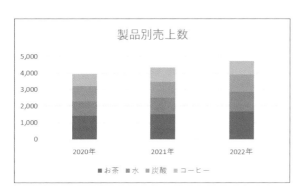

ちょっと待って、顧客向けのプレゼンに、この平凡でありきたりなグラフを使うの!?

確かに「Excelで作りました!」って書いてあるようなグラフですね。こんなときは、[グラフスタイル]や[色の変更]という機能を使うと、デザインの見本から選ぶだけで、瞬時にグラフの印象を変えられますよ。

[グラフスタイル]と[色の変更]を設定

すごい、一瞬であか抜けた!

プレゼンも成功しそうですね。

グラフの見栄えと分かりやすさを追求しよう

ひと手間かける時間があるなら、棒を好きな色に変えたり、グラデーションを設定したりと、工夫を凝らしてみましょう。グラフエリアや目盛り線などにもデザインを設定できますよ。

棒に好きな色を設定

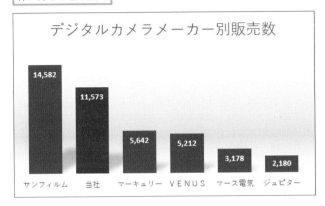

デジタルカメラメーカー別販売数

14,582 サンフィルム
11,573 当社
5,642 マーキュリー
5,212 ＶＥＮＵＳ
3,178 マース電気
2,180 ジュピター

棒の色は自由に変えられるんですね。ボクも赤が好きです♪

よく見て、ただ好きな色に変えただけじゃない。1本だけ赤に変えることで、「当社」の棒を目立たせているんだよ！

棒にグラデーションを設定

契約者数実績

契約者数

1,000
800
600
400
200
0

324 2018年
426 2019年
536 2020年
687 2021年
923 2022年

さすがグラデーション。スタイリッシュで見栄えがしますね！

見栄えが上がっただけじゃない。棒の下から上に向かって濃淡が変わることで、契約者数の伸びが感じられるね！

その通り、デザインを適切に変えることで、伝えたいことが伝わるグラフに変身するんですよ。

11 グラフのデザインを まとめて設定するには

グラフスタイル

練習用ファイル　L11_グラフスタイル.xlsx

グラフの見た目や印象をガラリと変更できる

作成直後のExcelのグラフは、色合いやデザインが決まっていて、やや単調です。しかし、見栄えを整えたくても手間をかける時間がない、ということもあるでしょう。そんなときにお薦めなのが［グラフスタイル］と［色の変更］の機能です。これらを使うと、一覧から選択するだけで、簡単にグラフ全体のデザインと色合いを変更できます。

下の［Before］のグラフは、リボンのボタンを使用して作成した直後の縦棒グラフで、既定のデザインが適用されています。［After］のグラフは、［グラフスタイル］と［色の変更］を使用して、デザインを変更したグラフです。グラフの印象がガラリと変わることが分かるでしょう。

関連レッスン

レッスン14
棒にグラデーションを
設定するには　　　　　　P.64

レッスン19
グラフのレイアウトを
まとめて変更するには　　P.84

キーワード

グラフエリア	P.343
グラフスタイル	P.343

Before

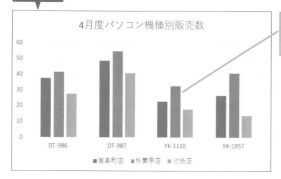

何も設定を変更しない状態では、［スタイル1］という書式がグラフに設定される

After

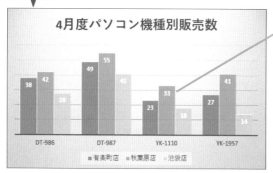

［グラフスタイル］と［色の変更］の一覧からスタイルと色を選ぶだけで、デザインをまとめて変更できる

1 グラフのデザインを変更する

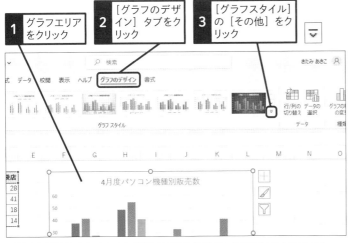

```
1 グラフエリア
  をクリック
2 [グラフのデザ
  イン] タブをク
  リック
3 [グラフスタイル]
  の [その他] をク
  リック
```

[グラフスタイル] の一覧が表示された　4 [スタイル4] をクリック

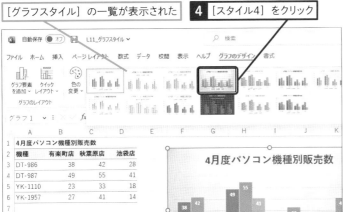

機種	有楽町店	秋葉原店	池袋店
DT-986	38	42	28
DT-987	49	55	41
YK-1110	23	33	18
YK-1957	27	41	14

4月度パソコン機種別販売数

2 グラフの色を変更する

グラフのデザインが [スタイル4] に変更された

```
1 [色の変更]
  をクリック
2 [モノクロパレット5]
  をクリック
```

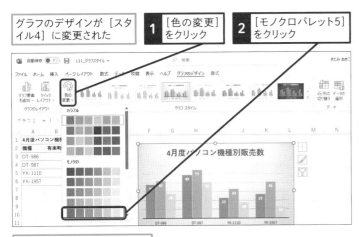

縦棒や凡例の色が変更される

使いこなしのヒント

グラフ要素の表示とデザインをまとめて設定できる

[グラフスタイル] には、グラフ要素の表示／非表示の設定と、グラデーションや影などの見栄えの設定が含まれます。手順1の操作4で [スタイル4] を適用すると、データラベルが表示され、縦（値）軸が非表示になり、グラフエリアにグレーのグラデーションが設定されます。
また、[色の変更] は、棒グラフの棒や折れ線グラフの折れ線などの色を変更する機能です。グラフエリアやプロットエリアの色は変化しません。

使いこなしのヒント

設定結果をプレビューできる

[グラフスタイル] や [色の変更] の設定項目にマウスポインターを合わせると、設定効果がプレビューされるので便利です。

時短ワザ

[グラフスタイル] ボタンからデザインを選べる

グラフの右上に表示される [グラフスタイル] ボタン（）からもスタイルや色を変更できます。リボンまでマウスを移動せずに素早く設定できるので効率的です。

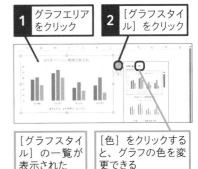

```
1 グラフエリア
  をクリック
2 [グラフスタイ
  ル] をクリック
```

[グラフスタイル] の一覧が表示された　[色] をクリックすると、グラフの色を変更できる

12 グラフ内の文字サイズを 変更するには

フォントサイズ

練習用ファイル　L12_フォントサイズ.xlsx

文字を大きくしてグラフを見やすくしよう

グラフには、グラフタイトルや凡例など、いろいろな文字が含まれています。それらの文字には既定のフォントサイズが適用されていますが、後から自由に変更できます。グラフ自体の大きさや表とのバランスを考えて、適切に設定しましょう。グラフタイトルだけ大きくして目立たせるなど、役割に応じて文字のサイズに変化を付けることも、グラフを見やすくする重要なポイントです。

グラフ内の文字のサイズを変更するときは、グラフ全体に共通のフォントサイズを設定してから、各グラフ要素のフォントサイズを個別に変更すると効率的です。このレッスンでは、縦（値）軸上の文字と横（項目）軸上の文字、データラベルの文字のサイズを少し大きめに変更して、グラフを見やすくしてみましょう。

🔗 関連レッスン

レッスン07
グラフの位置やサイズを
変更するには　　　　　P.40

🔍 キーワード

グラフタイトル	P.343
グラフ要素	P.344
縦（値）軸	P.344
横（項目）軸	P.346

Before

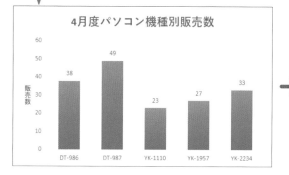

After

文字を大きくしてグラフタイトルを
目立たせられる

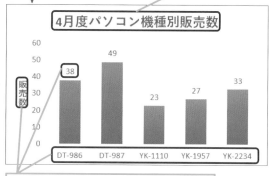

縦（値）軸や横（項目）軸、データラベル
の文字サイズをまとめて変更できる

💡 使いこなしのヒント

フォントサイズを段階的に変更するには

[ホーム] タブにある [フォントサイズの拡大] ボタン（🅰）や [フォントサイズの縮小] ボタン（🅰）を使用すると、フォントサイズを1段階ずつ拡大／縮小できます。このレッスンの方法だと [フォントサイズ] の一覧が邪魔になることがありますが、以下のように操作すればグラフ全体のバランスを見ながら、フォントサイズを少しずつ変えられます。

1 [フォントの拡大] をクリック

フォントサイズが1段階 大きくなる

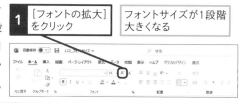

1 グラフの文字のサイズを変更する

グラフの中にある文字のサイズを
まとめて変更する

1 グラフエリアを
クリック

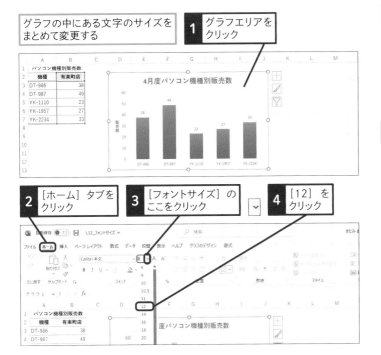

2 [ホーム] タブを
クリック

3 [フォントサイズ] の
ここをクリック

4 [12] を
クリック

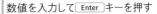

2 グラフタイトルの文字のサイズを変更する

グラフの文字のサイズが [12] に
変更された

1 グラフタイトルを
クリック

2 [フォントサイズ] の
ここをクリック

3 [18] を
クリック

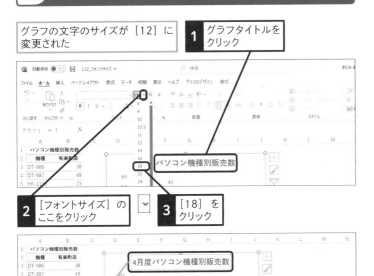

グラフタイトルの文字のサイズが大きくなった

使いこなしのヒント

特定の文字だけサイズを変更するには

「データラベルの文字だけを大きくしたい」というときは、グラフ要素を選択してからフォントサイズを変更しましょう。

使いこなしのヒント

フォントサイズを直接入力できる

[フォントサイズ] の一覧にない文字のサイズを設定したいときは、[フォントサイズ] に直接数値を入力します。

数値を入力して Enter キーを押す

使いこなしのヒント

フォントを変更するには

グラフ上の文字のフォントも変更できます。事前にグラフエリアを選択した場合は、グラフ全体のフォントが変わります。特定のグラフ要素を選択した場合は、選択したグラフ要素だけフォントが変わります。

グラフエリアをクリックしておく

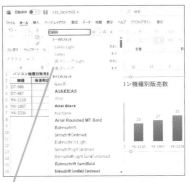

[フォント] の一覧から
フォントを選択する

13 データ系列やデータ要素の色を変更するには

系列とデータ要素の選択

詳細は2ページへ

練習用ファイル　L13_系列とデータ要素の選択.xlsx

棒の色を個別に変更できる

グラフには、決められた色が自動設定されます。例えば1系列の棒グラフの場合、下の［Before］のグラフのようにすべての棒が［青、アクセント1］という色で表示されます。これらの棒の色は、データ系列（すべての棒）単位、またはデータ要素（1本の棒）単位で変更できます。［After］のグラフでは、「当社」の棒を赤、それ以外をグレーに変更して「当社」の棒を目立たせています。このような色の変更を行うには、すべての棒をグレーに変更してから、「当社」の棒（データ要素）を赤に変更するのが効率的です。データ系列とデータ要素の選択方法の違いに注意しながら操作しましょう。

🔗 関連レッスン

🔍 キーワード

Before

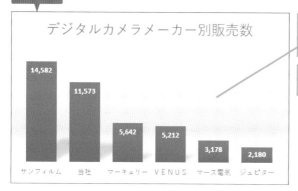

自社を含め、デジタルカメラのメーカー別に販売数がまとめられている

ほかのメーカーに対し、自社のポジションが分かりにくい

After

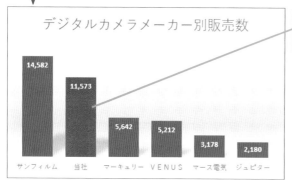

［当社］の棒だけ目立つ色に設定すれば、自社のポジションや販売数の差がひと目で分かる

1 系列の色を変更する

系列全体をグレーで塗りつぶす

1 [販売数]の系列をクリック

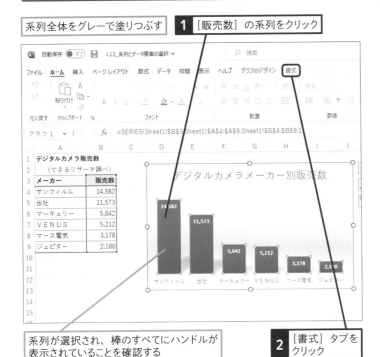

系列が選択され、棒のすべてにハンドルが表示されていることを確認する

2 [書式]タブをクリック

系列が選択されているときは、[系列"販売数"]などと表示される

3 [図形の塗りつぶし]のここをクリック

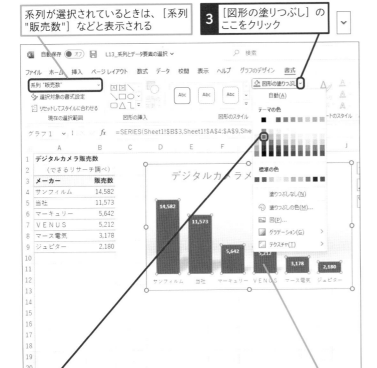

4 [黒、テキスト1、白+基本色35%]をクリック

色にマウスポインターを合わせると、操作結果が一時的に表示される

⏱ 時短ワザ

右クリックでも色を変更できる

グラフ要素を右クリックすると表示されるミニツールバーを使用しても、色の設定を行えます。

1 [販売数]の系列を右クリック

2 [塗りつぶし]をクリック

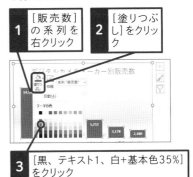

3 [黒、テキスト1、白+基本色35%]をクリック

⚠ ここに注意

手順1で「14,582」のデータラベルをクリックしてしまったときは、セルをクリックしてグラフの選択を解除してから操作をやり直します。

💡 使いこなしのヒント

マウスポインターを合わせると色をプレビューできる

手順1の操作4で色にマウスポインターを合わせると、グラフが一時的にその色に変わり、設定結果が確認できます。マウスポインターを動かしながらさまざまな色を試し、気に入った色が見つかったらクリックして設定するといいでしょう。

💡 使いこなしのヒント

バージョンによってカラーパレットの色が異なる

[図形の塗りつぶし]ボタンの⋁をクリックしたときに表示されるカラーパレットの配色は、Excelのバージョンによって異なります。なお、ほかのバージョンで作成したブックを開いたときは、作成元のバージョンの配色が表示されます。

次のページに続く➡

2 データ要素の色を変更する

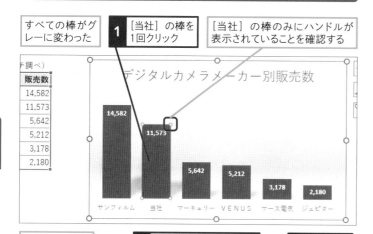

すべての棒がグレーに変わった

1 [当社]の棒を1回クリック

[当社]の棒のみにハンドルが表示されていることを確認する

デジタルカメラメーカー別販売数

調べ)
販売数
14,582
11,573
5,642
5,212
3,178
2,180

使いこなしのヒント

「ゆっくり2回」が棒1本を選択する秘訣

棒グラフの棒を1回クリックすると、同じ系列の棒がすべて選択されます。その状態でもう1回棒をクリックすると、クリックした棒だけが選択されます。ここでは、手順1のクリックで系列の棒がすべて選択され、手順2のクリックで[当社]の棒が選択されました。

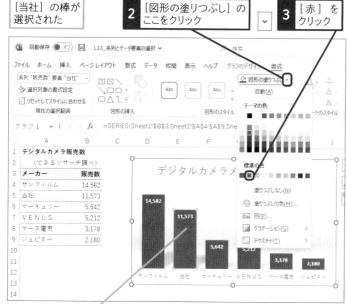

[当社]の棒が選択された

2 [図形の塗りつぶし]のここをクリック

3 [赤]をクリック

色にマウスポインターを合わせると、操作結果が一時的に表示される

使いこなしのヒント

より多くの種類から色を選ぶには

手順2の操作2で[図形の塗りつぶし]ボタンの▽をクリックし、[塗りつぶしの色]をクリックすると、[色の設定]ダイアログボックスから別の色を設定できます。

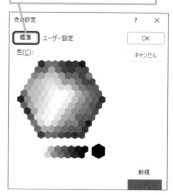

[標準]タブでは、より多くの色を選択できる

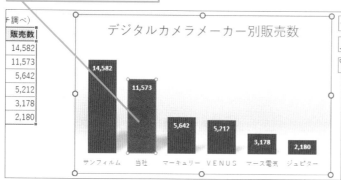

[当社]の棒が赤い色に変わった

デジタルカメラメーカー別販売数

調べ)
販売数
14,582
11,573
5,642
5,212
3,178
2,180

[ユーザー設定]タブでは、赤、緑、青の割合を0〜255の範囲の数値で指定して、色を設定できる

基本編 第2章 グラフをきれいに修飾しよう

👍 スキルアップ

円グラフのデータ要素の色を変更するには

円グラフのデータ要素（扇形の部分）も、このレッスンと同様の方法で色を変更できます。1回目のクリックでデータ系列（すべての扇形）が選択され、2回目のクリックでクリックした扇形だけが選択されるので、その状態で色を変更します。1回クリックしただけで色を設定すると、すべての扇形が同じ色になってしまうので注意してください。なお、下の操作1の円グラフには、レッスン11で紹介した［色の変更］の一覧から［モノクロパレット3］というグレーのグラデーション色を設定してあります。

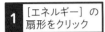

1 ［エネルギー］の扇形をクリック

［売上高］のデータ系列が選択された

2 ［エネルギー］の扇形をもう1回クリック

［エネルギー］のデータ要素が選択された

3 ［書式］タブをクリック

4 ［図形の塗りつぶし］のここをクリック

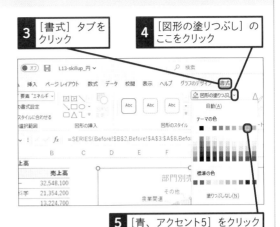

5 ［青、アクセント5］をクリック

データ要素の色が変更された

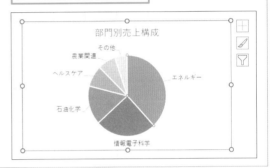

👍 スキルアップ

棒に影を設定するには

［図形の効果］の1つである［影］を利用すると、グラフに立体的な視覚効果を設定できます。例えば［オフセット：右上］を設定すると、棒の上側と右側にグレーの影が表示され、棒が手前に浮き出しているように見せられます。設定した影を解除したいときは、操作4の一覧から［影なし］をクリックします。

影を適用するとグラフに立体感が出る

データ系列を選択しておく

1 ［書式］タブをクリック

2 ［図形の効果］をクリック

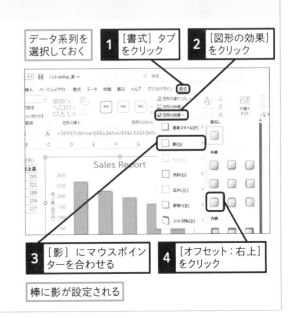

3 ［影］にマウスポインターを合わせる

4 ［オフセット：右上］をクリック

棒に影が設定される

14 棒にグラデーションを設定するには

グラデーション

練習用ファイル　L14_グラデーション.xlsx

基本編
第2章　グラフをきれいに修飾しよう

グラデーションでグラフをスタイリッシュに

棒グラフの棒に縦方向のグラデーションを設定すると、棒の伸びを強調できます。単色で塗りつぶすのに比べると手間はかかりますが、そのひと手間でスタイリッシュなグラフに仕上げられます。

グラデーションは、基本的に2〜3色を使用して作成します。下の[After]のグラフでは、棒の下から上に向かって、青色が徐々に薄くなるように設定しました。グラデーションの方向、および一番下の濃い青と一番上の薄い青の2色を指定するだけで、自動で色の濃淡が変化します。グラデーションの色数や方向の違いでグラフの印象が変わるので、いろいろ試してみると面白いでしょう。

🔗 関連レッスン

レッスン13
データ系列やデータ要素の色を
変更するには　　　　　　　P.60

🔍 キーワード

グラフエリア	P.343
系列	P.344
作業ウィンドウ	P.344

Before グラフの棒が平面的なデザインになっていて印象がさえない

契約者数実績

After グラデーションを設定すると、棒グラフの立体感が増す

契約者数実績

💡 使いこなしのヒント

分岐点の考え方

グラデーションの色の変化は、分岐点の数、位置、色によって決まります。ここでは下端が濃い青、上端が薄い青のグラデーションにしたいので、分岐点を2つにし、それぞれの位置と色を右図のように設定します。なお、位置は棒の高さを100%としたパーセンテージで指定します。

分岐点2（100%）：薄い青

分岐点1（0%）：濃い青

1 グラデーションを設定する

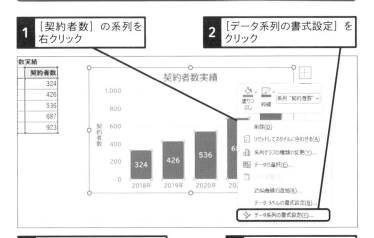

1 [契約者数] の系列を右クリック

2 [データ系列の書式設定] をクリック

3 [塗りつぶしと線] をクリック

4 [塗りつぶし] をクリック

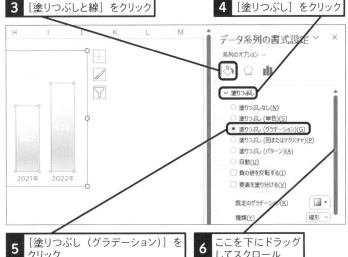

5 [塗りつぶし（グラデーション）] をクリック

6 ここを下にドラッグしてスクロール

グラデーションの方向を [上方向] に変更する

7 [方向] をクリック

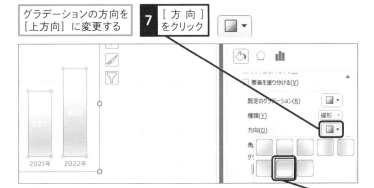

8 [上方向] をクリック

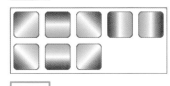

次のページに続く➡

💡 使いこなしのヒント

グラデーションの種類と方向を使い分けよう

手順1の操作7の[方向]の選択肢は、[種類]の設定によって変わります。以下の図は、[種類]で[線形][放射][四角]をそれぞれ選択したときの[方向]の選択肢の例です。棒グラフの棒には[線形]、グラフエリアには[放射]という具合に、用途に応じて使い分けましょう。なお、下図ではグラデーションの方向が見やすいように、3つの分岐点に赤、黄、緑を設定しています。

◆線形
◆放射
◆四角

💡 使いこなしのヒント

棒を立体的に見せるには

[方向]から[右方向]を選択し、3つの分岐点の左端（0%）と右端（100%）に濃い青、中央(50%)に薄い青を設定すると、棒が筒状に立体化します。

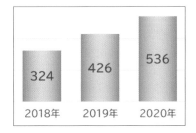

2 グラデーションの分岐点を削除する

4つある分岐点から分岐点を2つ削除する

1 [分岐点2/4]をクリック

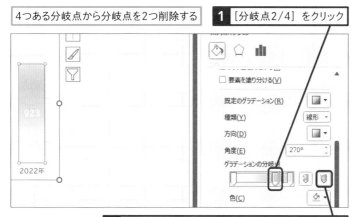

2 [グラデーションの分岐点を削除します]をクリック

[分岐点2/4]が削除された

3 [分岐点2/3]をクリック

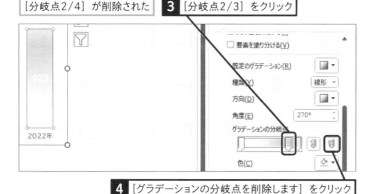

4 [グラデーションの分岐点を削除します]をクリック

3 グラデーションの色を変更する

[分岐点2/3]が削除された

1 [分岐点1/2]をクリック

2 [色]をクリック

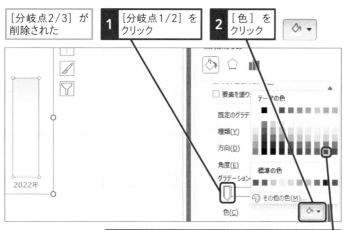

3 [青、アクセント5、黒+基本色50%]をクリック

🔆 使いこなしのヒント

棒に網目や縞模様を設定するには

[塗りつぶし（パターン）]を使用すると、棒に網目や縞模様を設定できます。

手順1の操作4まで実行しておく

1 [塗りつぶし（パターン）]をクリック

2 ここを下にドラッグしてスクロール

3 [対角ストライプ：右上がり（太）]をクリック

ここで模様や背景の色を指定できる

パターンが設定された

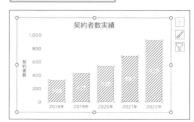

●2つ目の分岐点の色を変更する

4 ［分岐点2/2］をクリック

5 同様に［色］をクリックして色を設定する

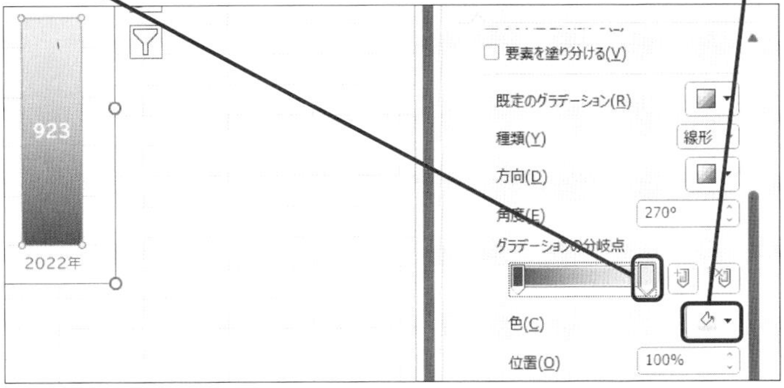

ここでは［青、アクセント5、白+基本色60%］を設定する

グラフの棒にグラデーションが設定された

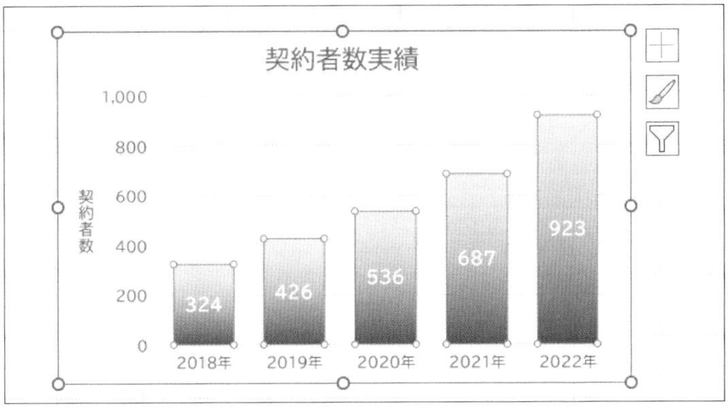

使いこなしのヒント

分岐点の数や位置を変更するには

分岐点を増やすと、虹のような複雑なグラデーションも自在に作成できます。分岐点を追加するには、以下のように操作しましょう。

1 手順1の操作5を参考に実行

2 ［グラデーションの分岐点を追加します］をクリック

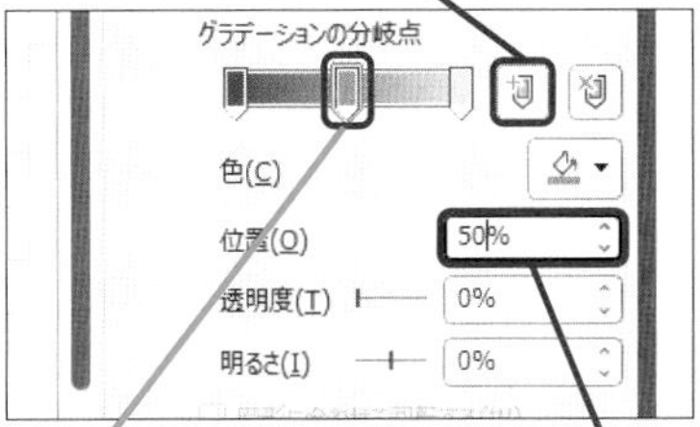

分岐点が追加された

3 ここに数値を入力して、分岐点の位置を設定

使いこなしのヒント

グラフエリアにも設定できる

グラフエリアにグラデーションを設定するには、グラフエリアを右クリックして［グラフエリアの書式設定］を選択し、65ページの手順1の操作3以降の操作で設定します。

1 グラフエリアを右クリック

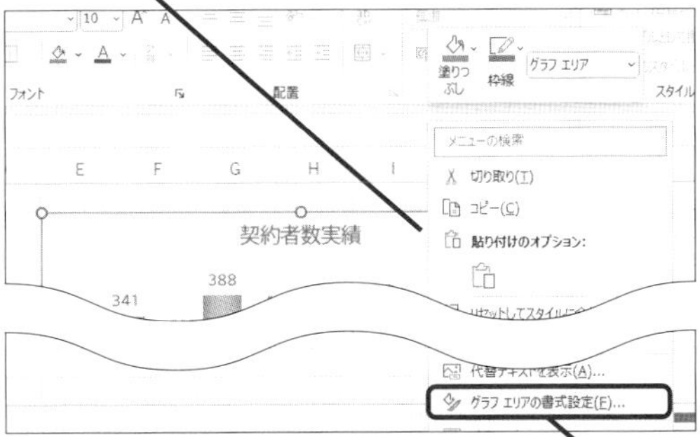

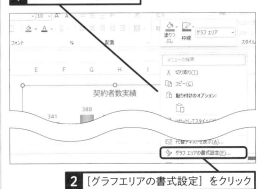

2 ［グラフエリアの書式設定］をクリック

3 レッスンを参考にグラデーションを設定

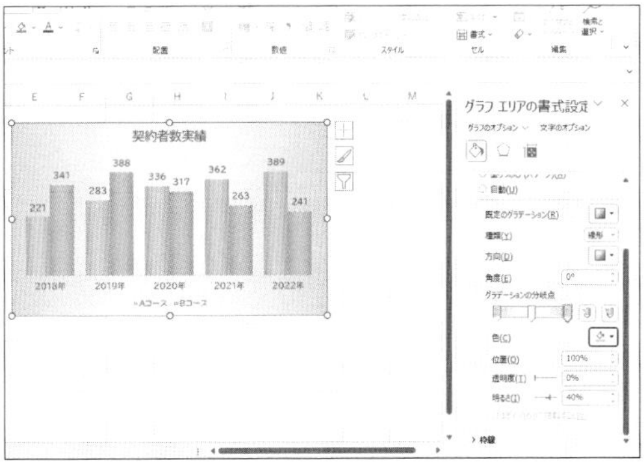

軸や目盛り線の書式を
変更するには

目盛り線の書式設定、図形の枠線

YouTube
動画で
見る

詳細は2ページへ

練習用ファイル　L15_目盛り線の書式設定、図形の枠線.xlsx

基本編

第2章　グラフをきれいに修飾しよう

線の書式設定で細部にこだわったグラフを作ろう

グラフには軸や目盛り線など、さまざまな「線」が含まれています。データ要素やプロットエリアの境界にも「枠線」があります。これらの線の色や太さ、線種などは自由に変更できます。グラフの細部にまでこだわることで、デザインの完成度がグンと上がります。

このレッスンでは、目盛り線に破線と色を設定する操作を例に、[図形の枠線]ボタンで線の書式を設定する方法を説明します。この[図形の枠線]ボタンでは、線の種類と色のほか、太さも変更できるので、いろいろな書式を試してグラフの雰囲気に合う線をデザインしましょう。

🔗 関連レッスン

レッスン27
目盛りの範囲や間隔を
指定するには　　　　　　P.108

レッスン28
目盛りを万単位で表示するには　P.110

🔍 キーワード

区分線	P.343
縦（値）軸	P.344
目盛線	P.346

Before

目盛り線が目立たないので、
売上収益が比較しにくい

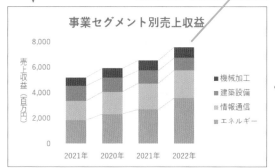

→

After

目盛り線の書式を変更することで、単位
の区切りや数の違いが分かりやすくなる

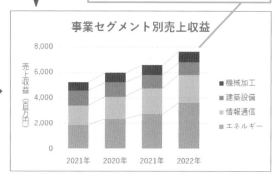

💡 使いこなしのヒント

軸の色も統一しよう

目盛り線の色を変えると、横（項目）軸とのバランスが悪くなることがあります。そのようなときは横（項目）軸をクリックして、このレッスンで紹介する手順を参考に、目盛り線と同じ色を設定しましょう。ちなみに、縦(値)軸の数値をクリックして同様に操作すれば、縦（値）軸に縦線を表示することもできます。

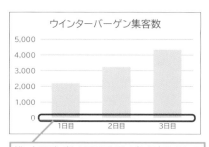

横（項目）軸も同じ手順で色を変えられる

1 目盛りの色を変更する

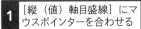

1 [縦（値）軸目盛線] にマウスポインターを合わせる

マウスポインターの形が変わった

2 そのままクリック

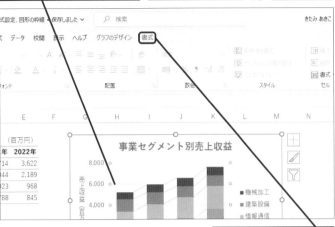

3 [書式] タブをクリック

目盛り線が選択され、ハンドルが表示されていることを確認する

4 [図形の枠線] のここをクリック

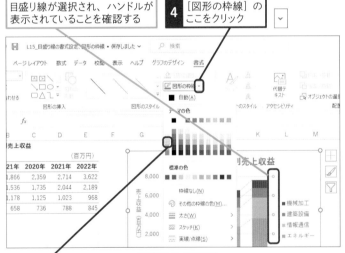

5 [白、背景1、黒+基本色25%] をクリック

目盛り線の色が変更された

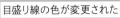

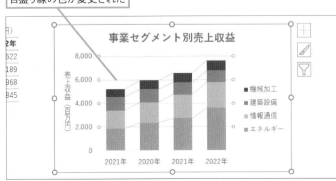

使いこなしのヒント

目盛り線が選択しにくいときは

目盛り線は細いので、クリックの場所が少しでもずれると目盛り線ではなくプロットエリアが選択されてしまいます。確実に目盛り線を選択するには [書式] タブにある [グラフ要素] を使用しましょう。

1 グラフエリアをクリック

2 [書式] タブをクリック

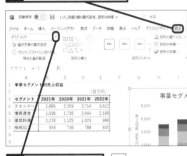

3 [グラフ要素] のここをクリック

[グラフ要素] の一覧が表示された

4 [縦（値）軸目盛線] をクリック

目盛り線が選択された

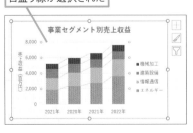

次のページに続く →

2 目盛り線の種類を変更する

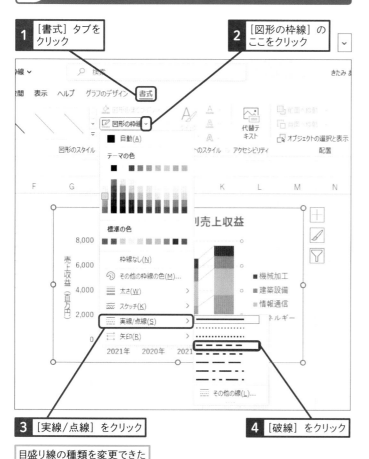

1 [書式] タブをクリック

2 [図形の枠線] のここをクリック

3 [実線/点線] をクリック

4 [破線] をクリック

目盛り線の種類を変更できた

事業セグメント別売上収益

セルをクリックして選択し、縦（値）軸目盛線の選択を解除しておく

💡 使いこなしのヒント

2、3本目の目盛り線をクリックするとうまく選択できる

目盛り線を選択するコツは、上から2、3本目の線をクリックすることです。上端の線をクリックするとプロットエリア、下端の線をクリックすると横（項目）軸が選択されてしまうことがあるので注意しましょう。

💡 使いこなしのヒント

目盛り線の太さを変更するには

目盛り線を選択して、[書式] タブにある[図形の枠線] - [太さ] をクリックすると、線の太さの一覧が表示されます。その中から選ぶだけで、目盛り線の太さを簡単に変更できます。

手順1と手順2の操作1〜2を実行しておく

1 [太さ] をクリック

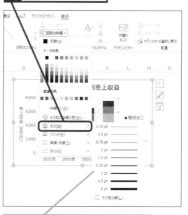

枠線の太さの一覧が表示された

⚠ ここに注意

間違ってプロットエリアを選択して色を設定すると、プロットエリアの枠に色が付いてしまいます。[ホーム] タブ（Excel 2019/2016の場合はクイックアクセスツールバー）の [元に戻す] ボタン（↩）をクリックして操作を取り消し、目盛り線を選択して手順2から操作をやり直しましょう。

👍 スキルアップ

グラフの背景に色を設定するには

グラフの背景はグラフエリアとプロットエリアに分かれており、それぞれに別の色を設定できます。初期設定ではプロットエリアが自動で透明になるので、グラフエリアを選択して色を設定すると、グラフ全体がその色で塗りつぶされます。

プロットエリアだけ別の色にしたい場合は、別途プロットエリアを選択して、色の設定を行いましょう。グラフエリアの色を変えたときに文字が見づらくなる場合は、文字も見やすい色に変えましょう。

1 グラフエリアをクリック

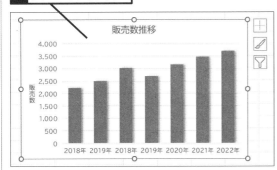

8 プロットエリアをクリック

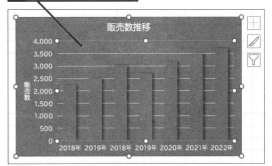

2 [書式] タブをクリック　**3** [図形の塗りつぶし] のここをクリック

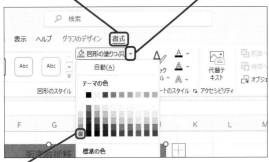

9 [書式] タブをクリック　**10** [図形の塗りつぶし] のここをクリック

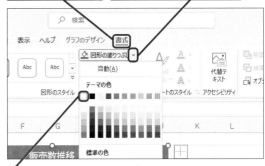

4 [白、背景1、黒+基本色50%] をクリック

グラフエリアを引き続き選択しておく　**5** [ホーム] タブをクリック

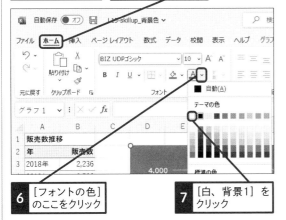

6 [フォントの色] のここをクリック　**7** [白、背景1] をクリック

11 [白、背景1] をクリック

グラフの背景に色が設定された

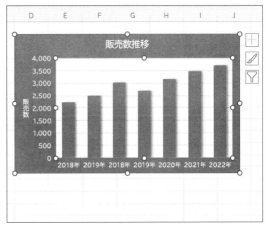

グラフの中に図形を描画するには

図形の挿入

基本編　第2章　グラフをきれいに修飾しよう

グラフに補足説明やキャッチコピーを入れよう

グラフは数値データを視覚的に表す便利な道具ですが、グラフを構成する標準的な要素だけでは、グラフの意味が伝わりづらいことがあります。そのようなときは、図形を利用してみましょう。グラフ上に売り上げ目標の線を引いたり、データの推移を表す矢印を入れたりするなど、グラフの表現力アップに図形が役立ちます。図形内は文字も入力できるので、グラフに補足説明を添えたり、キャッチコピーをアピールしたいときにも重宝します。

下の［Before］のグラフは、今年度の売り上げと3年後の売り上げ予想を縦棒グラフで表したものです。［After］のグラフには、図形を追加して「売上倍増!」という文字を入れました。文字を入れることで、今後の売り上げが飛躍的に伸びるというメッセージを具体的にアピールできます。

関連レッスン

レッスン46 絵グラフを作成するには	P.168
レッスン84 気付いてほしいポイントを図形で誘導しよう	P.322

キーワード

グラフエリア	P.343
グラフ要素	P.344

Before：現在の売り上げと3年後の売り上げ予想の数値が棒グラフで表現されている

経営ビジョン／14,578万円／30,000万円／今年度／3年後

After：メッセージを入れた図形を使えば、「3年後に売り上げが倍増する」という内容を具体的にアピールできる

経営ビジョン／売上倍増!／14,578万円／30,000万円／今年度／3年後

使いこなしのヒント

図形をグラフからはみ出して配置するには

図形をグラフエリアからはみ出して配置したいときは、セルを選択した状態で［挿入］タブにある［図］-［図形］から図形を挿入しましょう。挿入後、Ctrl キーを押しながらグラフと図形をクリックすると、2つ同時に選択できます。その状態で［図形の書式］タブの［グループ化］-［グループ化］をクリックすると、図形とグラフがグループ化され、一緒に移動できるようになります。

1 図形を描画する

グラフの内容を説明する矢印を挿入する

1 グラフエリアをクリック

2 [書式]タブをクリック

3 [図形の挿入]の[その他]をクリック

ここでは [矢印：右] の図形を挿入する

4 [矢印：右]をクリック

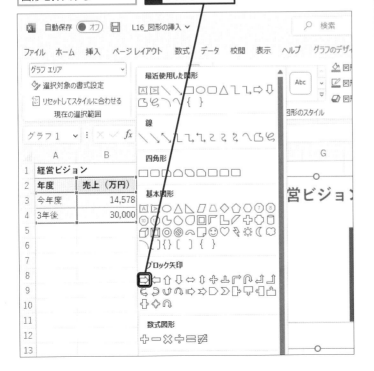

使いこなしのヒント
図形はグラフ要素になる

グラフに図形を挿入するときは、あらかじめグラフを選択してから、図形を描画することがポイントです。そうすることで、図形がグラフ要素となり、グラフを移動したときに図形も一緒に移動します。グラフを選択せずに図形を挿入すると、グラフ上に配置したように見えても、グラフを移動したときに図形だけ残ってしまうので注意しましょう。

⚠ ここに注意

手順1の操作4でクリックする図形を間違えて配置してしまったときは、図形を選択して Delete キーを押し、手順1から操作をやり直しましょう。

使いこなしのヒント
図形の位置やサイズを変更するには

作成した図形をクリックすると、図形の周りに白丸の形の「サイズ変更ハンドル」が表示されます。サイズ変更ハンドルをドラッグすると、図形のサイズを変更できます。また、図形の枠や図形内部の文字のないところをドラッグすると、図形をグラフエリア内で移動できます。

◆サイズ変更ハンドル

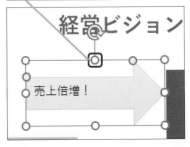

次のページに続く→

● 図形を挿入する

5 ここにマウスポインターを合わせる

マウスポインターの形が変わった

6 ここまでドラッグ

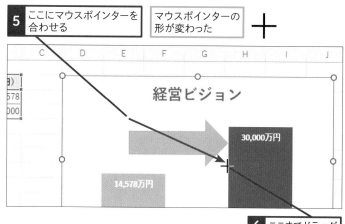

経営ビジョン

30,000万円

14,578万円

2 図形に文字を入力する

図形が挿入された

図形が選択され、ハンドルが表示されている状態で文字を入力する

1 「売上倍増！」と入力

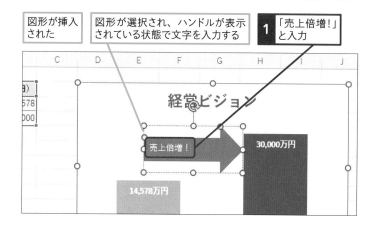

経営ビジョン

売上倍増！

30,000万円

14,578万円

3 図形のスタイルを設定する

続けて図形のスタイルを設定する

1 [図形の書式] タブをクリック

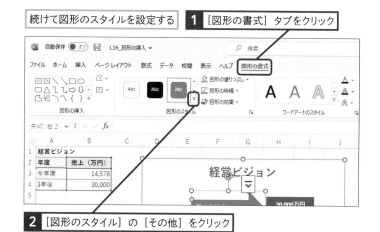

2 [図形のスタイル] の [その他] をクリック

☀ 使いこなしのヒント

図形を選択してから文字を入力する

図形を選択した状態でキーボードから文字を打ち込むと、図形の中に入力されます。文字を入力するときは、必ず事前に図形を選択しましょう。なお、直線や矢印など、文字を入力できない図形もあるので注意してください。

☀ 使いこなしのヒント

図形の形状を変えるには

図形の種類によっては、黄色い「調整ハンドル」が表示されることがあります。調整ハンドルは、図形の形状の調整に使用します。例えば矢印の矢の部分だけを大きくしたり、角丸四角形の角の丸みを増やしたり、吹き出しの指し位置を変更するなどの調整を行えます。

黄色い調整ハンドルで変形できる

売上倍増！

☀ 使いこなしのヒント

文字を図形の中央に配置するには

図形を選択して、[ホーム] タブにある [上下中央揃え] ボタン（目）と [中央揃え] ボタン（目）をクリックすると、文字を図形の中央に配置できます。

◆上下中央揃え

◆中央揃え

●図形のスタイルを選択する

[図形のスタイル] の一覧が表示された

3 [パステル - ゴールド、アクセント4] をクリック

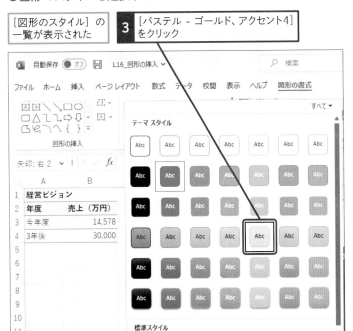

図形の書式を設定するには

図形を作成したら、グラフのデザインに合わせて書式を整えましょう。手順3のように [図形のスタイル] を利用すれば、塗りつぶしや文字の色などをまとめて設定できます。また、[図形の塗りつぶし][図形の枠線][図形の効果] を使用して、図形のデザインを個別に設定することも可能です。

3つのボタンで図形の書式を設定できる

---

4 図形を回転させる

図形のスタイルを設定できた

1 ここにマウスポインターを合わせる

マウスポインターの形が変わった

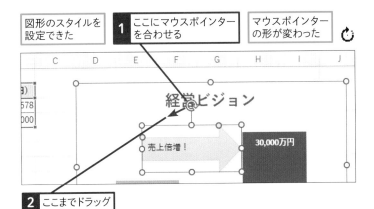

2 ここまでドラッグ

図形が回転した

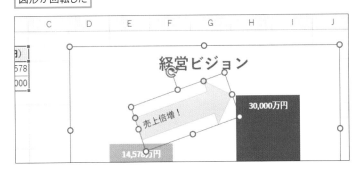

図形を回転するには

上部に「回転ハンドル」が表示される図形は、回転ハンドルをドラッグすることで、図形の中心を軸として回転することができます。

◆回転ハンドル

図形を削除するには

図形をクリックして選択し、Delete キーを押すと、図形を削除できます。

レッスン 17 いつもとは違う色でグラフを作成するには

配色

練習用ファイル L17_配色.xlsx

グラフの配色を総入れ替えできる

標準のグラフでは、第1系列に［青、アクセント1］、第2系列に［オレンジ、アクセント2］、第3系列に［グレー、アクセント3］……という具合にカラーパレットの決まった色が設定されるため、ありきたりな印象になります。レッスン11で紹介した［色の変更］を使えば色合いを変更できますが、選択肢はカラーパレット内の色の組み合わせなので、既視感のある色合いになります。

いつもとは違う色合いのグラフにしたいときは、ブックの［配色］を変更しましょう。［配色］を変更するとカラーパレットの色が総入れ替えされ、セルやグラフに設定されている色も連動して変わります。下の［After］のブックには青系で統一した配色を設定していますが、さまざまな色相を組み合わせたシックな配色やマットな配色も用意されているので、好みのものを選びましょう。

キーワード

Before

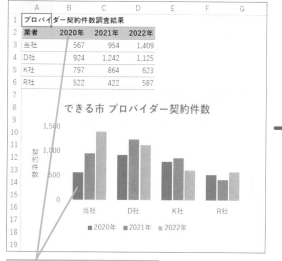

何も設定を変更しない状態では、［Office］の配色となっている

After

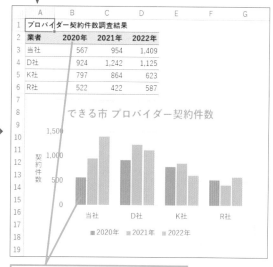

［ページレイアウト］タブの［配色］から選択して、色をまとめて変更できる

1 配色を変更する

1 [ページレイアウト] タブをクリック

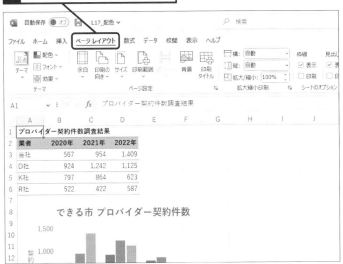

2 [配色] をクリック　　**3** [青緑] をクリック

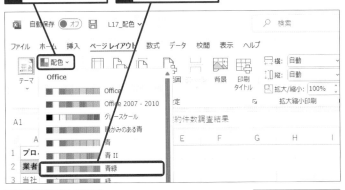

セルの色が変わった　　　　　　　　　棒の色が変わった

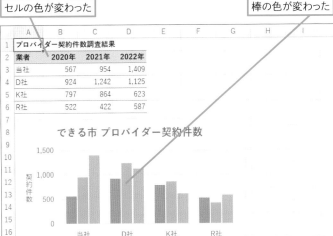

📖 用語解説

配色

「配色」とは、カラーパレットの色を変更する機能です。手順1の [配色] の選択肢に表示される8色が、カラーパレットの1行目の3 ～ 10列目の色に対応します。

💡 使いこなしのヒント

カラーパレットの [テーマの色] が変わる

[配色] を変更すると、カラーパレットの [テーマの色] 欄に設定されている色が変わります。[標準の色] 欄や [塗りつぶしの色] 欄の色は変化しません。

[配色]を変更すると[テーマの色]が変化する

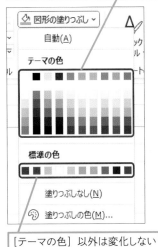

[テーマの色] 以外は変化しない

💡 使いこなしのヒント

ブック内のセル、グラフ、図形の色が変わる

[配色] は、ブック全体に適用される機能です。[配色] を変更すると、グラフだけでなくセルや図形の色も変わります。なお、色が変更されるのはカラーパレットの [テーマの色] から選択した色だけです。セルやグラフに [標準の色] や [塗りつぶしの色] から色を設定した場合、[配色] を変更しても色は変わりません。

次のページに続く➡

2 グラフタイトルの色を変更する

1 グラフタイトルをクリック

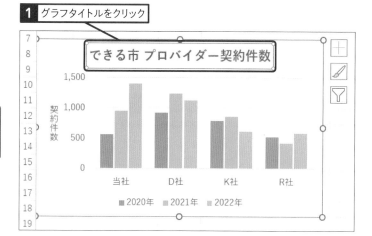

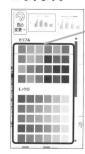

2 [ホーム] タブをクリック

3 [フォントの色] のここをクリック

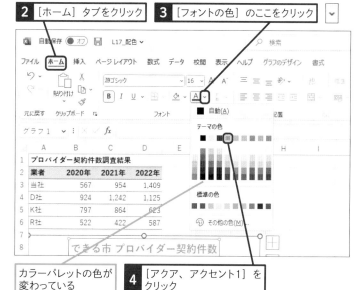

カラーパレットの色が変わっている

4 [アクア、アクセント1] をクリック

文字の色が変わった

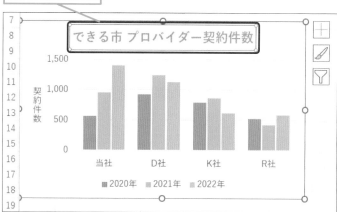

使いこなしのヒント

[色の変更] の選択肢も変わる

[配色] を変更すると、レッスン11で紹介した [色の変更] の選択肢も変わります。[テーマの色] に合わせた色合いに変更されるので、ブック全体が統一した色合いになります。

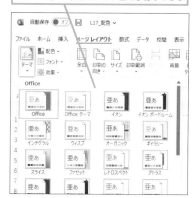

[配色] を変更すると [色の変更] の選択肢も変化する

使いこなしのヒント

[テーマ] を変更してもいい

Excelには [テーマ] と呼ばれる書式機能があります。[テーマ] には配色、図形の効果、フォントなど、さまざまな書式がセットになって登録されています。[テーマ] を変更すると、ブック全体の書式を一括変更できます。

[テーマ] を変更しても色を変更できる

使いこなしのヒント

[配色] を元に戻すには

[配色] の一覧から [Office] を選択すると、カラーパレットを初期設定の配色に戻せます。それに連動して、セルやグラフの色も変わります。

スキルアップ

よく使う色をカラーパレットに登録するには

ブランドカラーやコーポレートカラーなど、よく使う色は[配色]に登録しておきましょう。カラーパレットから簡単に目的の色を設定できるようになります。以下の手順では、Excelの標準の配色である[Office]の[アクセント1]の色を変更し、「グラフ用配色」の名前で登録しています。登録した配色はパソコンに保存されるので、[配色]の一覧から[グラフ用配色]を選択すれば、ほかのブックでも利用できます。なお、画像ファイルから色の赤、緑、青の数値を調べる方法を315ページのスキルアップで紹介しているので、ブランドカラーやコーポレートカラーの色の構成を調べる参考にしてください。

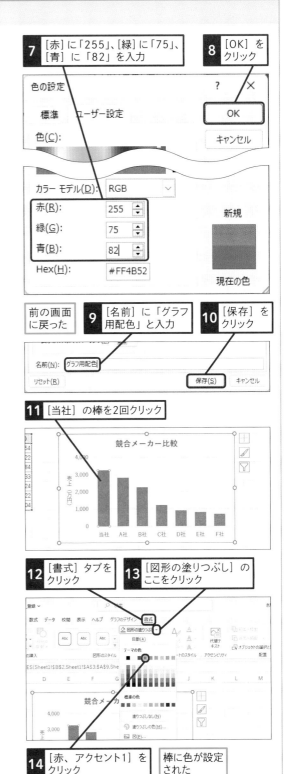

1 [ページレイアウト]タブをクリック

2 [配色]をクリック

3 [Office]が選択されていることを確認

4 [色のカスタマイズ]をクリック

ここでは[アクセント1]に色を登録する

5 [アクセント1]をクリック

6 [その他の色]をクリック

7 [赤]に「255」、[緑]に「75」、[青]に「82」を入力

8 [OK]をクリック

9 [名前]に「グラフ用配色」と入力

10 [保存]をクリック

11 [当社]の棒を2回クリック

12 [書式]タブをクリック

13 [図形の塗りつぶし]のここをクリック

14 [赤、アクセント1]をクリック

棒に色が設定された

この章のまとめ

グラフのデザインが見る人の印象を左右する

Excelでグラフを作成すると、いつも同じ色合いが設定されるので、ひと目で「Excelで作ったグラフ」と分かるありきたりのデザインになってしまいます。見る人をグンと引き付ける印象的なグラフに仕上げたいときは、デザインにひと手間かけましょう。

グラフの印象を決める最も大きなファクターは、全体の色使いです。ビジネス用には落ち着いた色合い、プレゼンテーション用には華やかな色合いというように、シーンに合わせて適切な色を設定しましょう。図形を利用するのも、グラフにメリハリを付けるポイントです。

さらにディテールを追求するときは、フォントや線種など、あまり目立たない部分にもこだわりましょう。細かい部分にまで手を加えることで、個性的なグラフを演出できます。

ただし見た目ばかりに気を取られて、肝心のグラフの分かりやすさがおろそかになってしまっては元も子もありません。「数値を分かりやすく伝える」というグラフの基本は忘れないでください。

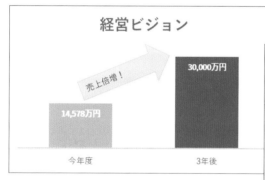

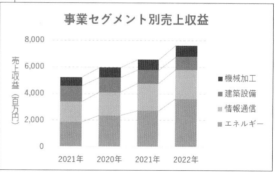

 文字、色、線種、グラデーション、図形……。グラフのデザインを決める要素はいろいろありますね。

 グラフのデザインは見栄えを上げる目的だけでなく、言いたいことを分かりやすく伝えるための手段にもなるんですね。

デザインの設定は、オリジナリティの見せ所です。美しいグラフや分かりやすいグラフを目指して、グラフ作りを楽しみましょう。

基本編

第3章

グラフの要素を編集しよう

グラフ上には、グラフタイトルや軸ラベルなど、グラフを分かりやすくするためのさまざまなグラフ要素を配置できます。また、数値軸の数値の表示形式を整えたり、目盛りの間隔を調整したりするなど、グラフを見やすくするための工夫を凝らせます。この章では、グラフ要素の編集方法を紹介します。

18 グラフ要素を利用して見やすく仕上げよう

Introduction この章で学ぶこと

グラフの作成は、ワークシート上にグラフが配置されたところがスタートラインです。軸ラベルやデータラベルなど、さまざまなグラフ要素を利用して、情報を正確に伝えるグラフに改良していきましょう。

基本編

第3章 グラフの要素を編集しよう

グラフ要素で情報不足を補おう

見てください。商品別の売上実績のグラフを作ってみました。

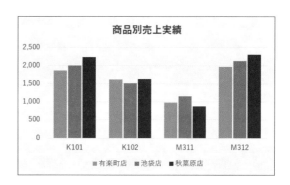

商品別売上実績

「K101」や「M312」は、どの店舗でも2,000個前後売れていて、売れ行き好調だね♪

マヤさんはそそっかしいなあ。「2,000個」ではなく「2,000千円」だよ。

だって、タクミさんのグラフからは、数値が売上高であることや、千円単位であることが伝わらないじゃない!

データラベルを追加

グラフにデータラベルを追加したらどうでしょう?「売上高（千円）」と入れておけば、こうした誤解を防げますよ。

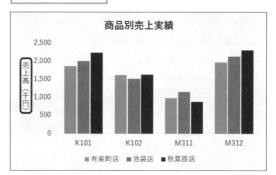

商品別売上実績

いろいろなグラフ要素を活用しよう

ほかにもいろいろなグラフ要素が用意されているので、見やすい位置に配置して、どんどん活用しましょう。

グラフタイトルとセルをリンク

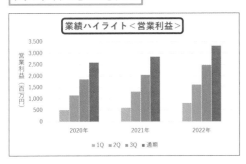

グラフタイトルに、セルの内容を自動表示できるんですね。

凡例を右側に移動

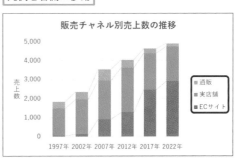

凡例を右に移動すると棒の並び順とそろうから、対応が分かりやすい！

棒の上にデータラベルを配置

データラベルを使うと、具体的な数値をダイレクトに伝えられますね！

目盛りの数値の間隔を調整

縦（値）軸の目盛りの範囲や間隔を調整することもできますよ。

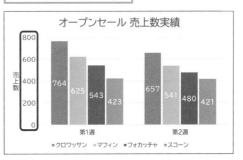

グラフのレイアウトを
まとめて変更するには

クイックレイアウト

グラフ要素の表示／非表示を一括設定できる！

グラフを作成すると、グラフエリアにグラフ本体であるプロットエリアと凡例が配置されます。状況によってはグラフタイトルが自動で挿入されることもありますが、そのほかのグラフ要素は必要に応じて後から自分で追加します。このときお薦めなのが、［クイックレイアウト］です。

［クイックレイアウト］ボタンの一覧には、グラフ要素を組み合わせたレイアウトが複数用意されています。例えば次ページの手順で紹介している［レイアウト10］には、「グラフタイトル、系列の重なり、最終系列のデータラベル」という設定が含まれています。［レイアウト10］を選択するだけで、これらの設定が瞬時にグラフに適用されます。1つずつ要素を追加するのに比べて断然効率的なので、ぜひ利用してください。なお、データラベルの詳細については、レッスン23を参照してください。

関連レッスン

レッスン11
グラフのデザインをまとめて
設定するには　　　　　　　　P.56

レッスン23
グラフ上に元データの数値を
表示するには　　　　　　　　P.94

レッスン42
2系列の棒を重ねるには　　　P.154

キーワード

クイックレイアウト　　　　　P.343
グラフ要素　　　　　　　　　P.344
データラベル　　　　　　　　P.345

Before

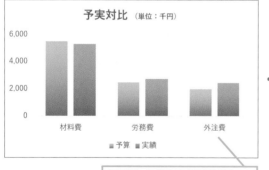

項目別に予算と実績が棒グラフで
表示されている

After

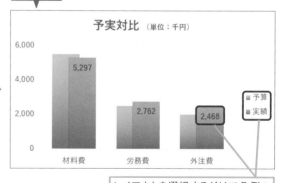

レイアウトを選択するだけで凡例の
位置を変更したり、データラベルを
追加したりすることができる

1 グラフのレイアウトを変更する

レイアウトを変更してデータラベルを追加し、凡例を移動する

1 グラフエリアをクリック　　**2** [グラフのデザイン] タブをクリック

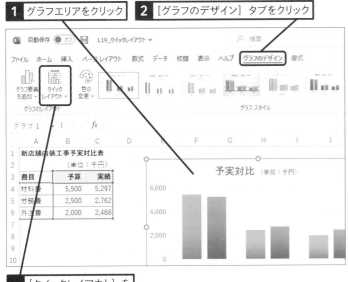

3 [クイックレイアウト] を
クリック

[クイックレイアウト] の
一覧が表示された　　**4** [レイアウト10] を
クリック

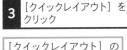

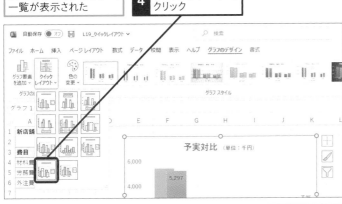

データラベルが追加された　　　　凡例の位置が変更された

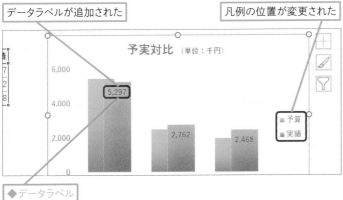

◆データラベル

グラフの種類に応じたレイアウトが表示される

[クイックスタイル] の一覧に表示される
レイアウトは、円グラフ用、折れ線グラフ
用、というように、グラフの種類に応じて
別のレイアウトが表示されます。

円グラフを選択して[クイックレイアウト]
をクリックすると、円グラフ用のレイアウ
トが表示される

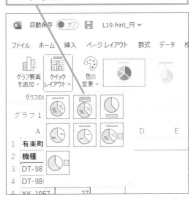

レイアウトを適用してから個々のグラフ要素を編集する

[クイックレイアウト] を適用すると、事
前に配置したグラフ要素が非表示になっ
たり、位置が変わったりする場合がありま
す。先に [クイックレイアウト] を適用し
てから、足りないグラフ要素を個別に追
加したり、配置を変更したりするようにし
ましょう。

リボンに [グラフのデザイン] タブ (Excel
2019/2016の場合は [グラフツール] の
[デザイン] タブ) が表示されない場合は、
グラフを選択できていません。操作1から
やり直しましょう。

練習用ファイル　L20_セルの参照.xlsx

セルに入力した文字をそのままグラフタイトルにできる

グラフの元データの表に付けられたタイトルを、グラフタイトルに使いたいことがありますが、同じ内容をグラフにも入力するのは面倒です。セルに入力されているタイトルを、自動でグラフに表示できないかと考えたことはないでしょうか。

答えは「できる」です。次ページの手順で紹介しているように、セル番号を指定することで、簡単にセルの内容をグラフに表示できます。表のタイトルを入力し直すと、自動的にグラフのタイトルも変わるので効率的です。ここではグラフタイトルにセルの内容を表示しますが、軸ラベルにも同じ要領でセルの内容を表示できます。応用範囲が広い便利なテクニックです。

🔗 関連レッスン

レッスン62
ドーナツグラフの中心に
合計値を表示するには　　　P.236

🔍 キーワード

グラフタイトル	P.343
グラフボタン	P.343
グラフ要素	P.344
数式バー	P.344

Before

セルA1に「業績ハイライト＜営業利益＞」と入力されている

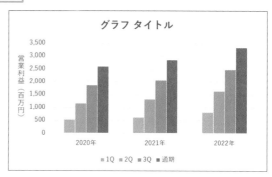

After

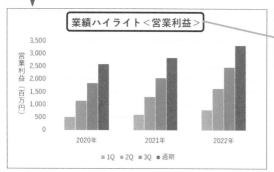

数式を利用してセルA1を参照すれば、グラフタイトルにセルA1の内容を表示できる

1 グラフタイトルに表示するセルを選択する

グラフの内容を表すグラフ
タイトルに変更する

1 グラフタイトルを
クリック

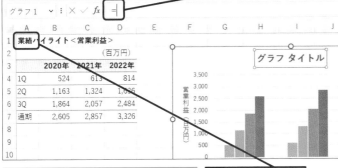

2 数式バーをクリック

数式バーにカーソルが表示され、
入力できるようになった

3 数式バーに「=」と
入力

セルA1の文字をグラフタイトルに表示する

4 セルA1をクリック

セルA1が選択され、「=Sheet1!$A$1」と表示された

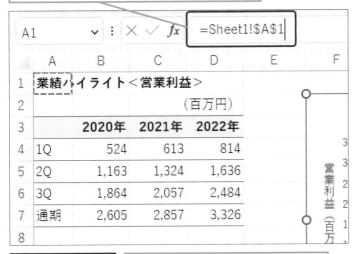

| A1 | ⌄ | : | × | ✓ | fx | =Sheet1!$A$1 |

	A	B	C	D	E	F
1	業績ハイライト＜営業利益＞					
2			（百万円）			
3		2020年	2021年	2022年		
4	1Q	524	613	814		
5	2Q	1,163	1,324	1,636		
6	3Q	1,864	2,057	2,484		
7	通期	2,605	2,857	3,326		
8						

営業利益（百万

5 [Enter] キーを押す　グラフタイトルにセルA1の内容が表示される

💡 **使いこなしのヒント**

［グラフ要素］ボタンで
グラフタイトルを追加／削除できる

グラフに表示されているグラフタイトルを
削除してしまった場合は、手動で追加し
ましょう。下図のように［グラフ要素］ボ
タン（田）の一覧から［グラフタイトル］
にチェックマークを付けると、グラフの上
に素早く追加できます。また、右横の▷
をクリックすれば、グラフタイトルの位置
を選んで追加することも可能です。

1 グラフエリア
をクリック

2 ［グラフ要素］
をクリック

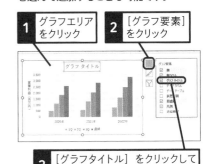

3 ［グラフタイトル］をクリックして
チェックマークを付ける

💡 **使いこなしのヒント**

軸ラベルにセルの内容を
表示するには

軸ラベルにも、セルの内容を表示できま
す。軸ラベルを選択した後、数式バーに「=」
と入力して、文字が入力されたセルをク
リックします。数式バーに「=シート名!セ
ル番号」が表示されたら、[Enter] キーで
確定します。

21 数値軸や項目軸に説明を表示するには

軸ラベルの挿入

練習用ファイル　L21_軸ラベルの挿入.xlsx

軸ラベルでグラフの理解度がアップする

グラフに軸ラベルを挿入すると、「軸の意味」がひと目で分かります。軸ラベルは、縦（値）軸の左側と横（項目）軸の下側の2個所に配置できます。このレッスンでは縦（値）軸を例に、軸ラベルの挿入方法と文字を縦書きに変更する手順を説明します。

下の「商品別売上実績」を表す［Before］のグラフを見てください。元表の数値が千円単位で入力されているので、グラフの縦（値）軸に並ぶ数値も千円単位になっています。しかし、このグラフでは数値が何を表しているかが伝わりません。［After］のグラフには軸ラベルに「売上高（千円）」と表示があるので、数値の意味や単位がひと目で分かり、誤解を与える心配がなくなります。

関連レッスン

キーワード

基本編

第3章　グラフの要素を編集しよう

Before

元表に千円単位の売上高が入力されている

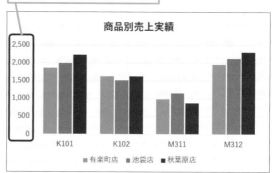

縦（値）軸の内容が分からない

	A	B	C	D	E
1	商品別売上実績				
2				（単位：千円）	
3	品番	有楽町店	池袋店	秋葉原店	
4	K101	1,866	1,998	2,231	
5	K102	1,624	1,522	1,630	
6	M311	987	1,154	875	
7	M312	1,965	2,133	2,301	
8					

After

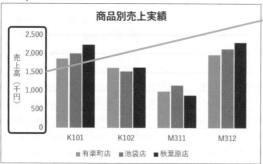

軸ラベルを見れば、数値が千円単位の売上高であることが分かる

1 軸ラベルを挿入する

縦（値）軸の内容を説明するラベルを挿入する

1 グラフエリアをクリック

2 [グラフのデザイン] タブをクリック

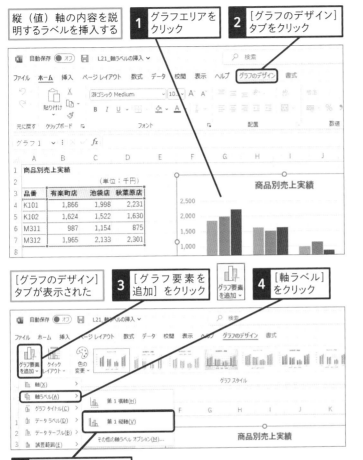

[グラフのデザイン] タブが表示された

3 [グラフ要素を追加] をクリック

4 [軸ラベル] をクリック

5 [第1縦軸] をクリック

2 軸ラベルの文字を縦書きに変更する

軸ラベルが挿入された

1 軸ラベルを右クリック

2 [軸ラベルの書式設定] をクリック

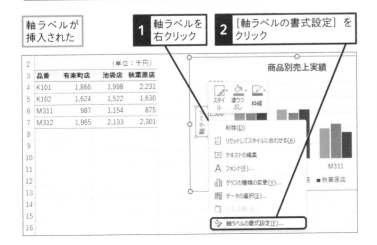

次のページに続く→

使いこなしのヒント

グラフボタンを使って軸ラベルを追加するには

[グラフ要素] ボタンからも軸ラベルを追加できます。[軸ラベル] にチェックマークを付けるとすべての軸ラベルを一括表示できます。また、サブメニューからは、軸ラベルの種類を選択して表示できます。

1 グラフエリアをクリック

2 [グラフ要素] をクリック

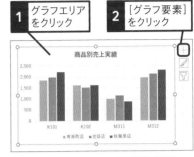

3 [軸ラベル] をクリック

4 ここをクリック

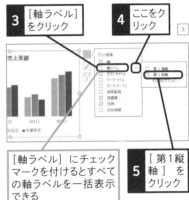

[軸ラベル] にチェックマークを付けるとすべての軸ラベルを一括表示できる

5 [第1縦軸] をクリック

軸ラベルが挿入される

用語解説

軸ラベル

軸の説明を入力するためのグラフ要素を総称して「軸ラベル」といいます。縦棒グラフの場合、「縦（値）軸ラベル」と「横（項目）軸ラベル」の2種類の軸ラベルを追加できます。

●文字列の方向を変更する

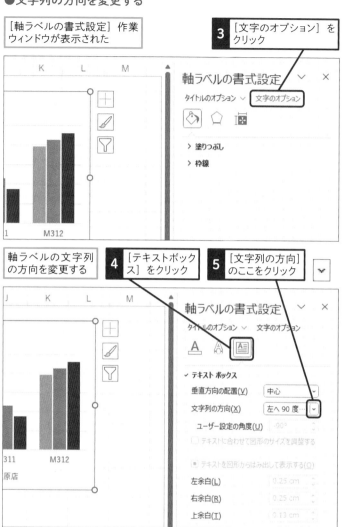

[軸ラベルの書式設定] 作業ウィンドウが表示された

3 [文字のオプション] をクリック

軸ラベルの文字列の方向を変更する

4 [テキストボックス] をクリック

5 [文字列の方向] のここをクリック

[文字列の方向] の一覧が表示された

6 [縦書き] をクリック

💡 使いこなしのヒント

軸ラベルの文字列に半角文字が混在するときは

手順2の操作6の一覧には [縦書き] のほかに [縦書き（半角文字含む）] があります。前者は半角文字が90度回転しますが、後者は半角文字も縦書きになります。このほか、[左へ90度回転] を選ぶと、全角文字も半角文字も90度回転します。文字のバランスを見て、見やすい設定を選びましょう。

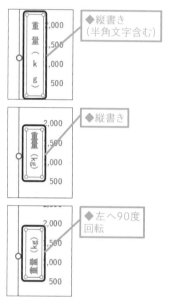

◆縦書き（半角文字含む）

◆縦書き

◆左へ90度回転

💡 使いこなしのヒント

グラフの背景に模様を設定するには

Excelには、グラフの背景として使用できる「テクスチャ」と呼ばれる模様が複数用意されています。テクスチャを設定するには、グラフエリアをクリックして、[書式] タブの [図形の塗りつぶし] をクリックし、[テクスチャ] の一覧から模様を選択します。木目や大理石などさまざまな模様の選択肢があります。このレッスンのサンプルのグラフには、「セーム皮」というテクスチャが設定されています。

● [軸ラベルの書式設定] 作業ウィンドウを閉じる

軸ラベルの文字列が縦書きになった

7 [閉じる] をクリック

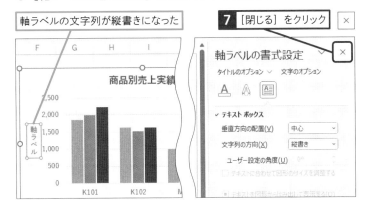

軸ラベルの書式設定

3 軸ラベルの内容を変更する

縦（値）軸ラベルの内容を変更する | **1** ここをクリック

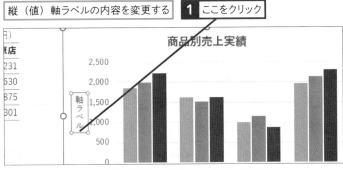

軸ラベルにカーソルが表示された | **2** Back spaceキーを4回押す

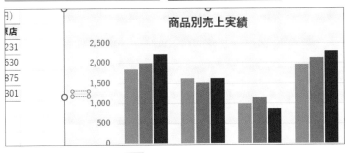

3 「売上高（千円）」と入力

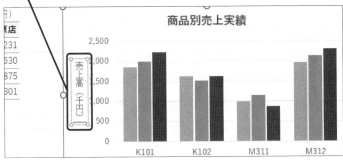

💡 使いこなしのヒント

[方向] ボタンでも縦書きに設定できる

[ホーム] タブの [方向] ボタンの一覧から [縦書き] を選択すると、より簡単に文字列を縦書きにできます。この [縦書き] は、手順2の操作6の一覧にある [縦書き（半角文字含む）] に相当します。

1 軸ラベルをクリック

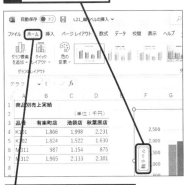

2 [ホーム] タブをクリック

3 [方向] をクリック

4 [縦書き] をクリック

軸ラベルの文字が縦書きに変更される

💡 使いこなしのヒント

軸ラベルを移動または削除するには

軸ラベルを選択してドラッグすると、ドラッグした位置に軸ラベルを移動できます。また、軸ラベルを選択した状態で Delete キーを押すと削除できます。

22 凡例の位置を変更するには

凡例

練習用ファイル　L22_凡例.xlsx

グラフの種類に応じて凡例の位置を調整しよう

複数の系列があるグラフを作成すると、プロットエリアの下側に凡例が表示されます。凡例は、各系列がどの色の棒に対応するのかを示すグラフ要素です。グラフと凡例を見比べやすい位置に配置することが大切です。

下の［Before］のグラフは積み上げ縦棒グラフです。棒は下から上に向かって赤、緑、黄色の順に積み上げられていますが、凡例は左から右に向かって並んでおり、向きが異なっています。［After］のグラフでは、凡例の位置をグラフの右側に移動しました。グラフと凡例で赤、緑、黄色の並び方がそろうので、対応が断然見やすくなります。集合縦棒グラフは下、積み上げ縦棒グラフは右、積み上げ横棒グラフは下、……というように、グラフの種類に応じて凡例を見やすい位置に変えましょう。

🔗 関連レッスン

レッスン05
項目軸と凡例を入れ替えるには　P.36

レッスン33
凡例の文字列を
直接入力するには　P.126

🔍 キーワード

グラフ要素	P.344
凡例	P.345
プロットエリア	P.345

Before

凡例が下に配置されている

After

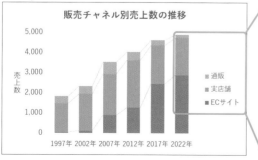

凡例を右に配置するとプロットエリアの形が変わり、対応が見やすくなる

1 凡例を右に移動する

凡例を右に移動してグラフの対応を見やすくなる

1 グラフエリアをクリック

2 [グラフのデザイン]タブをクリック

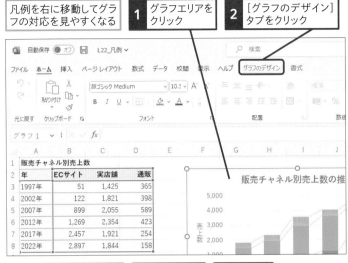

3 [グラフ要素を追加]をクリック

4 [凡例]をクリック

5 [右]をクリック

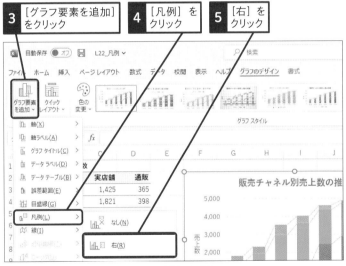

凡例が右に配置され、対応が見やすくなった

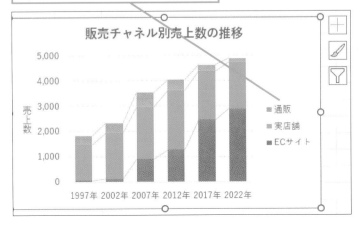

使いこなしのヒント

凡例を削除するには

操作5で[なし]を選択すると、凡例を削除できます。もしくは凡例を選択して、[Delete]キーを押しても削除できます。

使いこなしのヒント

[グラフ要素]ボタンでも凡例の位置を変更できる

[グラフ要素]ボタンからも凡例の位置を変更できます。それには下図のように[凡例]の一覧から凡例の位置を指定します。

1 グラフエリアをクリック

2 [グラフ要素]をクリック

3 [凡例]のここをクリック

4 [右]をクリック

凡例が右に配置される

使いこなしのヒント

ドラッグでの移動も可能

凡例の枠線をドラッグすれば、グラフエリアの好きな場所に移動できます。[右][下]などのメニューから選択して移動する場合はプロットエリアのサイズが自動調整されますが、ドラッグで移動する場合は自動調整されません。

23 グラフ上に元データの数値を表示するには

データラベル

練習用ファイル　L23_データラベル.xlsx

グラフの数値が瞬時に分かる！

グラフを会議やデータ分析の資料として使うときは、データ全体の傾向はもちろんですが、個々のデータの正確な数値を知りたいものです。元表をグラフと一緒に添付する方法もありますが、グラフと表を照らし合わせて数値を確認するのは面倒です。このようなときは、「データラベル」を使ってみましょう。

データラベルとは、各データ要素に割り当てられる説明欄です。データラベルを使用すると、データ要素の近くにその数値を表示できます。グラフに数値を直接入れることで、グラフと元表を照らし合わせなくても、素早く数値を確認できるメリットがあります。このレッスンでは、データラベルを使用して、縦棒グラフの各棒の上に数値を表示する方法を紹介します。

🔗 関連レッスン

レッスン48
積み上げ縦棒グラフに合計値を
表示するには　　　　　　P.176

レッスン49
100%積み上げ棒グラフに
パーセンテージを表示するには　P.180

🔍 キーワード

系列	P.344
データ要素	P.345
データラベル	P.345

Before

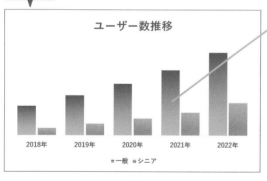

棒グラフの正確な数値が
分からない

After

データラベルを追加すると、グラフの
数値がすぐに分かる

基本編　第3章　グラフの要素を編集しよう

① グラフ上に数値データを表示する

棒グラフの上にデータラベルを
追加して数値データを表示する

1 グラフエリアをクリック

2 [グラフのデザイン] タブをクリック

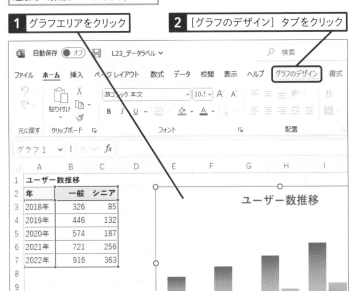

ここでは、[データラベル] の
一覧から表示位置を選択する

3 [グラフ要素を追加] を
クリック

4 [データラベル] を
クリック

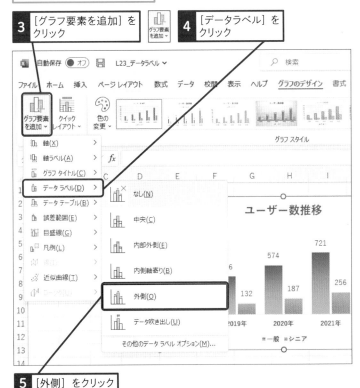

5 [外側] をクリック

次のページに続く ➡

💡 **使いこなしのヒント**

吹き出しのデータラベルも表示できる

吹き出しの形をしたデータラベルを挿入
することもできます。円グラフやバブル
チャートなどで、データ要素とデータラベ
ルの対応を見やすく表示したいときに便
利です。

1 グラフエリア
をクリック

2 [グラフのデザ
イン] タブを
クリック

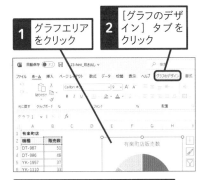

3 [グラフ要素を追加] をクリック

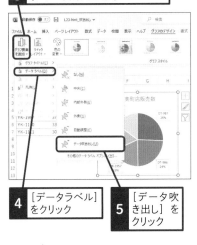

4 [データラベル]
をクリック

5 [データ吹
き出し] を
クリック

💡 **使いこなしのヒント**

グラフの種類によって追加できる位置が異なる

データラベルの表示位置は、グラフの種
類によって異なります。縦棒グラフの場
合は、[中央] [内部外側] [内側軸寄り] [外
側] から選択します。

● グラフ上に数値データが表示されたことを確認する

データラベルが追加され、
グラフの数値が表示された

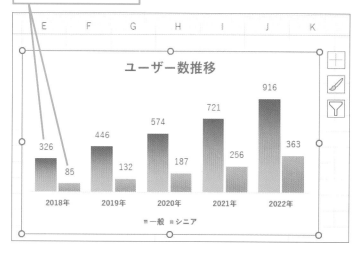

💡 使いこなしのヒント

データラベルはドラッグで移動できる

データラベルが目盛り線と重なったときは、見やすい位置に移動しましょう。データラベルをクリックすると、同じ系列のすべてのデータラベルが選択されます。もう一度クリックすると、クリックしたデータラベルだけが選択されるので、ドラッグして移動します。棒から離れた場所に移動すると、自動的に引き出し線が表示されます。

2回クリックすると、特定のデータ
ラベルを選択できる

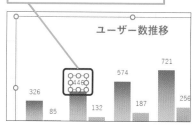

👍 スキルアップ

1つの系列のみにデータラベルを追加できる

棒をクリックして系列を選択した状態でデータラベルを追加すると、選択した系列だけにデータラベルを表示できます。また、棒をゆっくり2回クリックして1本だけを選択してから

データラベルを追加すれば、選択した棒1本だけにデータラベルを表示できます。

1 ［一般］の系列をクリック

2 ［グラフのデザイン］タブをクリック

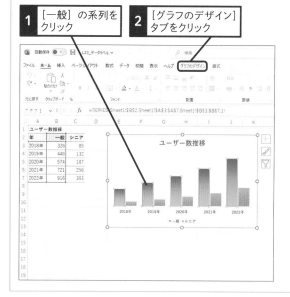

3 ［グラフ要素を追加］をクリック

4 ［データラベル］にマウスポインターを合わせる

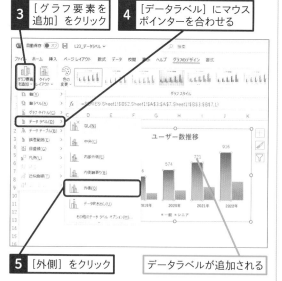

5 ［外側］をクリック

データラベルが追加される

数値以外の系列名や割合を表示できる

グラフにデータラベルを追加すると元データの数値が表示されますが、以下のように［データラベルの書式設定］の［ラベルの内容］で、系列名や分類名など、ほかの内容を追加できます。複数の内容を表示する場合は、区切り方も指定可能です。積み上げ縦棒グラフには系列名と数値、円グラフには分類名とパーセンテージ、という具合にグラフの種類に応じ

て分かりやすいデータラベルを用意しましょう。設定は系列、またはデータ要素単位で行います。複数の系列に対してまとめて設定することはできません。なお、［ラベルの内容］で［セルの値］にチェックマークを付けると、指定したセルの値をデータラベルに表示できます。詳しくはレッスン69の手順4を参照してください。

●データラベルの追加

[データラベルの書式設定] 作業ウィンドウを表示する

1 データラベルを右クリック

2 ［データラベルの書式設定］をクリック

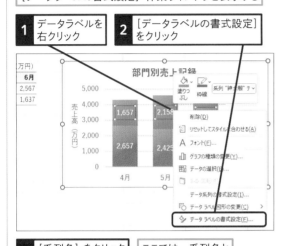

3 ［系列名］をクリックしてチェックマークを付ける

ここでは、系列名と数値を複数の行で表示する

4 ［区切り文字］のここをクリックして［(改行)］を選択

5 ［閉じる］をクリック

データラベルに系列名と数値が表示された

●データラベルの使用例

折れ線グラフや面グラフでは、系列名を入れると分かりやすい

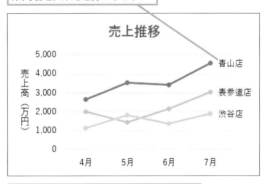

円グラフやドーナツグラフでは、分類名とパーセンテージを入れると分かりやすい

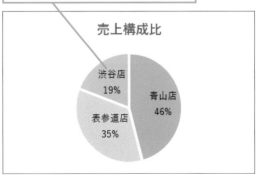

24 グラフに表を貼り付けるには

YouTube
動画で
見る

詳細は2ページへ

リンク貼り付け

練習用ファイル L24_リンク貼り付け.xlsx

基本編 第3章 グラフの要素を編集しよう

元表をそのままグラフ上に表示する裏ワザ

セルの内容をそのままグラフ上に表示したいことがあります。そんなときは、「図としてコピー」を利用して、セルを画像に変換してからグラフに貼り付けましょう。画像は位置やサイズをドラッグで簡単に調整できるので、グラフエリアのスペースに合わせてレイアウトすることが可能です。

ここでは、円グラフに元表を貼り付けます。画像として貼り付けるので、セルの値はもちろん、罫線や色などの書式も見た目のまま貼り付けられます。さらに、貼り付けた画像に基のセルとのリンクを設定します。そうすることで、セルのデータや書式を変更したときに、その変更をグラフ上の画像に自動的に反映させられます。

🔗 関連レッスン

レッスン20
グラフタイトルにセルの
内容を表示するには P.86

🔍 キーワード

グラフ要素	P.344
データテーブル	P.344
プロットエリア	P.345
リンク貼り付け	P.346

⌨ ショートカットキー

コピー	Ctrl + C
貼り付け	Ctrl + V

Before

グラフと表が別々に配置されている

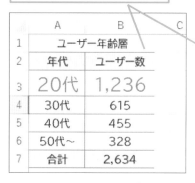

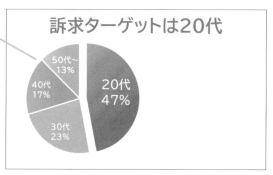

After

表を画像にして配置すれば、
グラフと並べて表示できる

表のデータ修正が画像に反映されるように
すれば、コピーや貼り付けの手間を省ける

1 表を図としてコピーする

ここではセルA2からセルB6まで
を選択してコピーする

1 セルA2 ～ B6を
ドラッグして選択

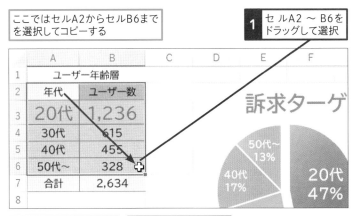

コピーするセル範囲が
選択された

2 [コピー] のここを
クリック

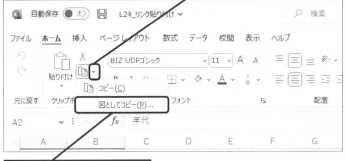

3 [図としてコピー] をクリック

[図のコピー] ダイアログボックスが表示された

4 [画面に合わせる] が選択
されていることを確認

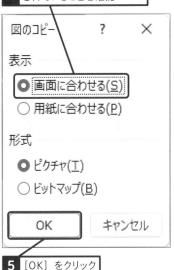

5 [OK] をクリック

💡 使いこなしのヒント

データテーブルを表示するには

棒グラフや折れ線グラフの場合、「データ
テーブル」というグラフ要素を使用すると
プロットエリアの下に表の体裁で元デー
タを表示できます。

1 グラフエリア
をクリック

2 [グラフのデザ
イン] タブを
クリック

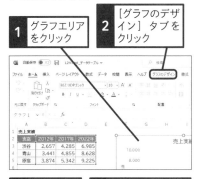

3 [グラフ要
素を追加]
をクリック

4 [データテーブ
ル] にマウスポイ
ンターを合わせる

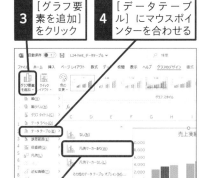

5 [凡例マーカーあり] をクリック

データテーブルが表示された

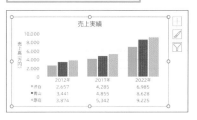

💡 使いこなしのヒント

[図としてコピー] って何?

セルを選択して操作3で [図としてコピー]
を実行すると、セルが画像に変換されて
コピーされます。続けて [貼り付け] を実
行すると、セルそのものではなく、セルが
画像になって貼り付けられます。

次のページに続く→

● 画像を貼り付ける

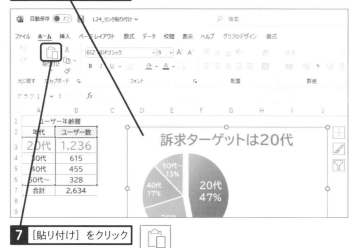

6 グラフエリアをクリック

7 [貼り付け] をクリック

2 画像にセル範囲のリンクを設定する

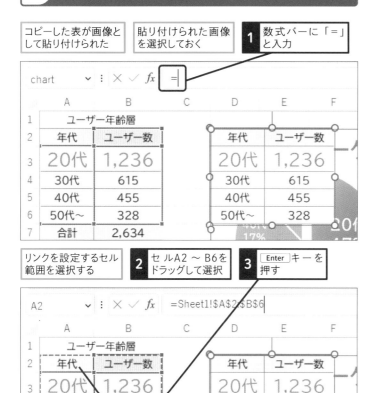

コピーした表が画像として貼り付けられた

貼り付けられた画像を選択しておく

1 数式バーに「=」と入力

chart　〜　：×✓fx　=

リンクを設定するセル範囲を選択する

2 セルA2 〜 B6をドラッグして選択

3 [Enter] キーを押す

A2　〜　：×✓fx　=Sheet1!$A$2:$B$6

使いこなしのヒント

セルを塗りつぶしておくと表が見やすくなる

塗りつぶしの色を設定していないセルを画像に変換すると、セルの背景が透明になります。グラフエリアに色が付いている場合、背面の色が透けてセルの数値が読みづらくなることがあります。そのようなときは、セルを白などの色で塗りつぶしておくといいでしょう。

使いこなしのヒント

グラフ内に貼り付けると画像がグラフの要素になる

グラフを選択した状態で [貼り付け] を行うと、貼り付けられた画像はグラフの要素になります。グラフを移動すると、画像も一緒に移動します。

使いこなしのヒント

リンクの設定で表の修正が画像に反映される

手順2の操作を行うと、グラフ上の画像がセルA2 〜 B6とリンクします。セルのデータや色を変更すると、貼り付けた画像のデータや色も即座に変わります。

1 セルA6に「50代以上」と入力

セルに入力した内容が画像に反映された

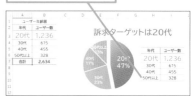

3 画像を移動する

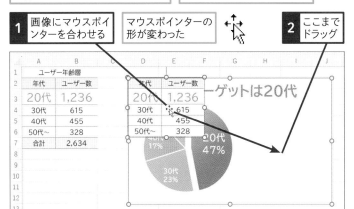

画像と元の表にリンクが設定された | 画像をグラフの横に移動する

1 画像にマウスポインターを合わせる

マウスポインターの形が変わった

2 ここまでドラッグ

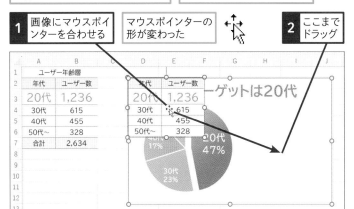

表がグラフの横に移動した

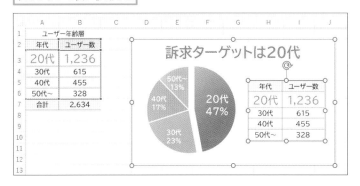

使いこなしのヒント

貼り付けられた画像を削除するには

グラフ上の表が不要になったときは、画像をクリックして選択し、Delete キーを押して削除します。

⚠ ここに注意

セルを選択した状態で手順2の操作を行うと、選択したセルに数式が入力されてしまいます。その場合、セルの数式を削除し、グラフに貼り付けた画像をクリックしてから手順2の操作をやり直しましょう。

使いこなしのヒント

表を工夫して凡例のように見せる

複数の系列を含むグラフの元表を画像として貼り付ける場合は、表の項目名を凡例のような見た目にすると、グラフとの対応が分かりやすくなります。以下のグラフの場合、元表のセルに「■渋谷」「■青山」などと入力しています。セルをダブルクリックしてカーソルを表示し、「■」の部分をドラッグして、[ホーム] タブの [フォントの色] からデータ系列と同じ色を設定します。「■」は「しかく」と入力して変換できます。

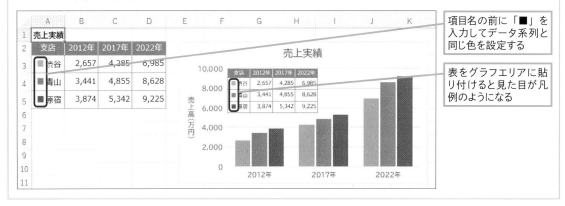

項目名の前に「■」を入力してデータ系列と同じ色を設定する

表をグラフエリアに貼り付けると見た目が凡例のようになる

25 項目名を縦書きで表示するには

縦書き

練習用ファイル L25_縦書き.xlsx

基本編 第3章 グラフの要素を編集しよう

見やすさを考えて、項目名の向きを変えよう

元表に入力されている項目名が長いと、グラフの横（項目）軸に表示される文字列が自動的に斜めの向きになります。縦棒グラフの場合、項目名を棒の真下に縦書きで表示したほうが、斜めで表示するより見やすくなることがあります。文字列の方向は簡単に変更できるので、両方試して見やすい向きを選ぶようにしましょう。

下の［Before］のグラフは、項目名が斜めに表示されています。［After］のグラフでは、文字列の方向を縦書きに変更しました。棒と項目名が直線上に並んでいるため、斜めに表示されている場合と比べて、どの人物の棒グラフなのかがよく分かります。

🔗 関連レッスン

レッスン21
数値軸や項目軸に
説明を表示するには　　　P.88

レッスン32
長い項目名を改行して
表示するには　　　P.124

レッスン37
項目軸に「月」を縦書きで
表示するには　　　P.138

🔍 キーワード

横（項目）軸　　　P.346

Before

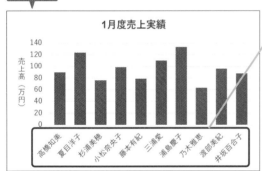

横（項目）軸が斜めに表示されていて、どの人物の棒グラフなのかが分かりにくい

↓

After

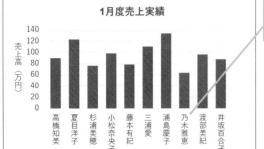

横（項目）軸を縦書きに設定すれば、どの人物の棒グラフかがすぐに分かる

1 横（項目）軸を縦書きに設定する

斜めに表示されている横（項目）軸を
縦書きに設定する

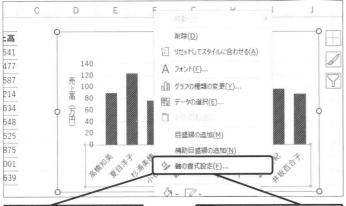

1 横（項目）軸を右クリック

2 ［軸の書式設定］をクリック

［軸の書式設定］作業ウィンドウが
表示された

3 ［文字のオプション］を
クリック

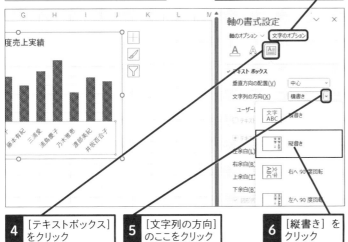

4 ［テキストボックス］
をクリック

5 ［文字列の方向］
のここをクリック

6 ［縦書き］を
クリック

横（項目）軸が縦書きに変更された

7 ［閉じる］をクリック

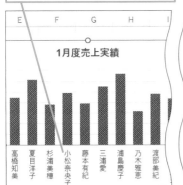

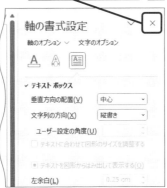

使いこなしのヒント

［ホーム］タブから設定するには

［ホーム］タブの［方向］ボタン（）の
一覧から［縦書き］を選択することもでき
ます。この［縦書き］は、操作6の一覧に
ある［縦書き（半角文字含む）］に相当し
ます。

1 横（項目）
軸をクリック

2 ［ホーム］タブ
をクリック

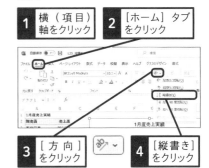

3 ［方向］
をクリック

4 ［縦書き］
をクリック

横（項目）軸が縦書きに変更される

使いこなしのヒント

アルファベットが含まれていると
どうなるの？

横（項目）軸に半角のアルファベットや
半角数字が含まれていた場合、［縦書き］
の設定をしても文字が90度回転した状態
で表示されます。［縦書き（半角文字含む）］
を選択すると、半角文字が縦書きになりま
すが、少し間延びして見えます。実際に試
してみて、どちらがいいかを決めましょう。

● ［縦書き］

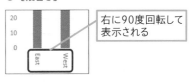

右に90度回転して
表示される

● ［縦書き（半角文字含む）］

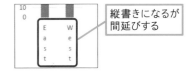

縦書きになるが
間延びする

基本編　第3章　グラフの要素を編集しよう

マイナスの棒があるときは項目名の位置を変えよう

プラスの数値とマイナスの数値が存在する表から縦棒グラフを作成すると、プラスの棒は上方向に、マイナスの棒は下方向に表示されます。自動的に正負が反対方向に表示され、分かりやすいグラフになりますが、困ったことも起こります。下の［Before］のグラフを見てください。マイナスの棒に「2017年」「2019年」などの項目名が重なり、読みづらくなっています。こんなときは、［After］のグラフのように、項目名をグラフの下端に移動しましょう。棒との重なりが解消され、すっきりときれいにまとまります。

横棒グラフの場合も、マイナスの棒が左に表示されるため項目名と重なりますが、ここで紹介するテクニックを使えば、重なりを解消できます。

🔍 キーワード

横（項目）軸	P.346
ラベル	P.346

Before

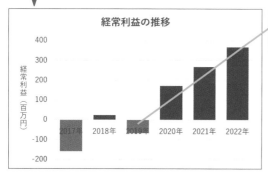

マイナスのグラフが「2017年」「2019年」などの項目名と重なってしまい、見にくい

After

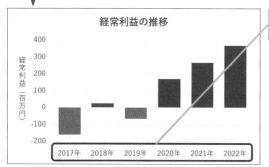

ラベルを移動すれば、マイナスのグラフと項目名が重ならなくなる

1 項目名を下端に移動する

項目名をグラフの下端に移動する

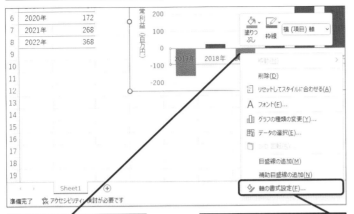

1 横(項目)軸を右クリック

2 [軸の書式設定]をクリック

[軸の書式設定]作業ウィンドウが表示された

3 [ラベル]をクリック

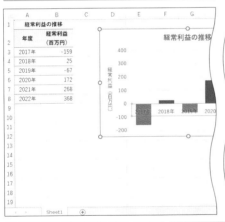

[ラベル]の設定項目が表示された

4 ここを下にドラッグしてスクロール

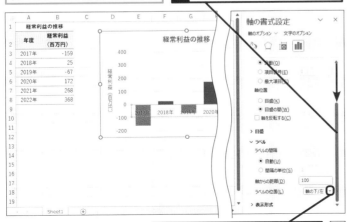

5 [ラベルの位置]のここをクリック

時短ワザ

ダブルクリックでも設定画面を表示できる

グラフ要素を右クリックして[(グラフ要素)の書式設定]を選択する代わりに、グラフ要素をダブルクリックすると[(グラフ要素)の書式設定]作業ウィンドウを素早く表示できます。このレッスンの場合は、横(項目)軸の文字の上をダブルクリックすると、[軸の書式設定]作業ウィンドウが表示されます。

⚠ ここに注意

操作3で[軸の書式設定]以外の設定画面が表示される場合は、操作1で右クリックする位置が間違っています。操作1から操作をやり直しましょう。その際、「2019年」などの文字の上を右クリックするとうまく選択できます。

💡 使いこなしのヒント

横棒グラフでは負数が左に表示される

正負の数値から横棒グラフを作成すると、プラスの棒は右方向に、マイナスの棒は左方向に表示されます。

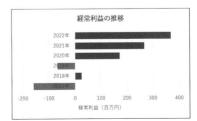

次のページに続く➡

●項目名の位置を選択する

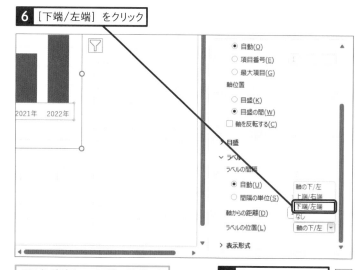

6 ［下端/左端］をクリック

項目名がグラフの下端に移動した

7 ［閉じる］をクリック

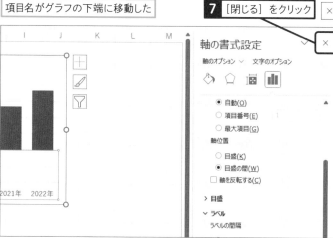

基本編

第**3**章　グラフの要素を編集しよう

<p>

用語解説

ラベル

操作6で設定する［ラベルの位置］の「ラベル」とは、［横（項目）軸］に表示される項目名（「2020年」「2021年」などの文字列）のことです。［ラベルの位置］で［下端/左端］を選択すると、項目名がグラフの下端に移動します。なお、横棒グラフの縦（項目）軸でこの設定をした場合、項目名がグラフの左端に移動します。

●軸の下/左

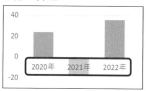

●上端/右端

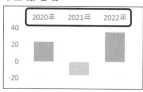

●下端/左端

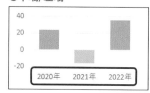

スキルアップ

作業ウィンドウを切り離して表示できる

作業ウィンドウは画面の右側に固定表示されるため、表やグラフに重なって作業しづらいことがあります。自由な位置に移動して設定を行いたい場合は、以下の手順で作業ウィンドウを切り離しましょう。Excelの画面の外に切り離すこともできます。なお、切り離した作業ウィンドウは、右のスクロールバー上端にドラッグすれば元の位置に戻せます。

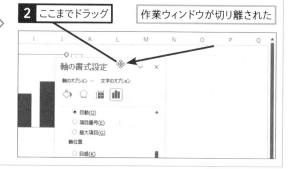

1 ［軸の書式設定］のここにマウスポインターを合わせる　　マウスポインターの形が変わった

2 ここまでドラッグ　　作業ウィンドウが切り離された

スキルアップ

プラスとマイナスで棒の色を変えるには

このレッスンの練習用ファイルでは、プラスの数値とマイナスの数値で棒の色を変え、数値の正負の違いをより強調しています。グラフの作成直後は同系列のすべての棒が同じ色になりますが、以下の手順で［負の値を反転する］にチェックマークを付けると、プラスとマイナスのそれぞれで棒の色を指定できます。

マイナスの数値で棒の色を変更したい

［データ系列の書式設定］作業ウィンドウを表示する

1 いずれかの系列を右クリック

2 ［データ系列の書式設定］をクリック

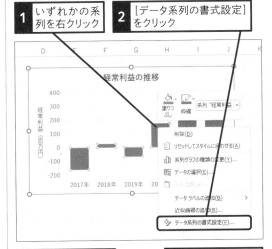

3 ［塗りつぶし］をクリック

4 ［塗りつぶし］をクリック

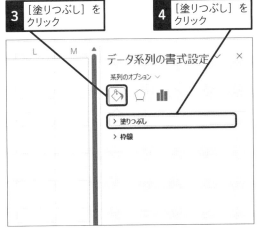

5 ［塗りつぶし（単色）］をクリック

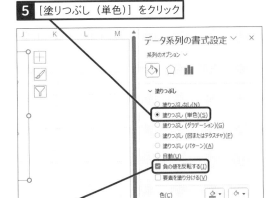

6 ［負の値を反転する］をクリックしてチェックマークを付ける

マイナスの棒の色を設定する

7 ［塗りつぶしの色の反転］をクリック

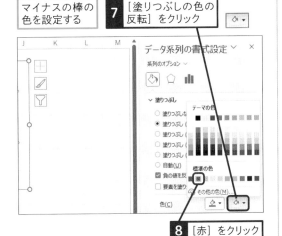

8 ［赤］をクリック

マイナスの数値の棒の色だけ赤に指定された

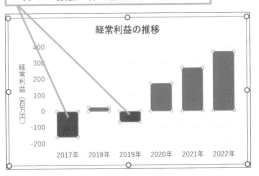

レッスン 27 目盛りの範囲や間隔を指定するには

軸の書式設定

練習用ファイル　L27_軸の書式設定.xlsx

目盛りの設定のポイントは、最小値、最大値、目盛間隔

「縦（値）軸の最大値を調整して棒を大きく見せたい」「目盛りの間隔を広げてグラフをすっきりさせたい」、そんなときは［軸の書式設定］の機能を使いましょう。グラフの縦（値）軸に振られる数値や目盛りの間隔は、［軸の書式設定］作業ウィンドウで自由に変更できます。

設定するのは、主に［最小値］［最大値］［主（目盛間隔のこと）］の3項目です。通常は［自動］に設定されていて、グラフのサイズ変更によって軸の範囲や目盛り間隔が変わります。それぞれの設定欄に数値を入力すれば、軸の数値の範囲や目盛り間隔を指定した値に固定できます。ただし、固定してしまうと元データの数値が変わったときに、グラフにデータ全体を表示できなくなる可能性もあります。その可能性も考慮して、目盛りの最大値と最小値を決めましょう。

関連レッスン

レッスン15
軸や目盛り線の書式を
変更するには　P.68

レッスン28
目盛りを万単位で
表示するには　P.110

レッスン43
棒グラフの高さを
波線で省略するには　P.156

キーワード

縦（値）軸　P.344
目盛　P.346

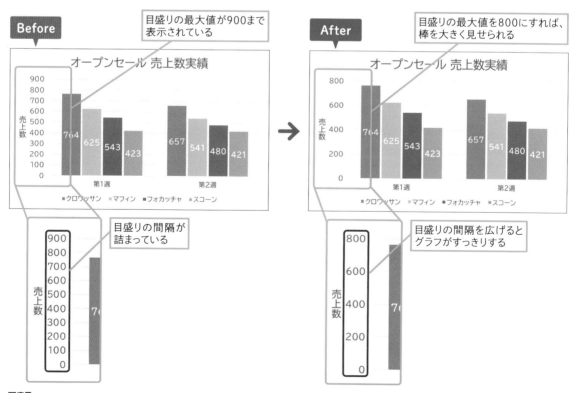

1 縦（値）軸の目盛りの範囲や間隔を変更する

縦（値）軸の目盛りの範囲や間隔を設定する

1 縦（値）軸を右クリック

2 ［軸の書式設定］をクリック

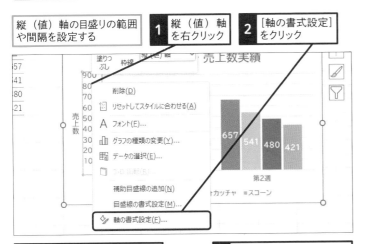

3 ［軸のオプション］をクリック

4 ［最小値］に「0」と入力

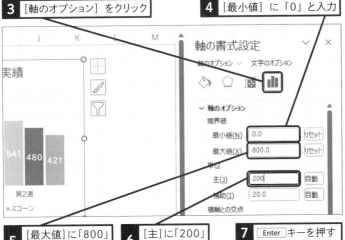

5 ［最大値］に「800」と入力

6 ［主］に「200」と入力

7 Enter キーを押す

目盛りの最大値が800に、目盛りの間隔が200に変更された

8 ［閉じる］をクリック

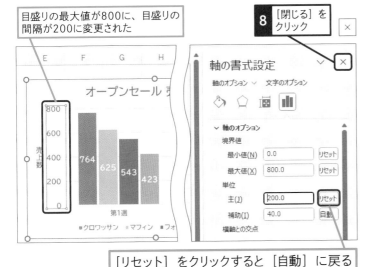

［リセット］をクリックすると［自動］に戻る

使いこなしのヒント

最小値を調整すればグラフを大きく変化させられる

グラフの数値データが狭い範囲に固まっているときは、最小値を調整すると、グラフの変化を大きくできます。

目盛りの範囲が「0〜20」と広いので、折れ線の変化が分かりづらい

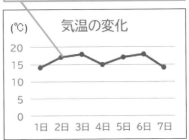

最小値を「10」にして目盛りの範囲を狭めると、折れ線の山と谷を強調できる

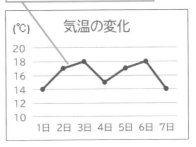

使いこなしのヒント

入力した数値で固定できる

グラフ作成直後の［最小値］［最大値］［主］には、［自動］が設定されています。各設定欄に数値を入力すると、その数値に固定できます。このレッスンの［Before］のサンプルでは［最小値］が最初から「0」でしたが、あらためて手動で「0」を入力し直すことで「0」に固定できます。なお、固定した数値の右に現れる［リセット］をクリックすれば、［自動］に戻ります。

目盛りを万単位で
表示するには

軸の表示単位

単位を変えれば数値が見やすい

売り上げや予算などの金額を表すデータでは、百万、千万というように大きな数値を扱うことがあります。そのようなデータをグラフにすると、縦（値）軸に振られる数値のけた数が多くなり、数値を読み取るのが大変です。「万単位」や「百万単位」など、けた数に応じた表示単位を設定するようにしましょう。

下の［Before］のグラフは、縦（値）軸に億単位の数値が表示されています。「0」の数が多いので、数値を読むのが厄介です。［After］のグラフでは、表示単位を「万単位」に変更し、縦（値）軸の隣に単位の「万円」を表示しました。これなら、ぱっと見ただけで、数値のけたを把握できます。情報を視覚化するグラフの特性を生かすためにも、このレッスンで紹介する表示単位の設定を大いに活用してください。

🔗 関連レッスン

レッスン15
軸や目盛り線の書式を
変更するには　　　　　　P.68

レッスン27
目盛りの範囲や間隔を
指定するには　　　　　　P.108

🔍 キーワード

縦（値）軸	P.344
表示形式	P.345
表示単位	P.345

Before

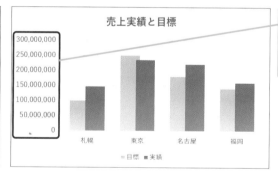

表をそのままグラフにするとけた数が多すぎて、データが分かりづらい

After

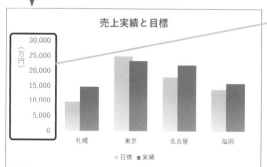

数値の単位を「万円」に設定すれば、データが読み取りやすくなる

1 縦（値）軸の表示単位を設定する

縦（値）軸の表示単位を「万」に設定する

1 縦（値）軸を右クリック

2 ［軸の書式設定］をクリック

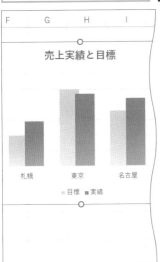

［軸の書式設定］作業ウィンドウが表示された

3 ［表示単位］のここをクリック

［表示単位］の一覧が表示された

4 ［万］をクリック

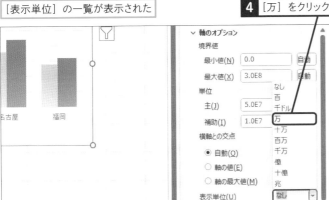

次のページに続く →

使いこなしのヒント

数値をクリックすれば縦（値）軸を選択できる

縦（値）軸を選択したいときに、軸の直線をクリックする必要はありません。軸に振られた［300,000,000］や［250,000,000］などの数値をクリックすれば、簡単に縦（値）軸を選択できます。縦（値）軸のショートカットメニューを表示したいときも、数値を右クリックすれば表示できます。

使いこなしのヒント

表示単位ラベルなしで表示単位を設定するには

［軸の書式設定］作業ウィンドウの［表示単位］の下に、［表示単位のラベルをグラフに表示する］というチェックボックスがあります。このチェックボックスには既定でチェックマークが付いていますが、チェックマークをはずすと表示単位ラベルが非表示になります。その場合、縦（値）軸ラベルを追加して「売上高（万円）」と入力するなど、表示単位を明確にしましょう。

表示単位ラベルを表示するかどうかを指定できる

⚠ ここに注意

操作4で間違って［万］以外の単位を選択してしまった場合は、あらためて［表示単位］の一覧から［万］を選択し直しましょう。

2 表示単位ラベルを縦書きに変更する

表示単位ラベルが
追加された

1 追加された表示単位ラベルに
マウスポインターを合わせる

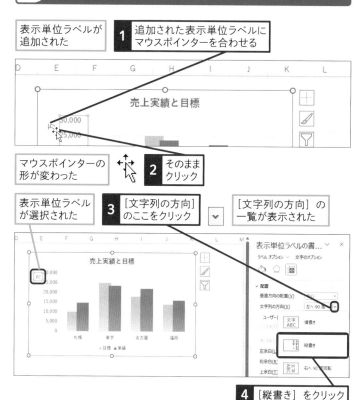

マウスポインターの
形が変わった

2 そのまま
クリック

表示単位ラベル
が選択された

3 [文字列の方向]
のここをクリック

[文字列の方向]の
一覧が表示された

4 [縦書き]をクリック

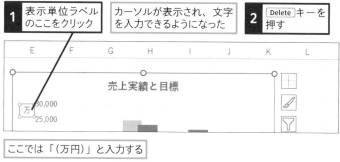

3 表示単位ラベルの内容を変更する

表示単位ラベルが縦書きに変更された

1 表示単位ラベル
のここをクリック

カーソルが表示され、文字
を入力できるようになった

2 Delete キーを
押す

ここでは「（万円）」と入力する

3 「（万円）」
と入力

表示単位ラベルの内容を
「（万円）」に変更できた

4 [閉じる]
をクリック

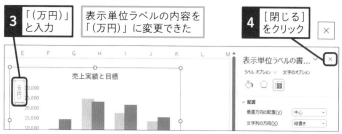

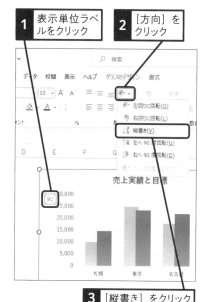

使いこなしのヒント

**[方向]ボタンでもラベルを
縦書きに設定できる**

手順2ではすでに表示されている設定画面
を使用して縦書きの設定を行いましたが、
[ホーム]タブにある[方向]ボタン（📋）
を使用しても設定できます。設定画面が
閉じているときなど、リボンから簡単に縦
書きにできるので効率的です。

1 表示単位ラベ
ルをクリック

2 [方向]を
クリック

3 [縦書き]をクリック

使いこなしのヒント

**表示単位ラベルはドラッグで
移動できる**

表示単位ラベルは、好きな位置に移動で
きます。移動するには、表示単位ラベル
をクリックして選択し、枠の部分にマウス
ポインターを合わせてドラッグします。

枠をドラッグしてラベルを移動できる

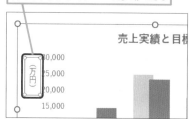

👍 スキルアップ

目盛りの数値の色を1つだけ変えて目立たせる

最高売上高や目標契約数など、目盛り上の数値のうち1つだけ色を変えて目立たせるには、[表示形式] を利用します。例えば、目盛りの数値のうち「200,000」だけを赤にするには、[表示形式] の [カテゴリ] から [ユーザー設定] を選択し、[表示形式コード] 欄に「[赤][=200000]#,##0;#,##0」と入力します。色は赤のほか、黒、青、水、緑、紫、白、黄を指定できます。

| 1 | 縦（値）軸を右クリック |
| 2 | [軸の書式設定] をクリック |

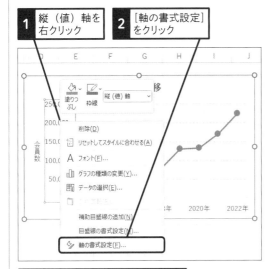

| 3 | ここを下にドラッグしてスクロール |

| 4 | [表示形式] をクリック |

| 5 | ここを下にドラッグしてスクロール |
| 6 | [カテゴリ] のここをクリック |

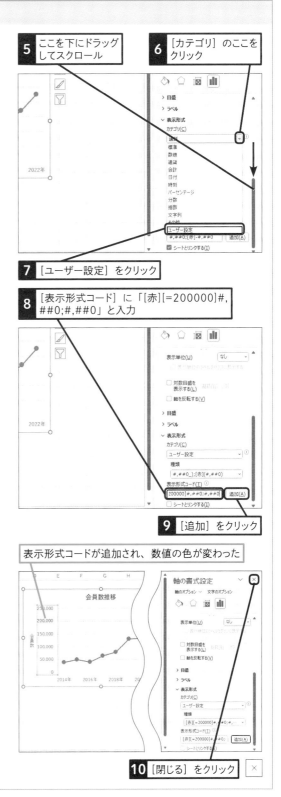

| 7 | [ユーザー設定] をクリック |

| 8 | [表示形式コード] に「[赤][=200000]#,##0;#,##0」と入力 |

| 9 | [追加] をクリック |

表示形式コードが追加され、数値の色が変わった

| 10 | [閉じる] をクリック |

この章のまとめ

伝わるグラフのカギはグラフ要素

グラフには、さまざまなグラフ要素を自由に配置できます。「伝わるグラフ」を作成するには、どのようなグラフ要素をどう配置するかが、腕の見せ所です。

例えばグラフを見たときに、最初に目に飛び込んでくるグラフタイトルには、グラフの内容が簡潔に伝わる見出しを入力しましょう。軸ラベルも重要な要素です。値軸の横に「人数」や「利用率」などの軸ラベルを表示すれば、数値の意味がひと目で分かります。

軸の数値や目盛りを読み取りやすくするのも、分かりやすいグラフ作りのポイントです。「グラフを

すっきり表示したい場合は目盛り間隔を広げる」「けた数が大きい場合は数値を万単位で表示する」など、グラフが見やすくなるように気を配りましょう。

ときには使用目的に合わせて、グラフ要素をあえて表示しないという判断も大切です。プレゼンテーションでスクリーンに映すグラフでは、聞き手が細かい数値に気を取られることがないよう元データの表示を控え、資料として配布するグラフにはデータラベルを入れておく、そんなささやかな配慮が業務の効率アップにつながるのではないでしょうか。

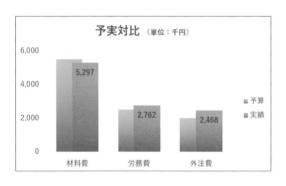

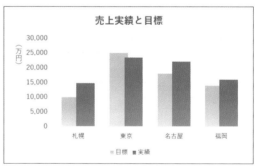

状況に合わせて必要なグラフ要素を見やすい位置に追加することが大切なんですね。

作りっぱなしのグラフは "NG" っていうことか〜。

グラフの種類によって使えるグラフ要素が変わることもあります。どんなグラフ要素があるかは、レッスン03で確認してくださいね。

基本編

第4章

元データを編集して
思い通りにグラフ化しよう

ここまでは、分かりやすいグラフを作成するためのグラフの編集方法について解説してきました。この章では、元データに手を加えたり、グラフのデータ範囲を編集したりすることによって、思い通りのグラフを作成する方法を紹介します。棒グラフや折れ線グラフなど、いろいろなグラフに共通する便利なワザばかりです。

29

Introduction この章で学ぶこと

グラフと元データの関係を知ろう

元表にちょっとした設定をすることで、グラフが劇的に見やすくなることがあります。また、凡例や項目名は、元表と切り離してグラフ側で編集することも可能です。元表とグラフの関係を知り、グラフの編集のテクニックを極めましょう。

基本編

第4章

元データを編集して思い通りにグラフ化しよう

元表の設定を変えてグラフを見やすくしよう

項目名が長いから、斜めになっちゃったよ〜。

肝心のグラフが小さくなって見づらいね。元表の項目名を略語で入力し直したら?「FC」「BN」みたいに。

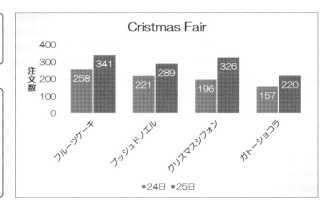

それには及びません。実は、元表にある"仕かけ"をすることで、グラフの項目名をすっきり改行できるんですよ。

元表の項目名にある設定を行うと、グラフの項目名を改行できる

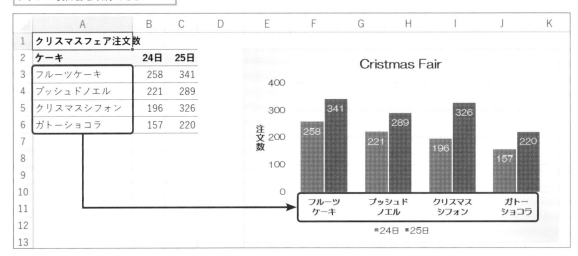

元表とグラフの関係を操るテクニックを身に付けよう

この章では、元表の特徴に応じて使えるいろいろなテクニックを紹介しますよ♪

元表に追加されたデータをグラフにも追加

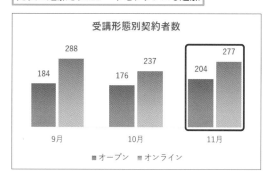

受講形態別契約者数

グラフを作り直さなくても、元表の新しいデータをグラフに追加できるんですね！

元表とは別の文字列を凡例に表示

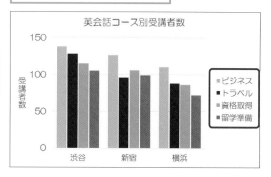

凡例のデータは、元表と切り離すこともできるんですね！

日付を「年/月」形式で半年ごとに表示

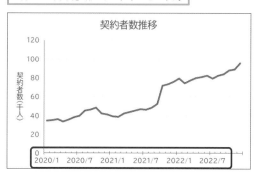

契約者数推移

元表に毎日の日付が入力されている場合でも、グラフでは日付を一定間隔で省いて表示させられるんですね！

2種類の数値をまとめてグラフ化

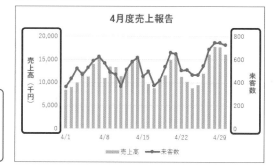

4月度売上報告

元表に種類の違うデータが入力されている場合は、「2軸の複合グラフ」がお薦めですよ。

30 グラフのデータ範囲を変更するには

カラーリファレンス

グラフの元表の色枠に注目！

グラフの元表の一番下の行や一番右の列に新しいデータを追加しても、追加したデータはグラフに自動で反映されません。追加したデータをグラフに反映させるには、グラフのデータ範囲を手動で変更する必要があります。

元表と同じワークシートにあるグラフの場合、グラフエリアを選択すると、グラフの元表のセル範囲が色の枠で囲まれます。項目名や系列名を囲む枠が紫または赤、数値を囲む枠が青です。この枠を「カラーリファレンス」と呼びます。グラフのデータ範囲は、このカラーリファレンスを操作することで簡単に変更できます。このレッスンでは、カラーリファレンスを使ったデータ範囲の変更方法を説明します。

🔗 関連レッスン

レッスン31
ほかのワークシートにある
データ範囲を変更するには　　P.120

🔍 キーワード

カラーリファレンス	P.343
系列	P.344
データ範囲	P.345

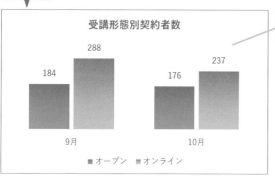

Before

9、10月の受講形態別契約者数がグラフで表示されている

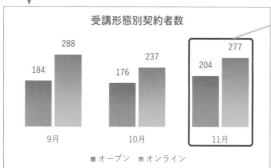

After

グラフに11月の契約者数が追加された

基本編　第4章　元データを編集して思い通りにグラフ化しよう

1 グラフのデータ範囲を変更する

グラフのデータ範囲に
11月分を追加する

1 グラフエリアを
クリック

2 ここにマウスポイン
ターを合わせる

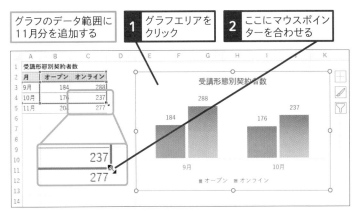

マウスポインターの形が変わった ↖↘

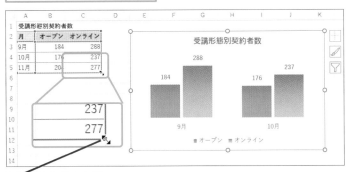

3 ここまでドラッグ

グラフのデータ範囲に
11月分が追加された

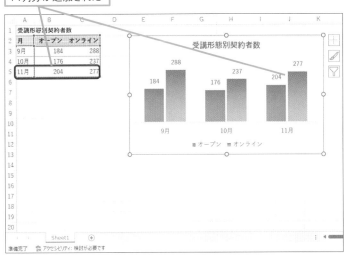

💡 **使いこなしのヒント**

データ範囲の縮小もできる

このレッスンでは、カラーリファレンスの
ハンドルをドラッグしてデータ範囲を拡大
しました。拡大すると、グラフに新しい項
目や新しい系列が追加されます。反対に、
データ範囲を縮小すると、グラフから既
存の項目や系列が削除されます。

💡 **使いこなしのヒント**

系列は Delete キーで 簡単に削除できる

いずれかの棒をクリックして系列を選択
し、Delete キーを押すと、その系列を簡
単にグラフから削除できます。

1 削除する系列
をクリック

2 Delete キーを
押す

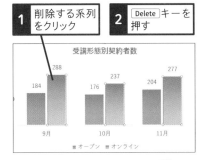

[オンライン] の系列が削除された

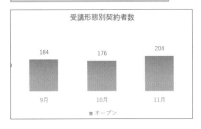

💡 **使いこなしのヒント**

カラーリファレンスが表示されない こともある

離れたセル範囲からグラフを作成した場
合、グラフを選択しても、元表にカラー
リファレンスが表示されないことがありま
す。そのような場合は、レッスン31で紹
介する方法で、データ範囲を変更してく
ださい。

31 ほかのワークシートにある データ範囲を変更するには

データソースの選択

練習用ファイル　L31_データソースの選択.xlsx

基本編

第4章

元データを編集して思い通りにグラフ化しよう

専用の設定画面を使えば必ずデータ範囲を変更できる

レッスン30では、カラーリファレンスによるグラフのデータ範囲の変更方法を紹介しました。しかしこの方法は、元表がグラフと同じワークシートにない場合や、離れたセル範囲の数値からグラフを作成した場合には使えません。そのような場合は、［データソースの選択］ダイアログボックスを使用して、グラフのデータ範囲の設定を最初からやり直しましょう。このレッスンでは、グラフは［グラフ1］シート、元表のデータ範囲は［Sheet1］シートというように、ほかのワークシートにあるデータ範囲から作成したグラフを例に、ダイアログボックスでデータ範囲を変更する方法を説明します。

関連レッスン

キーワード

Before

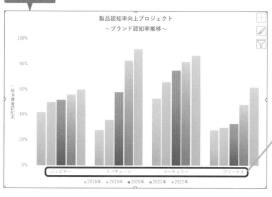

「ジュピター」～「ヴィーナス」というブランドの年度別認知率がグラフ化されている

After

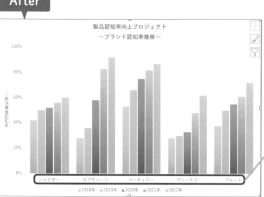

ほかのワークシートにあるデータ範囲を変更して、「ジュピター」～「プルート」の年度別認知率をグラフ化できた

1 ほかのワークシートにあるデータ範囲を変更する

ほかのワークシートにあるグラフの
データ範囲を変更する

1 プロットエリアを右クリック

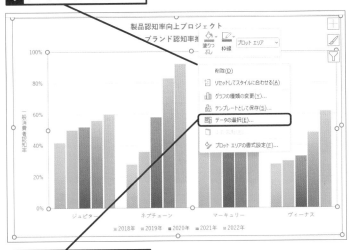

2 [データの選択]をクリック

[データソースの選択]
ダイアログボックスが
表示された

セルA2 〜 F6の「ジュピター」
〜「ヴィーナス」がデータ範囲
として選択されている

セルをドラッグしにくいときは、ダイアログ
ボックスを表の下に移動しておく

3 セルA2 〜 F7をドラッグして選択

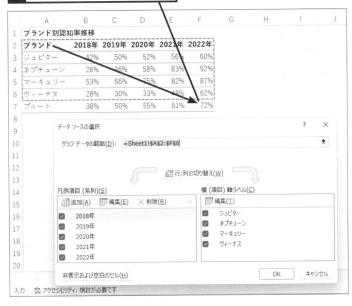

使いこなしのヒント

グラフボタンからも設定できる

グラフを選択すると表示される[グラフ
フィルター]ボタン（▽）のメニューか
らも[データソースの選択]ダイアログボッ
クスを表示できます。

1 グラフエリア
をクリック

2 [グラフフィル
ター]をクリック

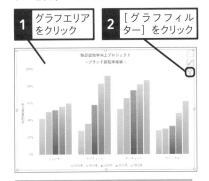

系列とデータ要素の一覧が表示された

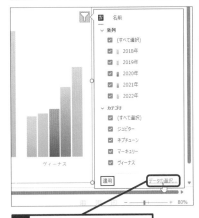

3 [データの選択]をクリック

[データソースの選択]ダイアログ
ボックスが表示される

⚠ ここに注意

手順1の操作3でドラッグするセル範囲を
間違えてしまったときは、もう一度正しい
セル範囲をドラッグし直します。

次のページに続く ➡

2 **変更したデータ範囲を確認する**

「ジュピター」～「プルート」までの
データ範囲が選択された

1 セルA2 ～ F7が選択されて
いることを確認

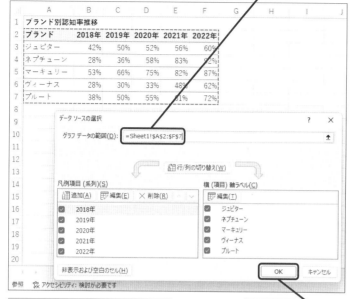

グラフのデータ範囲は、絶対参照の
「$」が付いた書式で表示される

2 [OK] をクリック

ほかのワークシートにあるグラフの
データ範囲が変更された

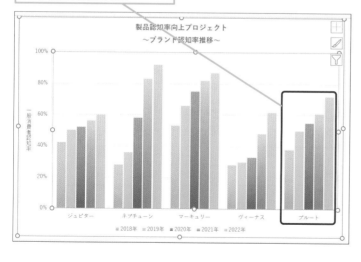

基本編

第**4**章　元データを編集して思い通りにグラフ化しよう

使いこなしのヒント

**そのほかの方法で［データソース
の選択］ダイアログボックスを表示
するには**

以下のように操作しても、[データソースの
選択]ダイアログボックスを表示できます。

1 グラフエリアをクリック

2 [グラフのデザイン] タブをクリック

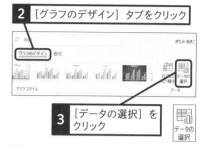

3 [データの選択] を
クリック

[データソースの選択] ダイアログ
ボックスが表示される

使いこなしのヒント

離れたセル範囲を指定するには

[データソースの選択] ダイアログボック
スの [グラフデータの範囲] には、離れ
たセル範囲も指定できます。離れたセル
範囲を指定するには、1つ目のセル範囲を
ドラッグした後、Ctrlキーを押しながら2
つ目のセル範囲をドラッグしましょう。

1 手順1の操作1 ～ 2と
同様の操作を実行

2 セルA2 ～ F4をドラッグして選択

3 Ctrlキーを押しながらセルA6 ～
F7をドラッグして選択

コピーを利用してグラフにデータを手早く追加する

コピーと貼り付けの機能を使用して、新しいデータをグラフに追加できます。グラフの現在のデータ範囲とは離れたセル範囲にあるデータでも、手早く追加できるので便利です。なお、以下の手順では［ホーム］タブの［コピー］ボタンと［貼り付け］ボタンを使用していますが、ショートカットキーを使用してもかまいません。その場合、［コピー］ボタンの代わりに Ctrl + C キー、［貼り付け］ボタンの代わりに Ctrl + V キーを押します。

グラフに「市川」と「今村」のデータを追加する

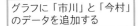

1 セルE3 ～ F6をドラッグして選択

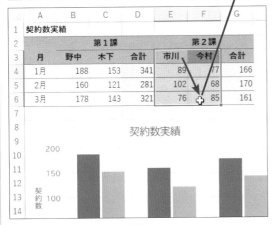

2 ［ホーム］タブをクリック

3 ［コピー］をクリック

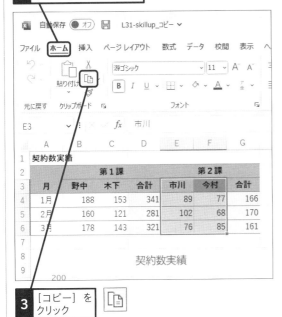

セルE3 ～ F6がコピーされた

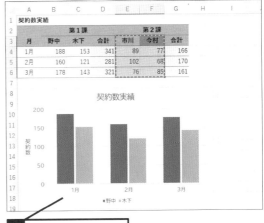

4 グラフエリアをクリック

5 ［貼り付け］をクリック

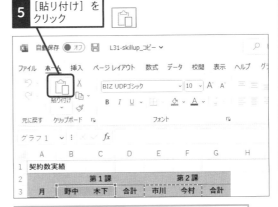

グラフに「市川」と「今村」のデータが追加された

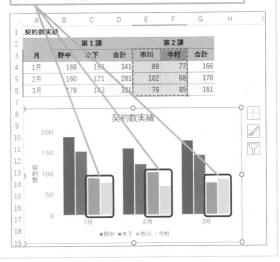

32 長い項目名を改行して表示するには

セル内改行

練習用ファイル　L32_セル内改行.xlsx

項目名もグラフも見やすくなるテクニック

長い項目名を持つ表からグラフを作成すると、項目名が斜めに表示されることがあります。これでは項目名が読みづらい上、肝心のグラフのスペースも小さくなってしまいます。項目名は見やすくコンパクトに収めたいものです。

項目名を見やすく配置する方法はいくつか考えられますが、このレッスンでは切りがいい位置で改行して、2行の横書きに収めます。ただし、グラフ上では項目行を直接改行できないので、元表の項目名に改行を入れることにします。元表に入れた改行は、改行前と同じ1行で表示されるように設定するので、表の体裁が崩れる心配はありません。

🔗 関連レッスン

レッスン25
項目名を縦書きで
表示するには　　　　　　P.102

レッスン36
項目軸の日付を半年ごとに
表示するには　　　　　　P.134

レッスン37
項目軸に「月」を縦書きで
表示するには　　　　　　P.138

🔍 キーワード

横（項目）軸　　　　　　P.346

基本編　第4章　元データを編集して思い通りにグラフ化しよう

Before

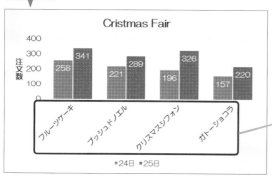

グラフの項目名が斜めに
表示されていて見にくい

↓

After

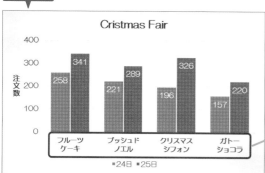

項目名が改行されて項目名と
グラフが見やすくなった

1 データ範囲の項目名を改行する

元データの項目名を改行して横（項目）軸の
項目名が2行で表示されるようにする

1 セルA3をダブル
クリック

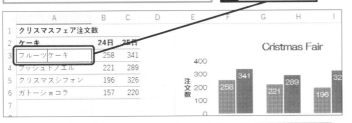

2 ←キーを押して「フルーツ」と「ケーキ」
の間にカーソルを移動

3 Alt + Enter キーを
押す

同様にセルA4 〜 A6の項目名も改行しておく

2 折り返しの書式を解除する

項目名を選択して［折り返して全体を表示する］の書式を解除する

1 セルA3 〜 A6を
ドラッグして選択

2 ［ホーム］タブを
クリック

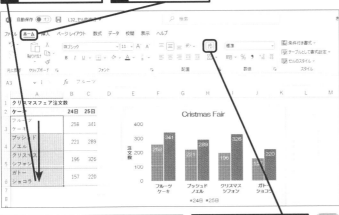

［折り返して全体を表示する］が設定さ
れているので、クリックしてオフにする

3 ［折り返して全体を
表示する］をクリック

元表の項目名が改行前の
状態に戻った

グラフの横（項目）軸が改行
されて見やすくなった

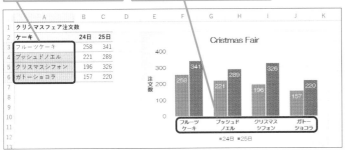

💡 使いこなしのヒント

文字のサイズを小さくして
対応してもいい

項目名の文字数や項目数によっては、フォ
ントサイズを小さくすることで1行にうま
く収まる場合もあります。項目名をクリッ
クして選択し、［ホーム］タブの［フォン
トサイズの縮小］ボタン（Ａ）を使えば
簡単にサイズを変更できます。なお、画
面上では1行に収まったように見えても、
印刷すると斜めになる場合もあります。印
刷前に印刷プレビューをよく確認してくだ
さい。

横（項目）軸のフォントサイズを小さく
すると、文字列が横に表示される

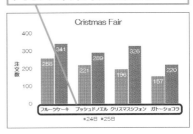

💡 使いこなしのヒント

改行してもうまく収まらないときは

項目名が極端に長いと、改行を入れても
斜めに表示されたままになることがあり
ます。その場合は、グラフのサイズを大
きくしたり、文字のサイズを小さくしたり
するなどして対処しましょう。また、129
ページのスキルアップを参考に、グラフ
上で項目名を短い名前に変更してもいい
でしょう。

⚠ ここに注意

セルの文字を間違った位置で改行してし
まった場合は、1行目の文字の末尾にカー
ソルを移動して Delete キーを押します。
改行が削除されるので、正しい位置に改
行を入れ直しましょう。

32

セル内改行

33 凡例の文字列を直接入力するには

凡例項目の編集

練習用ファイル　L33_凡例項目の編集.xlsx

元データとは別に、凡例を直接編集できる

元表のデータをグラフ用のデータとして流用する場合、系列名が必ずしもグラフにちょうどよく収まるとは限りません。長い系列名は凡例の中で2行に折り返して表示されるので、グラフの体裁が悪くなります。

このようなときは、次ページの手順のように［データソースの選択］ダイアログボックスを使用して、凡例の系列名を直接編集しましょう。簡潔な系列名に変えれば、元表に手を加えなくても、凡例がコンパクトになり、グラフ全体の見栄えもアップします。ただし、あまり簡略化し過ぎると、グラフの意味が分からなくなります。分かりやすい系列名を付けるように心がけましょう。

🔗 関連レッスン

レッスン22
凡例の位置を変更するには　　　P.92

🔍 キーワード

グラフフィルター	P.343
系列名	P.344
凡例	P.345
凡例項目	P.345

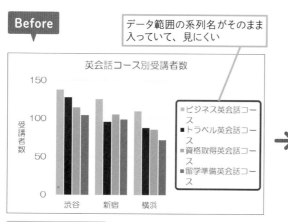

Before

データ範囲の系列名がそのまま入っていて、見にくい

英会話コース別受講者数

凡例となる系列名が長い

After

凡例の文字列を編集して系列名を短くできる

英会話コース別受講者数

元表（データ範囲）の系列名は変更されない

Before の表

	A	B	C	D
1	英会話コース別受講者数			
2	コース	渋谷	新宿	横浜
3	ビジネス英会話コース	138	126	110
4	トラベル英会話コース	128	96	88
5	資格取得英会話コース	115	106	86
6	留学準備英会話コース	105	99	72
7				

After の表

	A	B	C	D
1	英会話コース別受講者数			
2	コース	渋谷	新宿	横浜
3	ビジネス英会話コース	138	126	110
4	トラベル英会話コース	128	96	88
5	資格取得英会話コース	115	106	86
6	留学準備英会話コース	105	99	72
7				

1 凡例の系列名を編集する

[データソースの選択] ダイアログボックスを表示して、
凡例の文字列を直接編集できるようにする

1 グラフエリアを右クリック

2 [データの選択] をクリック

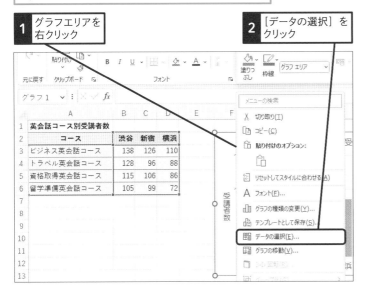

[データソースの選択] ダイアログ
ボックスが表示された

「ビジネス英会話コース」を
「ビジネス」に変更する

3 [ビジネス英会話コース] をクリック

4 [凡例項目（系列）] の [編集] をクリック

[系列の編集] ダイアログボックスが表示された

5 [系列名] に「ビジネス」と入力

6 [OK] をクリック

使いこなしのヒント

[グラフフィルター] ボタンで設定できる

[グラフフィルター] ボタン（▽）のメニューからも[系列の編集]ダイアログボックスを表示できます。[グラフフィルター] のメニューは1回ごとに消えるので毎回メニューを開くのは面倒ですが、1系列だけを編集するときは、こちらの方法が便利です。

1 グラフエリアをクリック

2 [グラフフィルター] をクリック

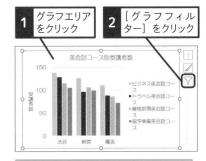

系列とデータ要素の一覧が表示された

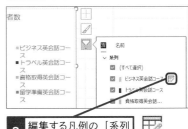

3 編集する凡例の [系列の編集] をクリック

[系列の編集] ダイアログボックスが表示される

ここに注意

操作4で [編集] ボタンの代わりに誤って [削除] ボタンをクリックすると、グラフから系列が消えてしまいます。その場合は [キャンセル] ボタンをクリックしていったん[データソースの選択]ダイアログボックスを閉じ、最初からやり直しましょう。

次のページに続く→

●ほかの凡例の系列名を変更する

入力した凡例の項目名が表示された

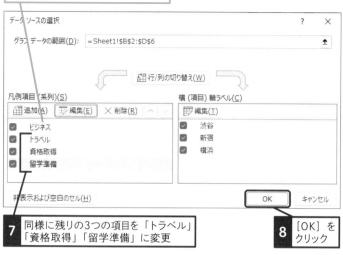

7 同様に残りの3つの項目を「トラベル」「資格取得」「留学準備」に変更

8 [OK]をクリック

💡 **使いこなしのヒント**

正式には「="系列名"」の形式で入力する

[系列の編集]ダイアログボックスの[系列名]は、正式には「="系列名"」の形式で入力します。しかし、系列名だけを「ビジネス」のように入力して、[OK]ボタンをクリックすると、自動的に「=」と「"」が補われて「="ビジネス"」と設定されます。

👍 **スキルアップ**

[系列名]の引数を書き換えてもいい

グラフ上で系列を選択すると、数式バーにSERIES関数の数式が表示されます。この関数は系列を定義する関数で、書式は以下の通りです。引数[系列名]は凡例に表示される文字列、[項目名]は横（項目）軸に表示される文字列、[系列値]はグラフの元になる数値です。また、[順序]は系列の表示順です。数式バーで引数[系列名]の部分を書き換えると、グラフの凡例に表示される系列名も変わります。

●SERIES関数の書式

$$=\text{SERIES}(\ 系列名\ ,\ 項目名\ ,\ 系列値\ ,\ 順序\ )$$

シ リ ー ズ

[ビジネス英会話コース]の凡例に表示される文字列を変更する

1 系列をクリック

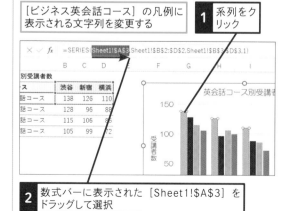

2 数式バーに表示された[Sheet1!$A$3]をドラッグして選択

3 「"ビジネス"」と入力

4 Enter キーを押す

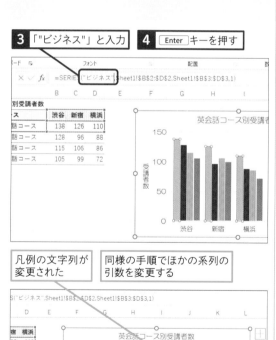

凡例の文字列が変更された

同様の手順でほかの系列の引数を変更する

基本編

第4章

元データを編集して思い通りにグラフ化しよう

●凡例の系列名が変更されたことを確認する

凡例の文字列が変更された

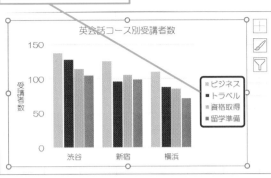

👍 スキルアップ

横（項目）軸に文字列を直接入力できる

[データソースの選択] ダイアログボックスでは、横（項目）軸に表示される項目名も直接入力できます。データは、「={"項目名1","項目名2",…}」の形式で入力します。元表のデータに手を加えることなく、グラフだけ項目名を修正したいときに便利です。

項目名が斜めに表示されているので修正する

1 グラフエリアを右クリック

2 [データの選択] をクリック

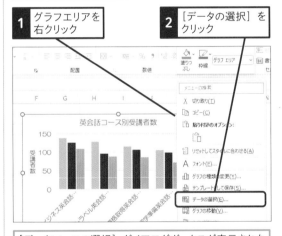

[データソースの選択] ダイアログボックスが表示された

3 [横（項目）軸ラベル] の [編集] をクリック

[軸ラベル] ダイアログボックスが表示された

4 「={"ビジネス","トラベル","資格取得","留学準備"}」と入力

5 [OK] をクリック

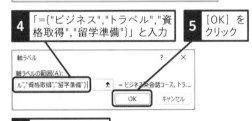

6 [OK] をクリック

軸ラベルの内容が変わった

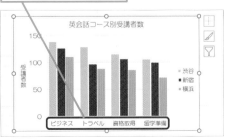

34 非表示の行や列のデータが消えないようにするには

非表示および空白のセル

練習用ファイル　L34_非表示および空白のセル.xlsx

非表示のセルのデータをグラフに表示できる

グラフのデータ範囲の行や列を非表示にすると、非表示にしたデータがグラフからも消えてしまいます。[Before]のグラフは、7月1日から12月31日までの為替レートから作成していますが、非表示にした表のデータが表示されていません。行を再表示すればグラフにすべてのデータが再表示されますが、ここでは表は月初日のデータを代表値として表示したまま、[After]のように全データをグラフ上に表示する方法を紹介します。作業列で計算したデータからグラフを作成したときに作業列を非表示にしたいことがありますが、そんな場面で役立つテクニックなので、ぜひ覚えておきましょう。

🔗 関連レッスン

レッスン35
元表にない日付が勝手に
表示されないようにするには　　P.132

🔍 キーワード

グラフエリア	P.343
データ範囲	P.345
横（項目）軸	P.346

基本編　第4章　元データを編集して思い通りにグラフ化しよう

Before

表の一部の行が非表示になっている

非表示の行がグラフのデータ範囲になっている

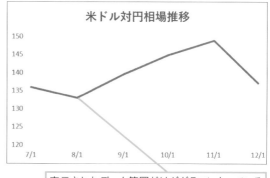

表示されたデータ範囲だけがグラフになっている

After

非表示になっていたデータがグラフに表示された

1 非表示のデータをグラフに表示する

グラフのデータ範囲にある
データをグラフに表示する

1 グラフエリアを
右クリック

2 [データの選択]
をクリック

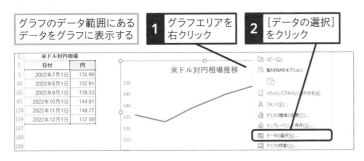

3 [非表示および
空白のセル]を
クリック

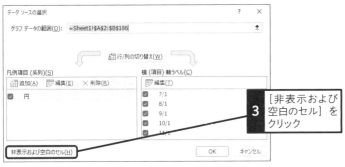

4 [非表示の行と列のデータを表示する]をクリックして、チェックマークを付ける

5 [OK]を
クリック

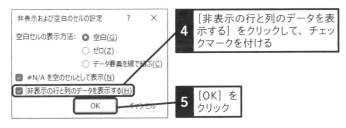

6 [OK]を
クリック

すべてのデータがグラフに表示された

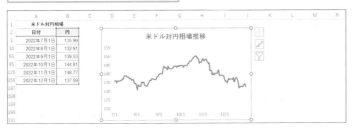

使いこなしのヒント

行の表示と非表示を
切り替えるには

行を非表示にするには、行見出しを右ク
リックして [非表示] を選択します。また、
行を再表示するには、非表示の行を含む
ように上下の行の行見出しをドラッグして
選択し、右クリックして [再表示] を選択
します。

1 行番号3〜
65をドラッ
グして選択

2 選択した行
番号を右ク
リック

3 [再表示]を
クリック

非表示の行が
再表示される

使いこなしのヒント

グラフのサイズを固定するには

通常、グラフが配置されているセルのサ
イズが変わるとグラフのサイズも変化し
ます。このレッスンの練習用ファイルで
は、行の表示と非表示を切り替えたとき
にグラフのサイズが変化しないように、[セ
ルに合わせて移動するがサイズ変更はし
ない] が設定してあります。設定方法は、
42ページのスキルアップを参照してくだ
さい。

使いこなしのヒント

横（項目）軸上の日付を
1カ月間隔で表示する

左のグラフの横（項目）軸に1カ月ごとの
日付しか表示されないのは、目盛りの間
隔を設定してあるためです。設定方法は、
レッスン36を参照してください。

35 元表にない日付が勝手に 表示されないようにするには

テキスト軸

練習用ファイル　L35_テキスト軸.xlsx

項目軸のとびとびは「テキスト軸」で解決！

棒グラフを作成すると、通常は項目名が横（項目）軸に等間隔で並びます。ところが、日付を項目名としたグラフを作成すると、下の［Before］のグラフのように元表にない日付が勝手に追加され、棒がとびとびになることがあります。これは、横（項目）軸の種類に原因があります。

横（項目）軸には、「日付軸」と「テキスト軸」の2つの種類があります。日付軸の場合、Excelが元表の日付を時系列に並べ、存在しない日付を自動で補います。そのため、［Before］のようにグラフがとびとびになってしまうのです。これを解決するには、日付軸として認識された軸の種類をテキスト軸に変更します。テキスト軸に変更すれば、［After］のグラフのように、元表の日付だけが並んだグラフに変わります。

🔗 関連レッスン

レッスン34
非表示の行や列のデータが
消えないようにするには　　　　P.130

レッスン36
項目軸の日付を半年ごとに
表示するには　　　　　　　　　P.134

🔍 キーワード

テキスト軸	P.345
日付軸	P.345
横（項目）軸	P.346

Before

元表には8月7日や8月10日のデータはない

After

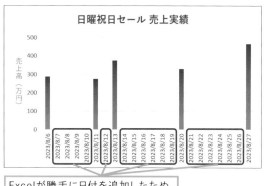

Excelが勝手に日付を追加したため、棒がとびとびになってしまった

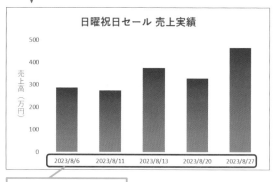

元データにある日付のみ棒グラフで表示される

基本編　第4章　元データを編集して思い通りにグラフ化しよう

① 項目軸の種類を変更する

横（項目）軸の設定を［テキスト軸］に変更する

| 1 | 横（項目）軸を右クリック |
| 2 | ［軸の書式設定］をクリック |

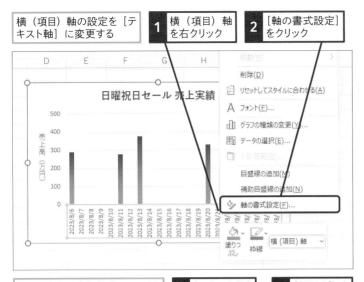

［軸の書式設定］作業ウィンドウが表示された

| 3 | ［テキスト軸］をクリック |
| 4 | ［閉じる］をクリック |

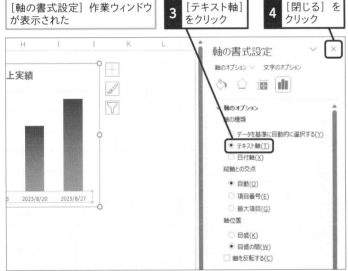

元データにある日付のみが棒グラフで表示された

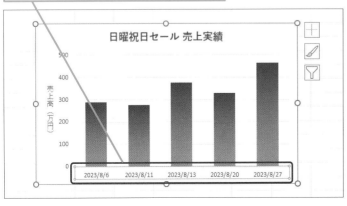

🔆 使いこなしのヒント

軸の種類はグラフ作成時に自動認識される

［軸の種類］の既定値は、［データを基準に自動的に選択する］です。この場合、元表の項目名となる範囲（このレッスンの練習用ファイルではセルA3 〜 A7）に文字列が入力されていればテキスト軸、日付が入力されていれば日付軸と自動的にExcelが判断します。

●テキスト軸

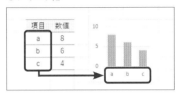

元表の項目名が元表と同じ順序で横（項目）軸に並ぶ

●日付軸

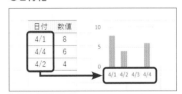

元表の日付が日付としての順序・間隔で横（項目）軸に並ぶ

⏱ 時短ワザ

ダブルクリックでも設定画面を呼び出せる

グラフ要素を右クリックして［(グラフ要素)の書式設定］を選択する代わりに、グラフ要素をダブルクリックしても［(グラフ要素)の書式設定］作業ウィンドウを表示できます。操作1で横（項目）軸の数値をダブルクリックすると、［軸の書式設定］作業ウィンドウが表示されます。

36 項目軸の日付を半年ごとに表示するには

目盛間隔、表示形式コード

YouTube動画で見る　詳細は2ページへ

練習用ファイル　L36_目盛間隔、表示形式コード.xlsx

基本編　第4章　元データを編集して思い通りにグラフ化しよう

目盛りの間隔を変えれば項目がすっきり！

レッスン35で説明したように、横（項目）軸には「日付軸」と「テキスト軸」の2つの種類があります。このうち日付軸は、軸に表示する日付の間隔を日単位や月単位など、自由に設定できることが特徴です。このレッスンでは、斜めの向きに雑然と並んだ日付を、下の[After]のグラフのように、「年/月」形式で半年ごとに表示します。日付を「年/月」形式に変換するには、表示形式の機能を使用します。また、日付を半年ごとに表示するには、目盛りの間隔を「6カ月」単位に固定します。ただし、目盛りの間隔を「6カ月」単位に変更すると、月ごとに刻まれていた軸上の目盛りが、6カ月単位でしか表示されなくなります。そこで、ここでは月ごとに補助目盛りが刻まれるように設定し、さらに目盛りが補助目盛りより目立つように表示します。

関連レッスン

レッスン35
元表にない日付が勝手に
表示されないようにするには　P.132

レッスン37
項目軸に「月」を縦書きで
表示するには　P.138

キーワード

表示形式コード	P.345
補助目盛	P.346
補助目盛線	P.346

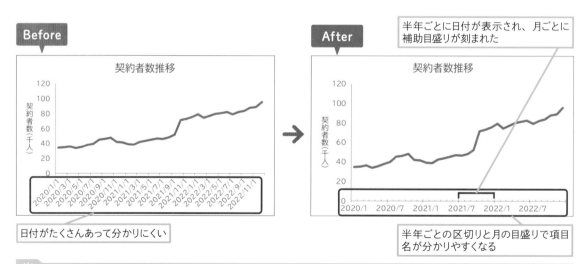

Before

契約者数推移

日付がたくさんあって分かりにくい

After

契約者数推移

半年ごとに日付が表示され、月ごとに補助目盛りが刻まれた

半年ごとの区切りと月の目盛りで項目名が分かりやすくなる

💡 使いこなしのヒント

「表示形式コード」って何？

「表示形式コード」とは、書式記号を組み合わせた表示形式の定義です。表示形式とは、日付を和暦表示にしたり、数値を桁区切りにするなど、データの見た目を変える機能です。よく使う表示形式は選択肢から選べますが、独自の表示形式は表示形式コードを使用して設定します。このレッスンでは、日付が「年/月」形式で表示されるように表示形式コードをします。なお、書式記号については137ページの「使いこなしのヒント」を参照してください。

1 目盛りの間隔を変更する

横（項目）軸の日付を半年ごとに表示する

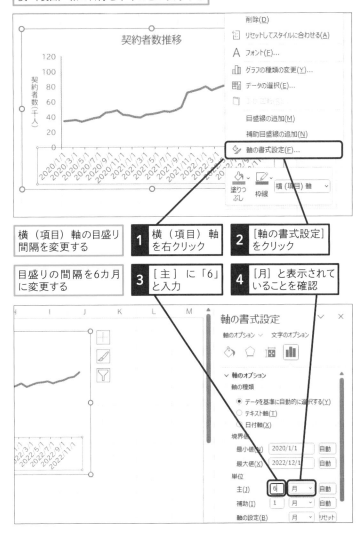

横（項目）軸の目盛り間隔を変更する	**1** 横（項目）軸を右クリック	**2** [軸の書式設定]をクリック
目盛りの間隔を6カ月に変更する	**3** [主]に「6」と入力	**4** [月]と表示されていることを確認

2 補助目盛りの設定を変更する

補助目盛りの自動設定を解除するため、任意の数値を入力する

1 [補助]に「2」と入力	**2** Enter キーを押す

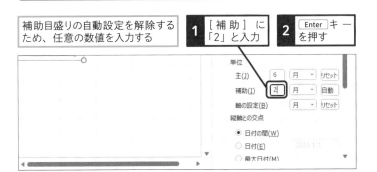

使いこなしのヒント

目盛りの単位は自由に選択できる

日付軸では、目盛りや補助目盛りの単位を[日][月][年]から選択できます。7日単位、6カ月単位、1年単位など、グラフの内容に応じた間隔で目盛りを表示しましょう。

使いこなしのヒント

目盛りと補助目盛りの違いとは

日付軸の場合、[目盛の種類]で設定した目盛りは、[目盛間隔]で設定した間隔でしか表示されません。より細かく表示したいときは、補助目盛りを使用しましょう。

目盛りは軸上の日付の位置だけに表示される

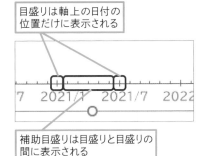

補助目盛りは目盛りと目盛りの間に表示される

使いこなしのヒント

項目軸の年を1つ飛ばしで表示するには

表に「2022年」などと文字列が入力されていると、グラフの横（項目）軸はテキスト軸になります。テキスト軸で目盛りを1つ飛ばしで表示するには、[軸の書式設定]作業ウィンドウの[ラベル]をクリックし、[ラベルの間隔]の[間隔の単位]をクリックして「2」と入力します。

[間隔の単位]に「2」を設定すると1つ飛ばしで表示できる

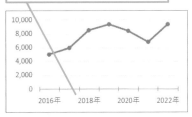

次のページに続く➡

●補助目盛りの間隔を変更する

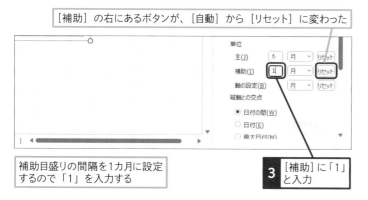

［補助］の右にあるボタンが、［自動］から［リセット］に変わった

補助目盛りの間隔を1カ月に設定
するので「1」を入力する

3 ［補助］に「1」
と入力

3 目盛りの種類を変更する

［目盛］の設定項目を表示する

1 ここを下にドラッグしてスクロール

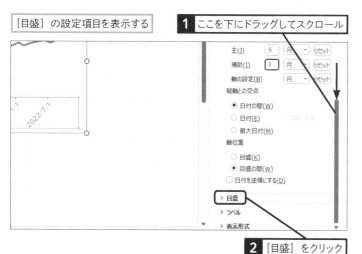

2 ［目盛］をクリック

月ごとに補助目盛りを表示する

3 ここを下にドラッグしてスクロール

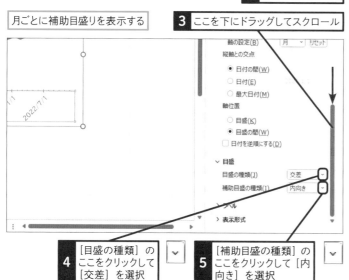

4 ［目盛の種類］の
ここをクリックして
［交差］を選択

5 ［補助目盛の種類］の
ここをクリックして［内
向き］を選択

使いこなしのヒント

目盛りの種類って何?

手順3で設定する目盛りの種類とは、縦軸
や横軸に刻まれる目盛りの形のことで、以
下の4種類があります。

◆なし

◆内向き

◆外向き

◆交差

4 横（項目）軸の表示形式を変更する

目盛りの種類を変更できた

1 [表示形式] をクリック

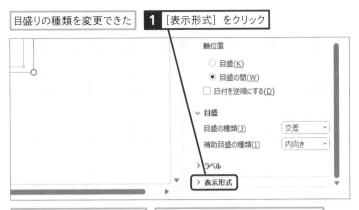

軸位置
- ○ 目盛(K)
- ● 目盛の間(W)
- □ 日付を逆順にする(D)

∨ 目盛
目盛の種類(J) [交差 ∨]
補助目盛の種類(I) [内向き ∨]

> ラベル
> 表示形式

横（項目）軸の表示形式を「2022/1」に変更する

横（項目）軸に西暦と月を表示する表示形式コードを追加する

2 ここを下にドラッグしてスクロール

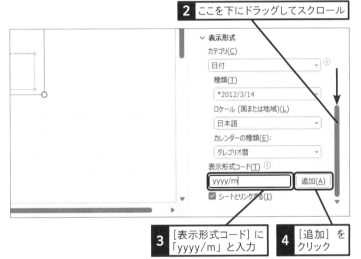

∨ 表示形式
カテゴリ(C)
[日付 ∨]
種類(T)
[*2012/3/14 ∨]
ロケール (国または地域)(L)
[日本語 ∨]
カレンダーの種類(E):
[グレゴリオ暦 ∨]
表示形式コード(T)
[yyyy/m] [追加(A)]
☑ シートとリンクする(I)

3 [表示形式コード] に「yyyy/m」と入力

4 [追加] をクリック

横（項目）軸が6カ月ごとに表示されるようになった

5 [閉じる] をクリック

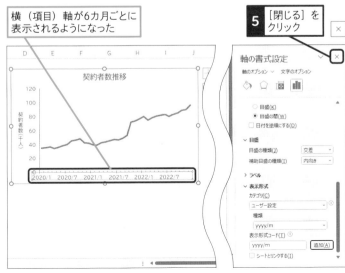

契約者数推移

軸の書式設定
軸のオプション ∨ 文字のオプション

○ 目盛(K)
● 目盛の間(W)
□ 日付を逆順にする(D)

∨ 目盛
目盛の種類(J) [交差]
補助目盛の種類(I) [内向き]
> ラベル
∨ 表示形式
カテゴリ(C)
[ユーザー設定 ∨]
種類
[yyyy/m ∨]
表示形式コード(T)
[yyyy/m] [追加(A)]
□ シートとリンクする(I)

使いこなしのヒント
書式記号の種類を知ろう

[表示形式コード] に設定した「yyyy/m」の「yyyy」は西暦、「m」は月を表す書式記号です。日付に「yyyy/m」を適用すると、「2022/1/1」は「2022/1」、「2022/12/24」は「2022/12」と表示されます。このほかにも次表の書式記号があります。

●日付の主な書式記号

書式記号	説明
yyyy	西暦を4けたで表示
mm	月を必ず2けたで表示
m	月を1けたまたは2けたで表示
dd	日を必ず2けたで表示
d	日を1けたまたは2けたで表示
aaa	曜日の漢字1文字を表示

使いこなしのヒント
表示形式を初期状態に戻すには

手順4の操作3の設定画面の下部に [シートとリンクする] という設定項目があります。通常チェックマークが付いており、日付軸の日付の表示形式は元データのセルの表示形式が継承されます。グラフ側で表示形式を変更すると、このチェックマークは自動的にはずれます。再度、チェックマークを付ければ、元データのセルと同じ表示形式に戻せます。

ここに注意

手順4で間違った表示形式コードを追加してしまった場合は、[表示形式コード] に正しく入力し直し、再度 [追加] ボタンをクリックします。間違って追加した表示形式コードは、ブックを閉じるときに消去されます。

レッスン 37 項目軸に「月」を縦書きで表示するには

セルの書式設定

練習用ファイル　L37_セルの書式設定.xlsx

[Ctrl]+[J]キーで項目軸の表示形式を変更できる

12カ月分のデータからグラフを作成すると、グラフのサイズやレイアウトによっては、横（項目）軸にある「月名」が横向きに表示されたり、とびとびに表示されるなどして見づらくなります。月名を軸にすっきり収めようと縦書きにすると、今度は2けたの月の2つの数字が縦1列に並んでしまい、うまくいきません。

下の［After］のグラフのように、数値と月を縦書きで表示し、なおかつ2けたの月の数値を横書きで見せるには、元表に月の数値だけを入力し、表示形式で単位の「月」を表示させます。その際、[Ctrl]+[J]キーという特別なショートカットキーで数値と「月」の間に改行を入れるという裏ワザを使います。グラフの横（項目）軸を横書きで表示すれば、2けたの月の数値が横書きで表示された後、改行を挟んで「月」が数値の下に表示されるというわけです。

🔗 関連レッスン

レッスン36
項目軸の日付を半年ごとに
表示するには　　　　　　P.134

🔍 キーワード

表示形式　　　　　　　　P.345

⌨ ショートカットキー

［セルの書式設定］
ダイアログボックスの表示　[Ctrl]+[1]
改行　　　　　　　　　　[Ctrl]+[J]

Before

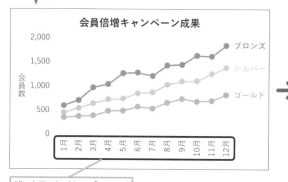

横（項目）軸の「月」が
横向きで見づらい

After

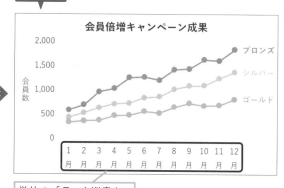

単位の「月」を縦書きで
表示できる

💡 使いこなしのヒント

改行と表示形式

[Ctrl]+[J]キーは改行という特殊な文字を表すショートカットキーです。セルに改行を入れるときは[Alt]+[Enter]キーを押しますが、改行を含む表示形式を設定するときは[Ctrl]+[J]キーを使用します。[Alt]+[Enter]キーで改行した場合は、セ

ルのデータが即座に複数行で表示されます。一方、改行を含む表示形式を設定したセルで実際にデータを複数行で表示するには、手動で行高の調整と［折り返して全体を表示する］の設定を行う必要があります。

① セルの表示形式を変更する

表示形式を変更しやすいように [月] 列に数値を入力し直す

1 セルA3 〜 A14に「1」〜「12」と入力

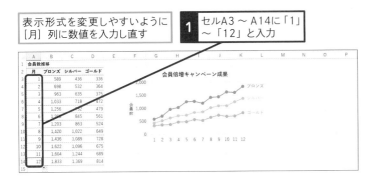

横（項目）軸の表示形式を「○月」に変更する

2 セルA3 〜 A14をドラッグして選択

3 そのまま右クリック

4 [セルの書式設定] をクリック

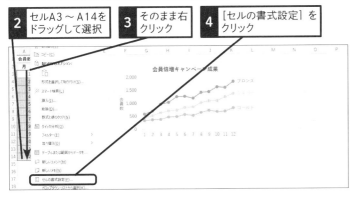

5 [表示形式] タブをクリック

6 [ユーザー定義] をクリック

7 ここをドラッグして「0"月"」と入力

8 「"月"」の前にカーソルを移動

9 Ctrl + J キーを押す

10 [OK] をクリック

横（項目）軸が改行され、「月」が縦書きで表示される

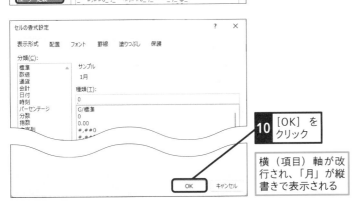

使いこなしのヒント

月を縦書きで表示した場合は

元表のセルに「1月」「2月」と月名を文字列で入力しておき、グラフの横（項目）軸の [軸の書式設定] 作業ウィンドウにある [文字のオプション] - [テキストボックス] - [文字列の方向] の [縦書き（半角文字含む）] を設定すると、2けたの月の数字が横に並びません。

2けたの月の数値が縦書きになってしまう

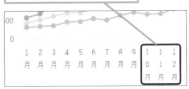

使いこなしのヒント

「月」が縦書きにならないときは

手順のように操作しても「月」が縦書きにならないときは、横（項目）軸の文字列の方向を [横書き] に設定します。

レッスン25を参考に、[文字列の方向] を [横書き] に設定する

使いこなしのヒント

表示形式はリンクする

グラフの軸に表示される項目名は、セルに設定した表示形式を継承します。ここでは項目名のセルに改行を含む表示形式を設定したので、グラフの項目名が改行されます。

2軸グラフ、複合グラフ

練習用ファイル　L38_2軸グラフ、複合グラフ.xlsx

基本編

第4章　元データを編集して思い通りにグラフ化しよう

グラフ技の見せ所「2軸グラフ」をものにしよう!

数値の大きさが著しく違う2種類のデータをグラフ化すると、数値が小さい方のデータが表示されないことがあります。下の[Before]のグラフは、売上高と来客数のグラフですが、売上高に対して2けた小さい来客数の棒がわずかしか表示されません。これを解決するには、「2軸グラフ」を使用します。

[After]のグラフのように、縦(値)軸を2本用意したものが「2軸グラフ」です。売上高と来客数の2種類の軸をそれぞれ用意することで、大きさが異なる数値をバランスよく1つのグラフに表示できます。このレッスンでは来客数を折れ線グラフに変更して、来客数と売り上げの関係を見やすくしています。縦棒と折れ線というように、1つのグラフエリアに2種類を混在させたグラフを「複合グラフ」と呼びます。なお、株価、等高線、バブル、3-Dなどのグラフのほか、Excel 2016以降で追加されたグラフは複合グラフにできません。

関連レッスン

レッスン69
3種類の数値データの関係を
表すには　　　　　　　　P.268

キーワード

Before

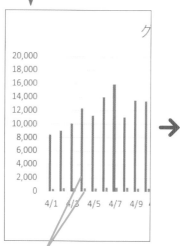

集合縦棒グラフを使うと、「売上高」の数値に比べ、「来客数」の数値が小さいので[来客数]の棒グラフが極端に短くなってしまう

After

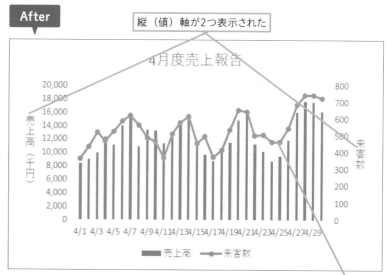

縦(値)軸が2つ表示された

4月度売上報告

複合グラフを使えば、「来客数」のデータを折れ線で表示できる

1 複合グラフを挿入する

縦棒グラフと折れ線グラフを使った
複合グラフを作成する

1 セルA2〜C32を
ドラッグして選択

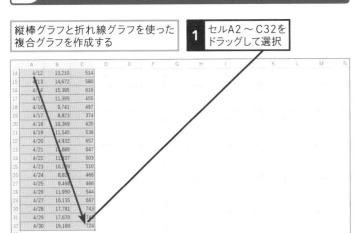

2 [挿入] タブを
クリック

3 [複合グラフの挿入]
をクリック

4 [ユーザー設定の複合グラフを作成する] をクリック

ここでは、[来客数] の系列
を [折れ線] に設定する

5 [売上高] が [集合縦棒] に
なっていることを確認

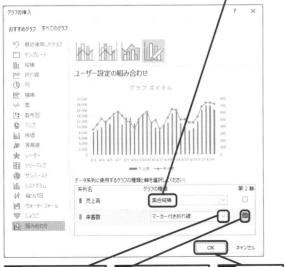

6 [来客数] のこ
こをクリックして
[マーカー付き
折れ線] を選択

7 [来客数] のこ
こをクリックして
チェックマーク
を付ける

8 [OK] を
クリック

使いこなしのヒント

マーカーのない折れ線との複合グラフならリボンから直接作成できる

手順1の [複合グラフの挿入] ボタンの一覧には、3種類の複合グラフが表示されます。そのうち、[集合縦棒-折れ線] と [集合縦棒-第2軸の折れ線] はともに縦棒と折れ線の複合グラフですが、前者は縦(値)軸を共通とし、後者は縦棒と折れ線でそれぞれ専用の縦(値)軸を持ちます。いずれも折れ線にはマーカー(山や谷の部分に表示される図形のこと)が表示されませんが、マーカーがなくてもいい場合は、一覧から選ぶだけで複合グラフを簡単に作成できて便利です。

◆ [集合縦棒-折れ線]

◆ [集合縦棒-第2軸の折れ線]

ここに注意

Excel 2016に追加されたツリーマップ、サンバースト、ヒストグラム、パレート図、箱ひげ図、ウォーターフォール、およびExcel 2019で追加されたじょうごグラフなどの新しいグラフは、複合グラフにできません。

次のページに続く➡

② 軸ラベルを追加する

複合グラフが作成された	グラフの位置を調整しておく	**1** [グラフの要素] をクリック

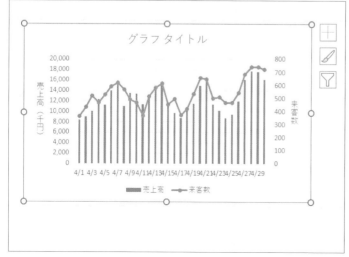

2 [軸ラベル] をクリックしてチェックマークを付ける	軸ラベルが追加された

3 レッスン21を参考に軸ラベルを入力	レッスン21を参考に軸ラベルを縦書きに変更しておく

4 横（項目）軸ラベルをクリック	**5** Delete キーを押す

横（項目）軸ラベルが削除された	レッスン04を参考にグラフタイトルを適宜変更しておく

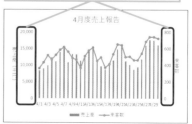

項目軸に数値を表示するグラフを作成するには

下図のように数値の列が2つある表から棒グラフを作成すると、2系列の棒グラフが作成され、横（項目）軸には便宜的に「1、2、3…」の数値が割り振られます。1列目の数値を横（項目）軸に配置したグラフを作成したい場合は、表の2列目から棒グラフを作成し、後から1列目の数値を横（項目）軸ラベルとして指定します。

「年度」の数値を横（項目）軸に表示する
縦棒グラフを作成したい

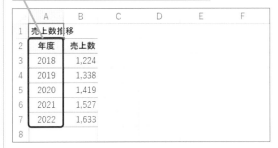

表からグラフを作成すると、「年度」も
棒グラフになってしまう

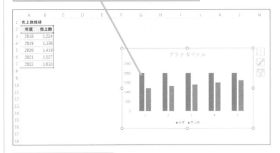

グラフを削除しておく

「年度」以外のセル範囲（ここではセルB2 〜 B7）を
選択して縦棒グラフを作成しておく

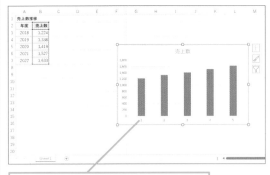

横（項目）軸には自動で「1、2、3…」の
数値が振られる

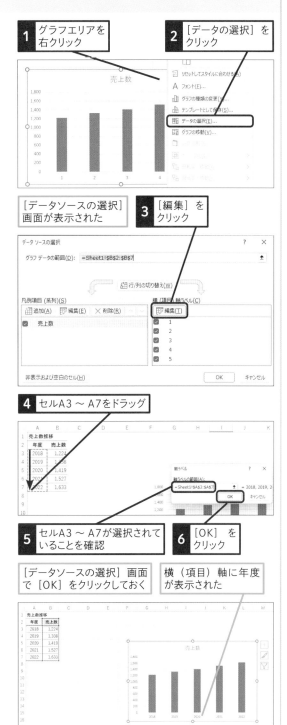

39 作成したグラフの種類を保存するには

テンプレートとして保存

気に入ったデザインを保存しよう

手間をかけて作成したグラフの設定を、ほかのグラフにも使い回せれば、最初から設定し直さなくても済むため効率的です。グラフの設定を使い回せるようにするには、グラフのデザインを「テンプレート」として登録しましょう。ここでは、レッスン38で作成した縦棒と折れ線の2軸グラフに書式を設定したものを、テンプレートとして登録する方法を紹介します。登録される内容は、グラフの種類、およびグラフ要素の表示・非表示、位置、書式です。テンプレートはパソコンに保存されるため、同じパソコンで作業すれば、あらゆるブックで共通に使えます。使い方も、グラフの作成時にグラフの種類を選ぶだけの簡単な操作です。月次報告書に掲載する売り上げのグラフなど、よく作成するグラフをテンプレートにしておくといいでしょう。

🔗 関連レッスン

レッスン06
グラフの種類を変更するには　　　P.38

🔍 キーワード

グラフタイトル	P.343
グラフフィルター	P.343
グラフボタン	P.343

Before

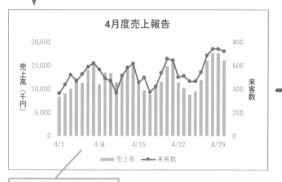

4月度売上報告

グラフをテンプレートとして保存する

After

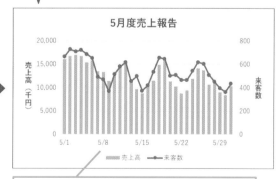

5月度売上報告

保存したテンプレートを利用すれば、グラフの種類や書式などを別のグラフに反映できる

💡 **使いこなしのヒント**

「テンプレート」でグラフの作成を効率化できる

「テンプレート」とは、グラフのひな型のことです。よく使うグラフをテンプレートとして保存しておくと、別のデータから同じ種類、同じ構成、同じ色合いのグラフを手早く作成できます。グラフのテンプレートは、拡張子が「.crtx」のファイルとして「C:¥Users¥（ユーザー名）¥AppData¥Roaming¥Microsoft¥Templates¥Charts」フォルダーに保存されます。

① グラフのテンプレートを保存する

グラフのデザインをテンプレート
として保存する

| 1 | [テンプレート保存
用] シートをクリック | 2 | グラフエリアを
右クリック | 3 | [テンプレートとして
保存] をクリック |

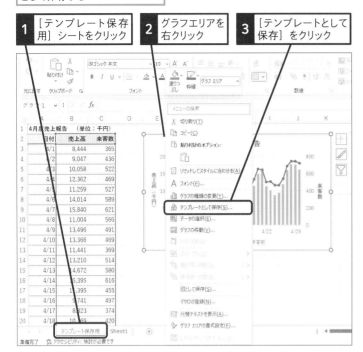

[グラフテンプレートの保存] ダイアログボックスが表示された

| 4 | 保存先が [Charts] と
なっていることを確認 | 保存先のフォルダーを変更せずに
操作を進める |

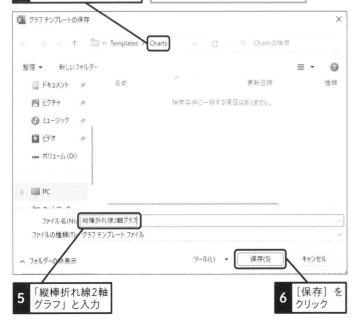

| 5 | 「縦棒折れ線2軸
グラフ」と入力 | 6 | [保存] を
クリック |

使いこなしのヒント

**グラフのテンプレートは
既定の保存先に保存する**

手順1では、既定の [Charts] フォルダー
にテンプレートを保存してください。保存
先を変更すると、保存したテンプレートを
手順2で選択できません。

使いこなしのヒント

WordやPowerPointでも使える

このレッスンの手順で登録したテンプ
レートは、WordやPowerPointでグラフを
作成するときにも共通で使用できます。

ここに注意

グラフのテンプレートを [Charts] 以外
のフォルダーに保存してしまった場合は、
手順1からやり直し、[Charts] フォルダー
に保存しましょう。間違って保存したテン
プレートは、保存場所のフォルダーを表
示して削除しておきましょう。

次のページに続く→

2 テンプレートを元にしてグラフを挿入する

保存したテンプレートを使って
グラフを作成する

1 [Sheet1] シートを
クリック

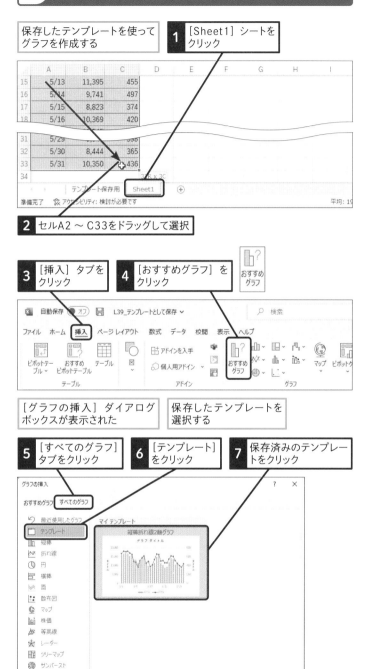

2 セルA2 ～ C33をドラッグして選択

3 [挿入] タブを
クリック

4 [おすすめグラフ] を
クリック

[グラフの挿入] ダイアログ
ボックスが表示された

保存したテンプレートを
選択する

5 [すべてのグラフ]
タブをクリック

6 [テンプレート]
をクリック

7 保存済みのテンプレー
トをクリック

8 [OK] をクリック

使いこなしのヒント

**保存したテンプレートを
削除するには**

手順2の [グラフの挿入] ダイアログボックスの左下にある [テンプレートの管理] ボタンをクリックすると、[Charts] フォルダーに保存されたテンプレートが一覧表示されます。そこから不要なテンプレートを選択して、Delete キーで削除しましょう。

[グラフの挿入] ダイアログボックスを
表示しておく

1 [テンプレートの管理]
をクリック

2 削除するテンプレート
をクリック

3 Delete キーを
押す

使いこなしのヒント

**タイトルや軸ラベルは
その都度入力する**

テンプレートから作成したグラフのグラフタイトルや軸ラベルに「タイトル」と表示されるので、適宜入力し直してください。

● 作成されたグラフを確認する

「縦棒折れ線2軸グラフ」テンプレートを
元にグラフが作成された

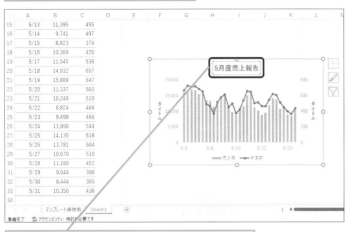

レッスン04を参考にグラフタイトルを適宜変更しておく

💡 使いこなしのヒント

ほかのパソコンでテンプレートを利用するには

同じテンプレートを複数のパソコンで使用したいときは、各パソコンで登録操作を行います。テンプレートとして登録するグラフを含むブックを使い、各パソコンで手順1の操作を行ってください。なお、同じパソコンを複数のユーザーで使用する場合も、ユーザーごとにテンプレートの登録を行います。

👍 スキルアップ

クリック操作で系列や項目を絞り込める

グラフを選択したときに表示される［グラフフィルター］ボタン（🔽）を使用すると、グラフに表示する系列や項目をチェックボックスのクリックで簡単に切り替えられます。例えば、［コーヒー］と［アイスコーヒー］だけにチェックマークを付け、そのほかの系列のチェックマークをはずすと、グラフ上に［コーヒー］と［アイスコーヒー］の折れ線だけが見やすく表示されます。たくさんの中から商品を絞ってデータを分析するときに便利です。

| 1 | グラフエリアをクリック |

| 2 | ［グラフフィルター］をクリック |

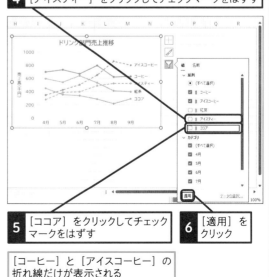

| 3 | ［紅茶］をクリックしてチェックマークをはずす |

| 4 | ［アイスティー］をクリックしてチェックマークをはずす |

| 5 | ［ココア］をクリックしてチェックマークをはずす |

| 6 | ［適用］をクリック |

［コーヒー］と［アイスコーヒー］の折れ線だけが表示される

この章のまとめ

要素を1つ変更するだけで、思い通りのグラフに近づく

Excelのグラフ機能は非常に優秀なので、たいていの場合、作成したグラフの要素を少し編集するだけで、簡単に見やすいグラフに仕上がります。しかし、思い通りのグラフを作成するために、ときにはちょっとしたワザやテクニックが必要になることがあります。

例えば元表に入力されている項目名が長いときは、元表の項目名を改行しておき、グラフの項目名を改行して表示するという裏ワザを使いましょう。元表に手を加えておくことで、思い通りのグラフに仕上げられるのです。

また、データ範囲を自在に操るテクニックも、グラフ作りには欠かせません。元表にデータが追加されたときは、グラフのデータ範囲をきちんと変更します。元表に2種類の数値が入力されている場合は、一方のデータを第2軸に割り当てます。元表のデータに合わせてグラフを作成し、また、「思い通りのグラフに仕上げるために元表を編集する」という、グラフと元表の両方で工夫を重ねることが、思い通りのグラフを作成する秘訣です。

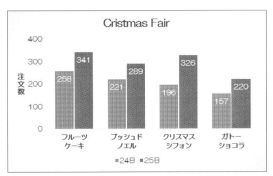

グラフ作りにはいろいろなテクニックがあるんですね。

状況に応じて必要なテクニックを使ってくださいね。

いろいろなワザがあって覚えきれませんよー!

丸暗記する必要はありませんよ。分からなくなったときは、この章のページをめくって思い出せばいいんですから!

活用編

第 **5** 章

棒グラフで大きさや
割合の変化を比較しよう

ここからは活用編として、グラフの種類ごとに、その特徴を生かしたグラフの活用法を紹介します。この章では、数値の大小比較に便利な「集合縦棒グラフ」「集合横棒グラフ」と、割合の変化の比較に便利な「積み上げ棒グラフ」を取り上げます。これらの棒グラフで、より見やすく効果的にデータを比較するためのテクニックを学びましょう。

数値を比較しやすい棒グラフを作ろう

数あるグラフの種類の中で、最も身近なのが「棒グラフ」ではないでしょうか。棒グラフにはさまざまな形式がありますが、その特徴を理解して使い分けることで「大きさの比較」「時系列の推移」「割合の変化」などを分かりやすく表現できます。

項目の並び順に注意して見やすい棒グラフを作ろう

棒グラフを作ると、表とグラフで項目の順序が逆になってしまうことがあります。エクセル先生、どうにかなりませんか?

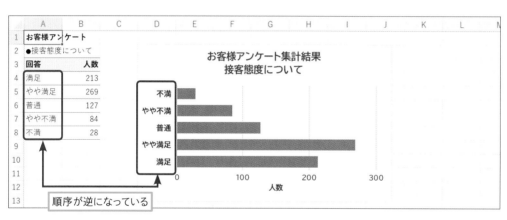

順序が逆になっている

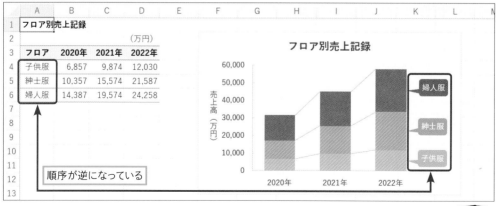

順序が逆になっている

横棒グラフや積み上げ縦棒グラフの"あるあるトラブル"ですね。心配無用、この章でちゃんと解決方法を解説しますよ!

この章では棒グラフにまつわる便利テクニックも紹介します。棒グラフはバリエーションが豊富なので、裏技テクニックもたくさんありますよ!

棒グラフに基準線を自動挿入する

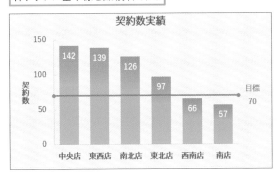

「70」と指定すれば、その位置に自動で目標のラインが表示されるんですね!?

関連するイラストを使うと、イメージが湧きやすいですね♪

絵グラフを作成する

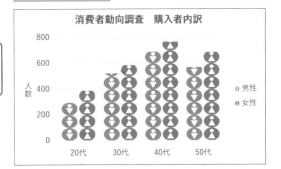

積み上げグラフに合計値を挿入する

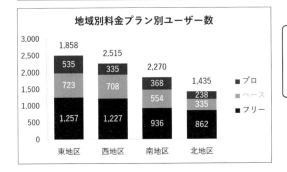

標準では合計を入れられないから困っていました。これは便利な裏技だ!

ピラミッドグラフを作成する

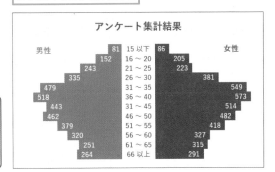

ちょっと工夫すれば、上下対象グラフやピラミッドグラフも作れますよ。

41 棒を太くするには

要素の間隔

練習用ファイル　L41_要素の間隔.xlsx

活用編

第5章　棒グラフで大きさや割合の変化を比較しよう

棒グラフの太さは自由自在

系列が1つしかない縦棒グラフや横棒グラフでは、棒と棒の間隔が空き過ぎて余白が目立ち、寂しい印象になりがちです。そんなときは、棒の太さを太くして、体裁を整えましょう。

棒を太くするには、［要素の間隔］の設定を変更します。［要素の間隔］とは、棒と棒との間隔のことです。間隔を変えることで、結果として棒の太さが変わります。間隔は、0%から500%の範囲で変更できます。既定値は［219%］で、棒の間隔が棒の幅の2.19倍という設定です。この数値を小さくすると棒の間隔が狭くなり、それに連動して棒が太くなります。「0%」にすると棒同士のすき間がなくなります。［要素の間隔］は棒グラフを見ながら簡単に変えられるので、いろいろ試して見栄えのする太さを選びましょう。

関連レッスン

キーワード

Before

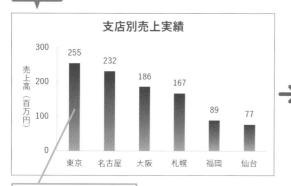

棒グラフが細く印象が弱い

After

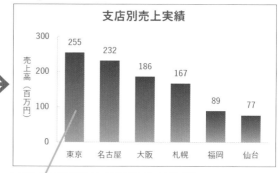

要素の間隔を狭くすることで棒グラフが太くなり、印象が強くなった

使いこなしのヒント

複数の系列があるときは

複数の系列がある棒グラフの場合、［要素の間隔］で設定されるのは、項目の両端同士の棒の間隔です。例えば下図の場合、オレンジの棒と翌月の青の棒の間隔が変わります。

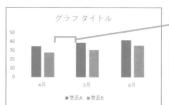

複数の系列がある棒グラフでは、4月のオレンジの棒と、5月の青い棒との間隔を設定できる

1 要素の間隔を狭くする

棒グラフを太くして、グラフの印象を強くする

1 [売上] の系列を右クリック

2 [データ系列の書式設定] をクリック

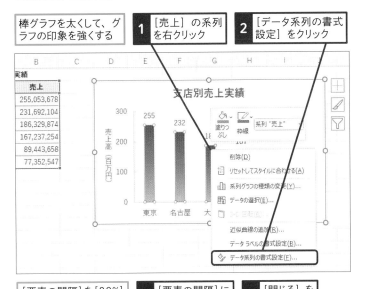

[要素の間隔]を[80%]に設定する

3 [要素の間隔]に「80」と入力

4 [閉じる] をクリック

棒グラフが太くなって印象が強くなった

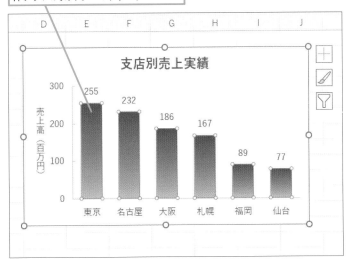

[要素の間隔] と棒の太さ

[要素の間隔] とは、棒の太さに対する棒の間隔の割合のことです。「0%」にすると、棒の間隔がなくなり、棒が最も太くなります。「500％」にすると、棒の間隔が棒の太さの5倍になり、棒が最も細くなります。

● 「0%」の場合

棒の間隔がなくなる

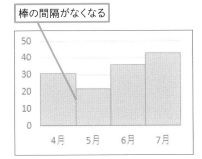

● 「500%」の場合

棒が最も細くなる

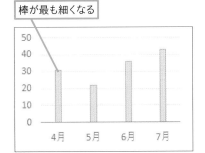

同じ設定でも棒の本数で 太さが変わる

[要素の間隔] が同じパーセンテージでも、本数が多いときは棒が細くなり、本数が少ないときは棒が太くなります。

レッスン 42 2系列の棒を重ねるには

系列の重なり

練習用ファイル　L42_系列の重なり.xlsx

活用編

第5章　棒グラフで大きさや割合の変化を比較しよう

棒を重ねれば対比が鮮明になる

「目標」と「実績」、「コスト」と「売り上げ」、「前年度」と「本年度」というように、グラフで2種類のデータを効果的に対比するにはどうしたらいいでしょうか? そのようなときは、棒グラフの棒を重ねてみましょう。手前の棒のデータがより強調され、データの対比が鮮明になります。

2系列の棒を重ねるには、[系列の重なり]の設定を変更します。[系列の重なり]が[0%]の場合、系列同士が重ならずにぴったりくっ付きます。この値を増やすと隣同士の系列が重なり、「100%」にすると完全に重なります。なお、重なるときに手前に表示されるのは右側の系列です。「目標と実績」のグラフであれば実績、「前年度と本年度」であれば本年度の系列が手前に表示されるように配慮しましょう。このレッスンでは、「売上目標と実績」のグラフを例に、棒を重ねる手順を説明します。

関連レッスン

レッスン41
棒を太くするには　　　　　　P.152

キーワード

系列　　　　　　　　　　　　P.344
系列の重なり　　　　　　　　P.344

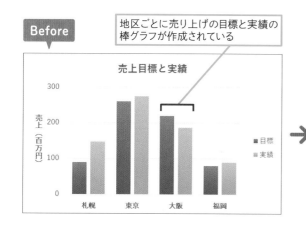

Before
地区ごとに売り上げの目標と実績の棒グラフが作成されている

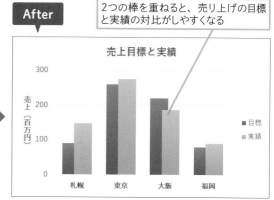

After
2つの棒を重ねると、売り上げの目標と実績の対比がしやすくなる

使いこなしのヒント

横棒グラフも操作は同じ

レッスン41で紹介した棒を太くする手順や、このレッスンで紹介する棒を重ねる手順は、横棒グラフの場合も同じです。棒を右クリックして[データ系列の書式設定]をクリックす

ると、[データ系列の書式設定]作業ウィンドウが表示されます。[要素の間隔]を調整して棒の太さを変え、[系列の重なり]を調整して棒の重なり方を変更します。

1 系列の重なりを設定する

[実績] の系列を手前
に表示して目立たせる

1 [実績] の系列
を右クリック

2 [データ系列の書式
設定] をクリック

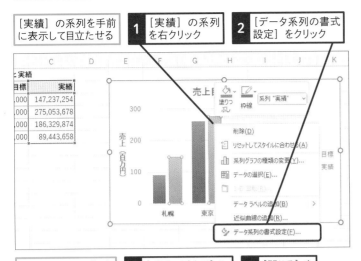

[系列の重なり] は、-100％から100％の
間で変更できます。負数と指定すると、
隣り合う系列が離れます。正数を指定す
ると、隣り合う系列が重なります。[系列
の重なり] の設定値に応じて、棒の太さ
も変わります。

● 「-100％」の場合

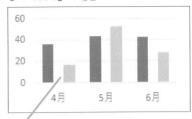

負数を指定すると青の棒と
黄色の棒が離れる

[系列の重なり] を
[35％] に設定する

3 [系列の重なり] に
「35」と入力

4 [閉じる] を
クリック

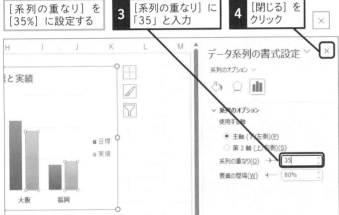

● 「0％」の場合

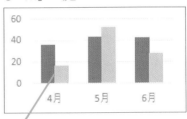

「0％」を指定すると青の棒と
黄色の棒がくっ付く

2つの棒が重なり、売り上げ目標と実績
が対比しやすくなった

● 「100％」の場合

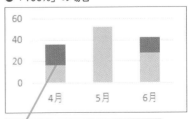

「100％」を指定すると青の棒と
黄色の棒が完全に重なる

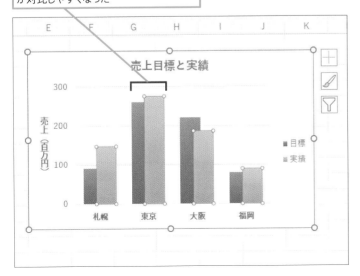

43 棒グラフの高さを波線で省略するには

図の挿入

練習用ファイル L43_図の挿入.xlsx

活用編
第5章 棒グラフで大きさや割合の変化を比較しよう

波線画像を入れて、データの差を明確にしよう

元表の中に1つだけ大きな数値があると、その棒だけが突出し、残りの棒が同じくらいの高さになってしまうので、大小を比較するのが困難です。[Before]のグラフを見てください。「中央店」以外の店舗の数値が200前後に集中しており、売り上げの差がはっきりしません。

このようなときによく使われるのが、棒の高さを省略するワザです。[After]のグラフでは、突出した「中央店」の棒の途中に波線を入れて高さを省略しています。波線の下側で目盛りの間隔が広がるようになるので、残りの棒の高さの違いが明確になります。このレッスンでは、このようなグラフの作成手順を説明します。

🔍 キーワード

縦（値）軸	P.344
表示形式	P.345
表示形式コード	P.345

Before

「中央店」の数値が突出している

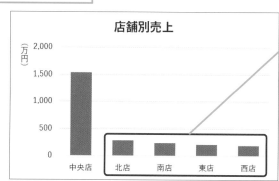

棒グラフが同じくらいの高さになっているので、売り上げの差が分かりづらい

After

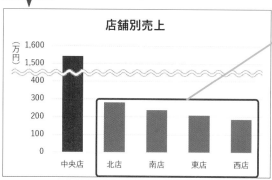

データ範囲の数値と縦（値）軸の表示形式を変更すれば、売り上げの差が分かりやすくなる

1 仮の数値を入力する

1 C列に売り上げのデータを入力

セルC3は、セルB3の数値から1000を引いた仮の数値を入力する

2 グラフエリアをクリック

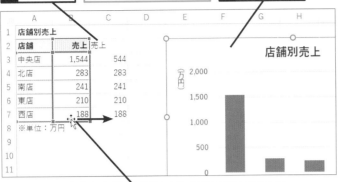

グラフのデータ範囲を変更する

3 ここにマウスポインターを合わせ、C列までドラッグ

グラフのデータ範囲がセルC3〜C7に変更された

縦（値）軸の最大値が600になり、[北店]から［西店］の棒が長くなった

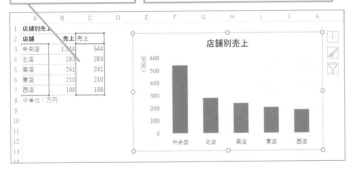

2 目盛りに代わりの数値を表示する

1 縦（値）軸を右クリック

2 ［軸の書式設定］をクリック

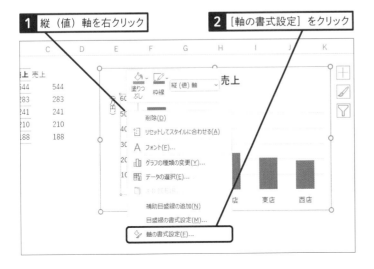

1 セルB4〜B7を選択

2 Ctrl キーを押しながらドラッグ

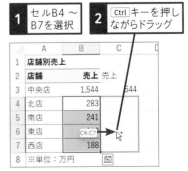

数値がコピーされる

次のページに続く→

●表示形式の設定を変更する

[表示形式]を選択して、設定項目を表示する

3 ここを下にドラッグしてスクロール

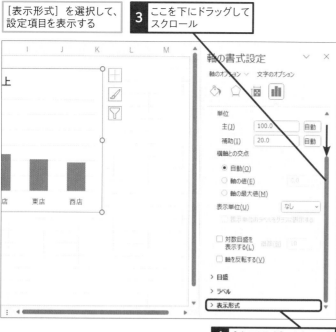

4 [表示形式]をクリック

[表示形式]の設定項目が表示された

縦(値)軸の「500」を「1,500」、「600」を「1,600」と表示する

5 [表示形式コード]に「[=500]"1,500";[=600]"1,600";0」と入力

6 [追加]をクリック

7 [閉じる]をクリック

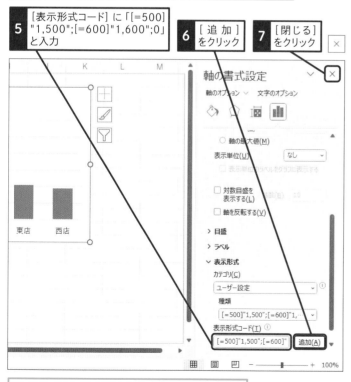

縦(値)軸に「1,500」と「1,600」が表示される

☀ 使いこなしのヒント

条件に応じた表示形式を設定する

「表示形式」とは、データの見た目を設定する機能です。「[条件1]表示形式1;[条件2]表示形式2;表示形式3」のように指定すると、条件1が成り立つときは表示形式1、条件2が成り立つときは表示形式2、それ以外のときは表示形式3が採用されます。手順2では、目盛りの「500」を「1,500」、「600」を「1,600」、それ以外の数値はそのまま表示するように設定します。

「600」の代わりに「1,600」と表示される

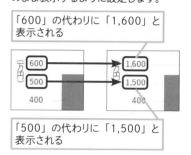

「500」の代わりに「1,500」と表示される

⚠ ここに注意

手順2で間違った表示形式コードを追加してしまった場合は、[表示形式コード]に正しく入力し直し、再度[追加]ボタンをクリックします。間違って追加した表示形式コードは、ブックを閉じるときに消去されます。

3 波線の画像を挿入する

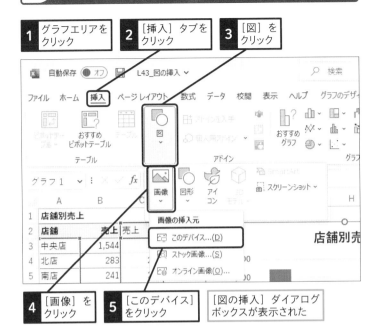

1	グラフエリアをクリック
2	[挿入] タブをクリック
3	[図] をクリック
4	[画像] をクリック
5	[このデバイス] をクリック

[図の挿入] ダイアログボックスが表示された

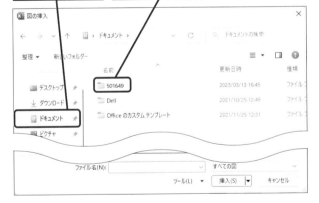

| 6 | [ドキュメント] をクリック |
| 7 | [501649] をダブルクリック |

| 8 | [第5章] をダブルクリック |

次のページに続く ➡

💡 使いこなしのヒント

グラフを選択してから画像を挿入する

画像の挿入前に、必ずグラフエリアをクリックしてグラフを選択してください。事前に選択しておくことで、画像がグラフの中に挿入されます。

💡 使いこなしのヒント

リボンに直接 [画像] ボタンが表示される場合もある

リボンにあるボタンの構成は、Excelのウィンドウサイズによって変わります。解像度の高いディスプレイを利用している場合、手順3の操作4の [画像] ボタンがリボンにボタンとして表示されるので、そのボタンを直接クリックしましょう。

💡 使いこなしのヒント

そのほかの方法で波線を入れるには

レッスン16を参考に、図形の [星とリボン] に含まれる [小波] を描画して、グラフに波線を入れる方法もあります。[波線.png] の画像と比べると見た目が悪くなりますが、画像がない状況で簡易的に波線を入れたいときには便利です。

●波線の画像を選択する

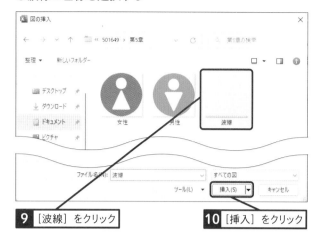

9 [波線] をクリック

10 [挿入] をクリック

4 画像の位置を変更する

波線の画像を縦（値）軸の「400」と「1500」の間に移動する

1 画像にマウスポインターを合わせる

マウスポインターの形が変わった

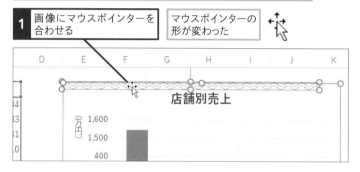

2 ここまでドラッグ

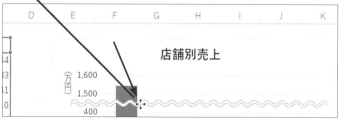

波線の画像を目盛りの間に配置することで、数値データが省略されているように見える

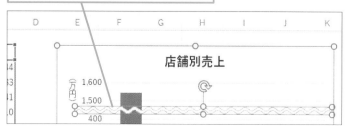

使いこなしのヒント

波線のサイズを変更するには

波線の画像のサイズがグラフに合わないときは、画像のサイズを調整しましょう。波線を選択して、八方に表示されるサイズ変更ハンドルをドラッグすると、サイズを変更できます。

1 波線の画像をクリックして選択

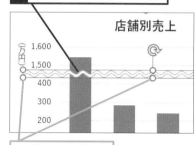

ハンドルが表示された

ハンドルをドラッグすると画像のサイズを変更できる

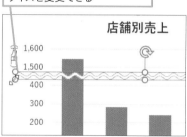

⚠ ここに注意

手順4で間違った画像を挿入してしまった場合は、画像をクリックして選択します。Delete キーを押して削除し、手順3からやり直しましょう。

5 データ要素の色を変更する

[中央店]の棒の色を変えて目立たせる

1 [ホーム]タブをクリック

2 [中央店]の棒を2回クリック

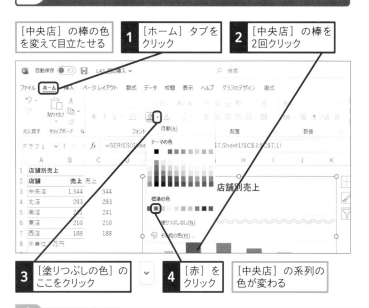

店舗別売上

3 [塗りつぶしの色]のここをクリック

4 [赤]をクリック

[中央店]の系列の色が変わる

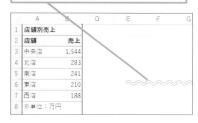

使いこなしのヒント

C列を非表示にすると棒が消えてしまう

C列を非表示にすると、グラフからすべての棒が消えてしまいます。C列を非表示にする場合は、**レッスン34**を参考に、非表示のデータをグラフに表示する設定を行ってください。

C列を非表示にすると棒が消えてしまう

	A	B	C	D	E	F	G
1	店舗別売上						
2	店舗	売上					
3	中央店	1,544					
4	北店	283					
5	南店	241					
6	東店	210					
7	西店	188					
8	※単位：万円						

スキルアップ

すべての棒の高さを波線で省略できる

グラフ内のすべての棒の高さを省略するときは、棒の足元に波線を入れましょう。以下の例では、最小値を「0」から「5000」に変更してすべての棒の高さを「5000」省略しています。目盛りの「5000」を「0」、「5500」を非表示にし、非表示にした「5500」の位置に波線を入れるとバランスよく仕上がります。

手順2を参考に[軸の書式設定]作業ウィンドウを表示しておく

1 [最小値]に「5000」と入力

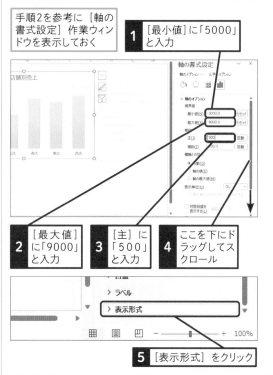

2 [最大値]に「9000」と入力

3 [主]に「500」と入力

4 ここを下にドラッグしてスクロール

5 [表示形式]をクリック

6 [表示形式コード]に「[=5000]"0";[=5500]"";#,##0」と入力

7 [追加]をクリック

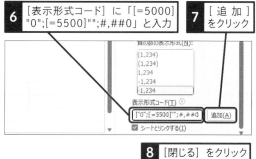

8 [閉じる]をクリック

縦(値)軸の「5000」が「0」、「5500」が非表示になる

159ページの手順3を参考に、波線の画像を挿入する

店舗別売上

---

44 縦棒グラフに基準線を表示するには

散布図の利用

YouTube 動画で見る
詳細は2ページへ

練習用ファイル L44_散布図の利用.xlsx

活用編 第5章 棒グラフで大きさや割合の変化を比較しよう

ノルマや目標がひと目で分かる!

「ノルマを設定した営業成績」や「目標を設定した売り上げ」をグラフで表現するとき、グラフ上にノルマや目標を示す「基準線」を引くと、達成か未達成かがひと目で分かります。Excelにはグラフの特定の位置に基準線を引く機能はないので、基準線を引くには工夫が必要です。

このレッスンでは、棒グラフと散布図の複合グラフを利用して、基準線を引く方法を紹介します。散布図はプロットエリアの指定した位置に点を表示するグラフですが、点と点を直線で結ぶ機能があります。これを利用して、プロットエリアに基準線を入れるというわけです。ここでは契約数の目標を70件として、縦棒グラフの「70」の位置に基準線を入れます。元表の目標の数値を変更すると、グラフの基準線の位置も自動的に変わります。手順は少々複雑ですが、一度作ってしまえば使い回しが利くので、図形を利用して手動で直線を引くより断然便利です。

関連レッスン

キーワード

Before

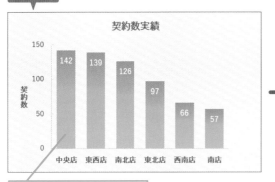

各店舗の契約数が棒グラフで表現されている

After

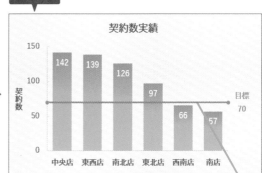

横線を引くと目標を達成した店舗がすぐに分かる

1 基準線を表示する

元表に「目標」の
データを追加する

1 セルC2に「目標」
と入力

2 セルC3とセルC4に
「70」と入力

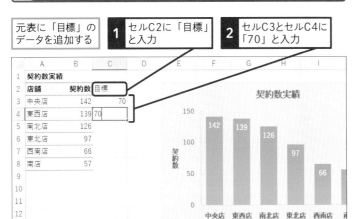

セルC2 〜 C4に入力した内容をグラフ
のデータ範囲に追加する

3 グラフエリアを
クリック

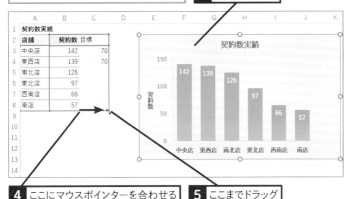

4 ここにマウスポインターを合わせる

5 ここまでドラッグ

[目標] の系列がグラ
フに追加された

6 [目標] の系列を
右クリック

7 [系列グラフの種類
の変更] をクリック

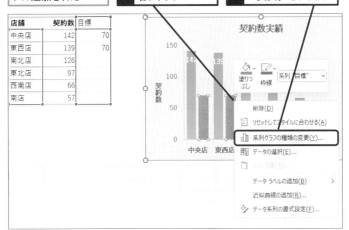

:bulb: 使いこなしのヒント

散布図で基準線を入れる仕組みを整理しよう

[目標]の系列を[散布図（直線）]に変更すると、プロットエリアの上と右に散布図用の第2軸が表示されます。この第2軸を調整することで、指定した位置に基準線を表示します。作業の流れは以下の通りです。

[目標]の系列を散布図に変えると、
グラフの上と右に散布図用の第2
軸が表示される

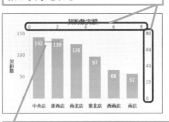

[目標] のラインは第2軸縦（値）
軸の「70」、第2軸横（値）軸の「1」
〜「2」の位置に表示される

1 第2軸横（値）軸の目盛りの
範囲を1 〜 2に変更

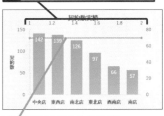

「目標」のラインが横幅
いっぱいに広がる

2 第2軸縦（値）軸を
[なし]に設定

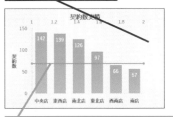

散布図の縦軸が縦棒の縦軸と共通に
なり、「目標」の高さが「70」になる

次のページに続く →

●グラフの種類を変更する

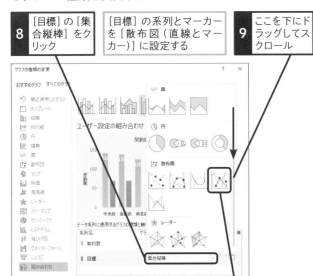

8 [目標] の [集合縦棒] をクリック

[目標] の系列とマーカーを [散布図（直線とマーカー）] に設定する

9 ここを下にドラッグしてスクロール

10 [散布図（直線とマーカー）] をクリック

[目標] の [第2軸] にチェックマークが付いていることを確認しておく

11 [OK] をクリック

活用編 第5章 棒グラフで大きさや割合の変化を比較しよう

2 基準線の設定を変更する

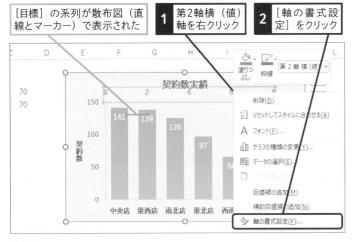

[目標] の系列が散布図（直線とマーカー）で表示された

1 第2軸横（値）軸を右クリック

2 [軸の書式設定] をクリック

使いこなしのヒント

[目標] を散布図にすると専用の軸が表示される

操作10で [目標] の系列を散布図に変えると、グラフの上と右に [目標] 専用の軸が表示されます。

使いこなしのヒント

第2軸横（値）軸を調整して目標の直線をグラフの幅いっぱいに広げる

元表の [目標] 欄（セルC3 ～ C4）には「70」が2個入力されており、手順2のグラフではセルC3の「70」が第2軸横（値）軸の「1」の位置に、セルC4の「70」が第2軸横（値）軸の「2」の位置に表示されます。そこで、軸の最小値を「1」、最大値を「2」にすれば、目標の直線がグラフの横幅いっぱいに広がります。

使いこなしのヒント

C列を非表示にしたいときは

C列を非表示にすると、グラフから基準線が消えてしまいます。C列を非表示にする場合は、レッスン34を参考に、非表示のデータをグラフに表示する設定を行います。

ここに注意

手順1の操作10で選択するグラフの種類を間違えたまま [OK] ボタンをクリックしてしまった場合は、手順1の操作6からやり直しましょう。

●第2軸横（値）軸の最大値と最小値を設定する

第2軸横（値）軸の最小値と
最大値を設定する

3 ［最小値］に「1」と入力

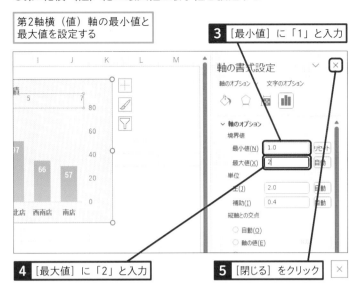

4 ［最大値］に「2」と入力

5 ［閉じる］をクリック

［目標］の系列がグラフの横幅
いっぱいに広がった

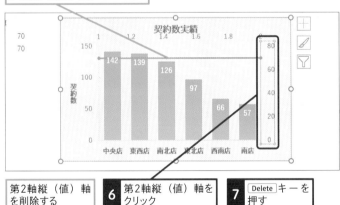

第2軸縦（値）軸
を削除する

6 第2軸縦（値）軸を
クリック

7 Delete キーを
押す

［目標］の系列が縦（値）軸
の「70」の位置に移動した

第2軸横（値）
軸を削除する

8 第2軸横（値）
軸をクリック

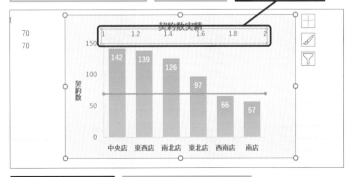

9 Delete キーを押す | データラベルを追加しておく

使いこなしのヒント

契約数の棒と目標のラインの位置を合わせる

手順2の操作7で第2軸縦（値）軸を削除すると、グラフ上の縦（値）軸が1本だけになります。［契約数］と［目標］の系列が共通の縦（値）軸を使うことになり、目標のラインが契約数の「70」の位置に移動します。元表のセルC3～C4の数値を変更すると、自動的にラインの位置が変わります。

使いこなしのヒント

「目標70」のデータラベルを追加するには

162ページの［After］のグラフには散布図の右側のマーカーに「目標70」と書かれたデータラベルが配置されています。このようなデータラベルを配置するには、右側のマーカーをゆっくり2回クリックして選択し、レッスン23を参考にデータラベルを追加し、［データラベルの書式設定］ウィンドウで以下のように設定します。

1 ［系列名］と［Y値］をクリック
してチェックマークを付ける

2 ここをクリックして
［（改行）］を選択

データラベルを追加できた

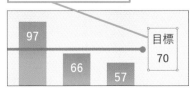

45 横棒グラフの項目の順序を 表と一致させるには

軸の反転

練習用ファイル　L45_軸の反転.xlsx

横棒グラフは項目の並び順に注意！

項目名を縦に並べた表から横棒グラフを作成すると、下の[Before]のようにグラフの項目名の順序が反対になるという困った現象が起こります。通常、項目名は「原点」に近い方から遠い方に向かって配置されます。原点とは、縦軸と横軸の交わる点で、プロットエリアの左下角にあります。そのため、下から上に向かって項目が配置されてしまうのです。表とグラフを並べて印刷するときに、順序が逆だと不自然です。グラフの項目名を表と同じ順序にしましょう。項目名の並びを逆にするには、[軸を反転する]の機能を使用します。ただし、縦（項目）軸を反転すると、同時に横（値）軸がプロットエリアの上端に移動してしまうので、ここではそれを防ぐ方法も併せて紹介します。

🔗 関連レッスン

レッスン47
グラフの積み上げの順序を
変えるには　　　　　　　P.172

🔍 キーワード

縦（項目）軸	P.344
プロットエリア	P.345
横（値）軸	P.346

Before

横棒グラフを作成すると、表の項目名とグラフの項目名の並び順が逆になってしまう

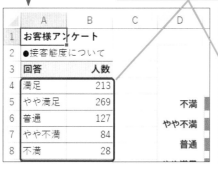

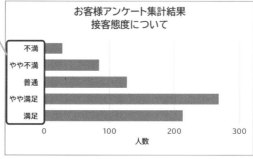

After

縦（項目）軸を反転すれば、表の項目名とグラフの項目名の並び順をそろえられる

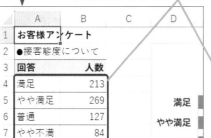

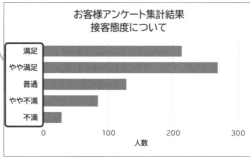

1 縦（項目）軸を反転する

グラフの縦（項目）軸の設定を変更する

1 縦（項目）軸を右クリック

2 ［軸の書式設定］をクリック

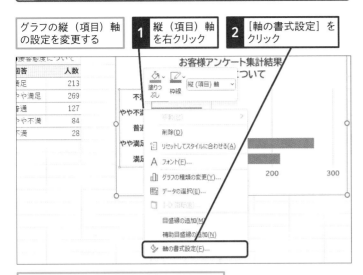

［軸の書式設定］作業ウィンドウが表示された

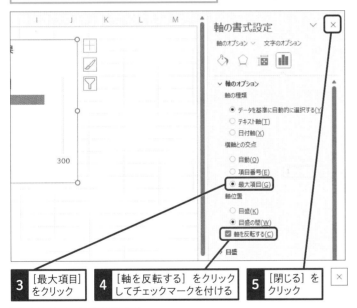

3 ［最大項目］をクリック

4 ［軸を反転する］をクリックしてチェックマークを付ける

5 ［閉じる］をクリック

縦（項目）軸が反転された

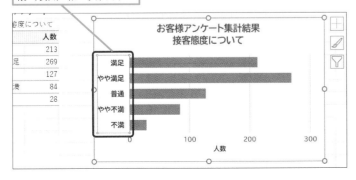

使いこなしのヒント

なぜ［横軸との交点］を設定するの?

操作4で［軸を反転する］にチェックマークを付けるだけだと、横（値）軸がプロットエリアの上端に移動します。これは、［横軸との交点］の既定値が［自動］で、先頭項目の［満足］の側に横軸が配置されるからです。設定を［最大項目］に変更すると、横軸が最後の項目の［不満］側に移動します。

［横軸との交点］が［自動］のままで軸を反転すると、横（値）軸が上に移動する

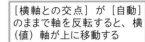
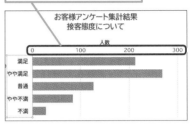

使いこなしのヒント

縦軸と横軸の交差位置を自由に設定できる

縦棒、横棒、折れ線、散布図など、縦軸と横軸を持つグラフでは、縦軸と横軸が交差する位置を自由に設定できます。横軸の位置は、縦軸の［軸の書式設定］作業ウィンドウの［横軸との交点］で設定します。反対に、縦軸の位置は、横軸の［軸の書式設定］作業ウィンドウの［縦軸との交点］で設定します。具体的な操作例は、レッスン87を参照してください。

レッスン 46 絵グラフを作成するには

塗りつぶし

練習用ファイル　L46_塗りつぶし.xlsx

画像を使えば印象に残るグラフを作れる!

数量を画像やイラストで表現したグラフを「絵グラフ」と呼びます。グラフの内容に合った画像を使うと、単なる棒で数量を表現するより、イメージが膨らみます。プレゼンテーションやカラーのパンフレットなど、人目を引きたいグラフで使用すると効果的です。「数量を画像で表現」と聞くと難しく感じますが、それほど手間はかかりません。塗りつぶしの色を選ぶ代わりに、画像を指定すればいいだけです。その際、画像の高さを目盛りの間隔に合わせると、分かりやすいグラフになります。下の[After]のグラフでは、画像1つが100を表すように設定しています。目盛り間隔は200なので1目盛りごとに2つの図形が表示され、数を把握しやすくなります。図形で作成したイラストを絵グラフに使用することもできるので、テーマに合った素材を用意してグラフを彩ってみましょう。

関連レッスン

レッスン16
グラフの中に図形を
描画するには　　　　　P.72

キーワード

系列	P.344
目盛	P.346

Before

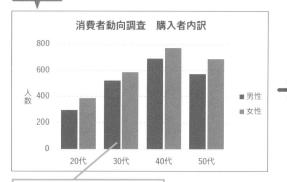

男性と女性の購入者を年代別に
グラフ化している

→

After

テーマに合った画像やイラストを棒の代わりに使えば、グラフのイメージが膨らむ

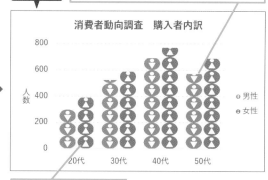

画像1つが100の単位を
表すようにする

💡 使いこなしのヒント

絵グラフを作成するには

Microsoft 365とExcel 2021/2019にはさまざまなデザインのアイコンが用意されているので、それを利用すれば手軽に絵グラフを作成できます。まず、[挿入]タブの[図]-[アイコン]をクリックしてワークシートにアイコンを挿入します。必要に応じて[グラフィックス形式]タブの[グラフィックの塗りつぶし]や[グラフィックの枠線]で色を変更して、169ページの使いこなしのヒントを参考に操作します。

1 系列を画像で塗りつぶす

[男性] の系列を画像で塗りつぶす

1 [男性] の系列を右クリック

2 [データ系列の書式設定] をクリック

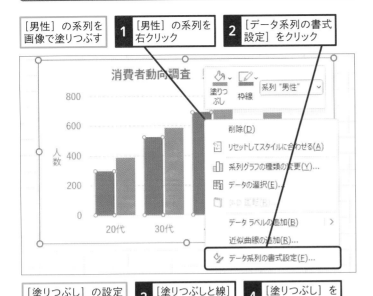

[塗りつぶし] の設定項目を表示する

3 [塗りつぶしと線] をクリック

4 [塗りつぶし] をクリック

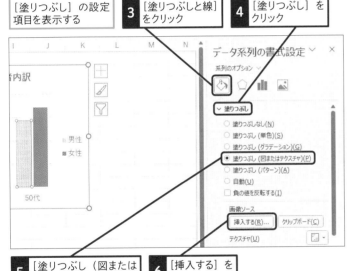

5 [塗りつぶし (図またはテクスチャ)] をクリック

6 [挿入する] をクリック

[図の挿入] 画面が表示された

7 [ファイルから] をクリック

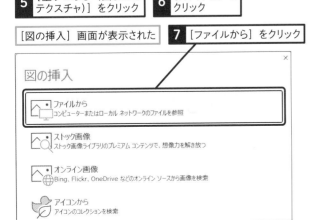

次のページに続く→

使いこなしのヒント

図形も利用できる

あらかじめ別のワークシートに作成した図形のコピーを利用して、絵グラフを作成することもできます。

図形を選択してコピーしておく

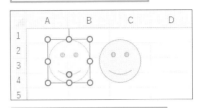

手順1の操作5までを実行しておく

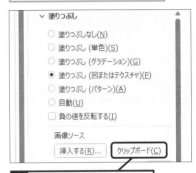

1 [クリップボード] をクリック

手順2を実行しておく

図形を利用して絵グラフを作成できた

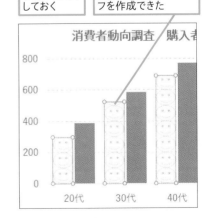

● ［男性］の系列を塗りつぶす画像を選択する

［図の挿入］ダイアログ
ボックスが表示された

8 ファイルの保
存場所を選択

9 ［男性］を
クリック

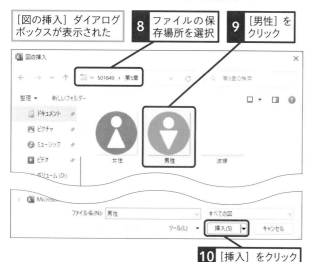

10 ［挿入］をクリック

2 画像1つ分に相当する数値を入力する

画像で［男性］の系列が
塗りつぶされた

1 ここを下にドラッグして
スクロール

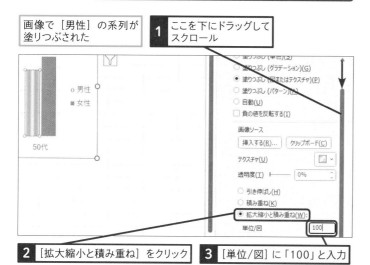

2 ［拡大縮小と積み重ね］をクリック

3 ［単位/図］に「100」と入力

手順1〜2を参考に、［女性］の
系列に塗りつぶしを設定しておく

［女性］の系列には、［女性.png］
の画像を挿入する

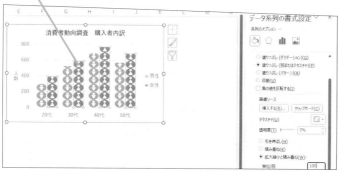

🔆 使いこなしのヒント

［積み重ね］と［拡大縮小と積み重ね］の違いって何？

画像の挿入方法には、［引き伸ばし］［積み重ね］［拡大縮小と積み重ね］の3つがあります。［積み重ね］と［拡大縮小と積み重ね］は、画像の数で数量を表します。前者は、元画像の縦横比を保つように画像の数が自動調整されます。後者は、画像1個当たりの数量を指定できるので、絵グラフには一般的に後者が使われます。

［積み重ね］を選ぶと、画像と
目盛りがそろわない

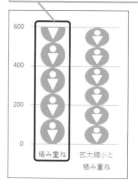

🔆 使いこなしのヒント

［引き伸ばし］を使うと
画像の高さで数量を表せる

［引き伸ばし］形式の絵グラフは、画像の高さで数量を表します。個数で数量を表すほかの形式に比べて用途は限られますが、デザイン性を重視するグラフでよく使用されます。

［引き伸ばし］は系列の数量いっぱい
に画像が引き伸ばされる

スキルアップ

ピープルグラフを利用して絵グラフを作成する

絵グラフの作成には、「ピープルグラフ」も利用できます。ピープルグラフを挿入すると、最初は仮のグラフが表示されますが、データを指定すれば目的のグラフになります。グラフのデザインや色合い、絵グラフ用の図形は操作8の[設定]画面で指定します。作成したグラフは、枠の部分をクリックして選択すると、移動やサイズ変更、削除を行えます。

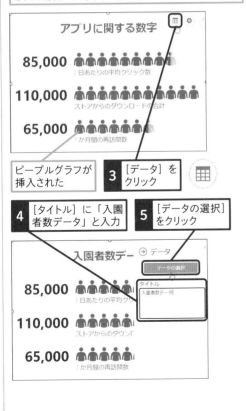

1 [挿入]タブをクリック

2 [客観的なデータを洗練された画像に変換します。]をクリック

[このアドインは更新する必要があります。]と表示された場合は、[今すぐ更新]をクリックする

ピープルグラフが挿入された

3 [データ]をクリック

4 [タイトル]に「入園者数データ」と入力

5 [データの選択]をクリック

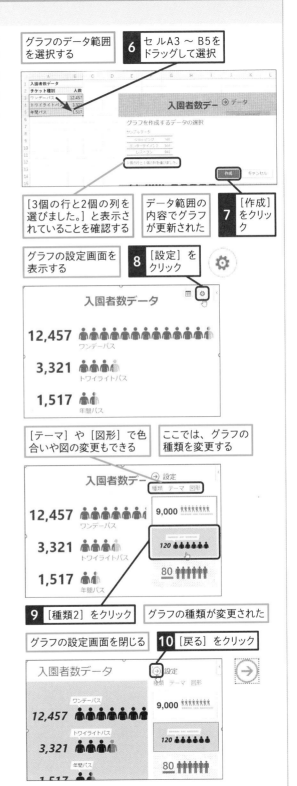

グラフのデータ範囲を選択する

6 セルA3～B5をドラッグして選択

[3個の行と2個の列を選びました。]と表示されていることを確認する

データ範囲の内容でグラフが更新された

7 [作成]をクリック

グラフの設定画面を表示する

8 [設定]をクリック

[テーマ]や[図形]で色合いや図の変更もできる

ここでは、グラフの種類を変更する

9 [種類2]をクリック

グラフの種類が変更された

グラフの設定画面を閉じる

10 [戻る]をクリック

レッスン 47 グラフの積み上げの順序を変えるには

系列の移動

YouTube動画で見る 詳細は2ページへ

練習用ファイル　L47_系列の移動.xlsx

積み上げの順序を表と一致させて混乱を防ぐ

系列名が縦に並ぶ表から積み上げ縦棒グラフを作成すると、表の項目とグラフの積み上げの順序が上下逆になります。これは、表をグラフ化するときに、表の上の行から順に第1系列、第2系列、というように系列が割り振られることが原因です。［Before］の積み上げグラフを見てください。第1系列から順に、下から上に向かって系列が積まれたので、元表と順序が逆になっています。表とグラフを並べて表示すると混乱するので、順序をそろえておきましょう。残念ながら「ボタン1つで系列の順序を逆にする」という機能はありません。しかし、［データソースの選択］ダイアログボックスで系列の順序を1つずつ入れ替えられます。積み上げグラフに限らず、集合縦棒、横棒、面、ドーナツと、複数系列を持つグラフで系列の順序を変えたいときに共通のテクニックなので、覚えておくと重宝します。

関連レッスン

レッスン23
グラフ上に元データの数値を
表示するには　　　　　　P.94

レッスン45
横棒グラフの項目の順序を
表と一致させるには　　　P.166

キーワード

区分線	P.343
系列	P.344
系列名	P.344
数式バー	P.344

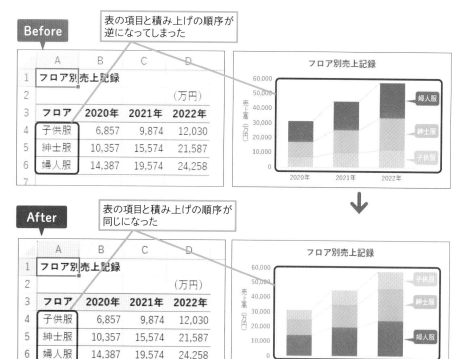

Before 表の項目と積み上げの順序が逆になってしまった

After 表の項目と積み上げの順序が同じになった

1 系列の順序を変更する

グラフの積み上げの順序を
表の項目と同じにする

1 グラフエリアを
右クリック

2 [データの選択]
をクリック

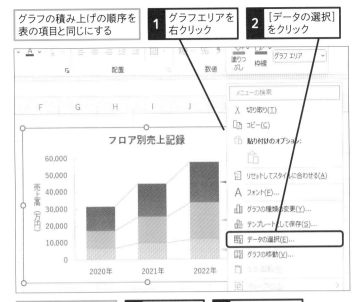

[子供服] の系列を
一番下に移動する

3 [子供服] を
クリック

4 [下へ移動]を
2回クリック

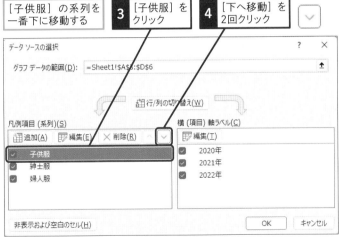

[子供服] の系列が一番下に移動した

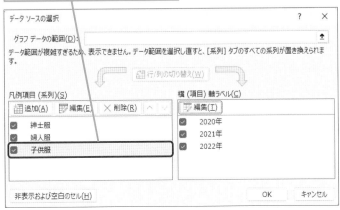

使いこなしのヒント

積み上げグラフの種類と特徴を知ろう

積み上げグラフには、下のような種類が
あります。積み上げ縦棒と積み上げ横棒
は、データをそのまま積み上げるので、
各データとその合計が分かります。100%
積み上げ縦棒と100%積み上げ横棒は、合
計を100%と見なすので、各データの合計
に占める割合が分かります。特徴を踏ま
えて使い分けましょう。

●積み上げ縦棒

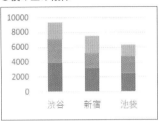

●積み上げ横棒

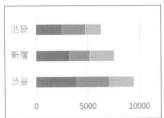

●100%積み上げ縦棒

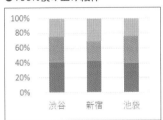

●100%積み上げ横棒

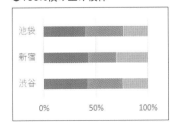

次のページに続く➡

●［婦人服］の系列の順序を変更する

［婦人服］の系列を一番上に移動する

5［婦人服］をクリック

6［上へ移動］をクリック

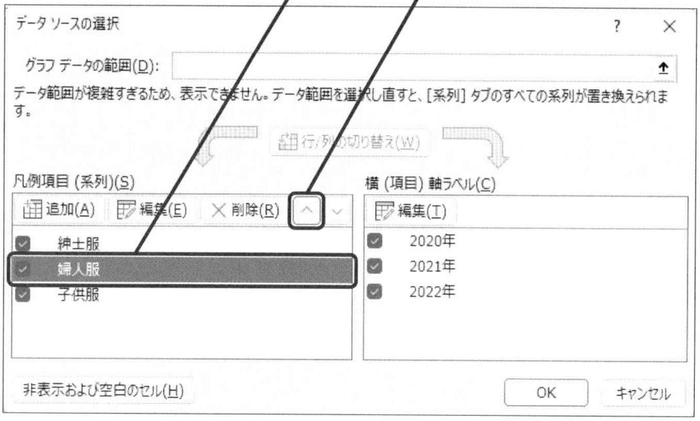

［婦人服］の系列が一番上に移動した

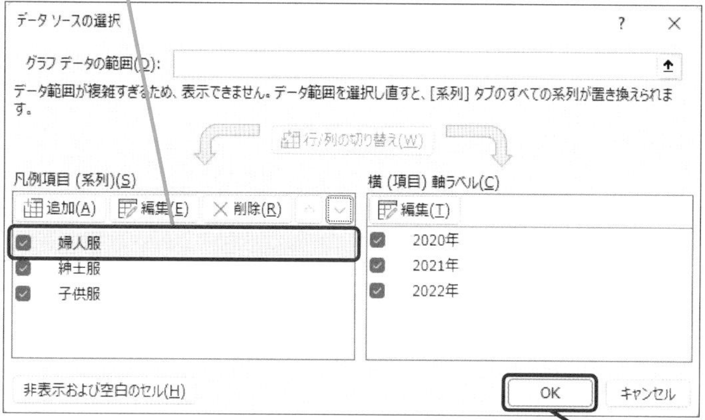

7［OK］をクリック

グラフの積み上げの順序が表の項目と同じになった

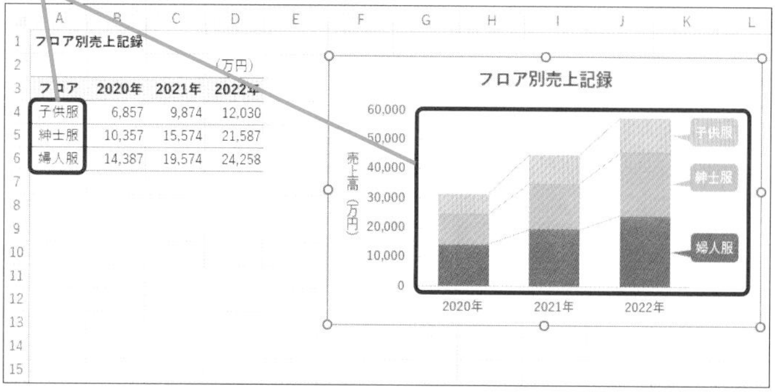

ここに注意

違う系列を下に移動してしまった場合は、［上へ移動］ボタン（⌃）をクリックして系列の順序を元に戻します。

使いこなしのヒント

3-Dグラフの手前と奥の系列の入れ替えにも利用できる

系列の順序を入れ替えるテクニックは、複数の系列を持つさまざまなグラフで使えます。3-D縦棒グラフや3-D面グラフでは、手前の系列と奥の系列が入れ替わります。奥のグラフが手前のグラフで隠れるときに、系列を入れ替えるとグラフが見やすくなります。

手前の棒が邪魔で、奥の棒が見にくい

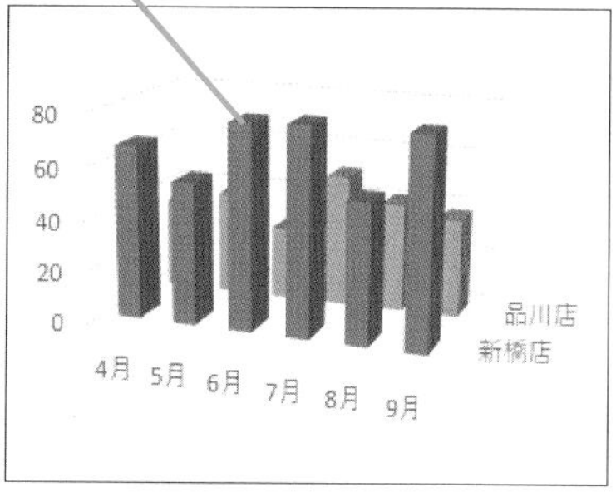

系列を入れ替えればグラフが見やすくなる

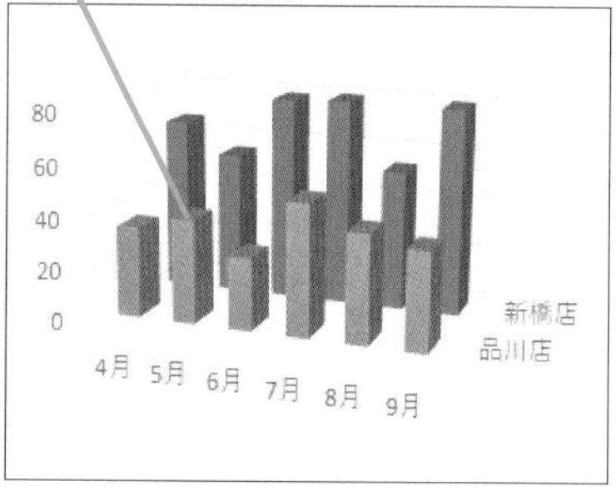

👍 スキルアップ

区分線でデータの変化を強調できる

積み上げグラフに「区分線」を表示すると、データの変化が分かりやすくなります。例えば下図のグラフの場合、各商品の売り上げが順調に伸びている中で、とりわけ「ケーキ」の伸びが好調であることを把握できます。なお、挿入した区分線は、［書式］タブにある［図形の枠線］ボタンを使用して、色や線種を変更できます。

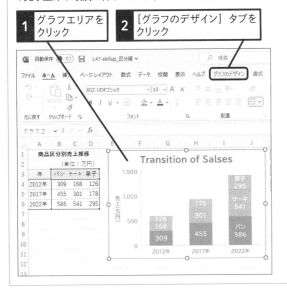

1 グラフエリアをクリック
2 ［グラフのデザイン］タブをクリック

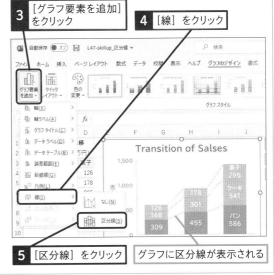

3 ［グラフ要素を追加］をクリック
4 ［線］をクリック
5 ［区分線］をクリック
グラフに区分線が表示される

👍 スキルアップ

SERIES関数を使用して系列の順序を入れ替える

グラフのデータ系列は、「SERIES関数」という関数で定義されます。

=**SERIES**(系列名 , 項目名 , 系列値 , 順序)

グラフ上で系列を選択すると、数式バーにSERIES関数の数式が表示されます。その4番目の引数［順序］の数値を変更すると、系列の順序を変えられます。［順序］の値は、積み上げの下から上に向かって「1、2、3」となります。1つの系列で［順序］を変更すると、ほかの系列の［順序］も自動で繰り上げ／繰り下げが行われます。

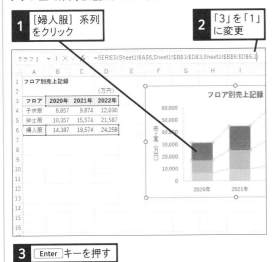

1 ［婦人服］系列をクリック
2 「3」を「1」に変更
3 Enter キーを押す

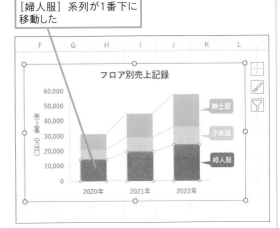

［婦人服］系列が1番下に移動した

積み上げ縦棒グラフに
合計値を表示するには

積み上げ縦棒の合計値

練習用ファイル L48_積み上げ縦棒の合計値.xlsx

活用編

第5章 棒グラフで大きさや割合の変化を比較しよう

折れ線グラフを使って合計を表示するワザ

積み上げ縦棒グラフにデータラベルを追加すると、各要素に元データの数値を表示できますが、全体の合計値は表示されません。合計値を表示するには、グラフ自体に合計値の情報を組み込む必要があります。そのようなときは、元表にある［合計］の系列をグラフに追加するといいでしょう。ただし、そのままでは［合計］の系列が棒の上に積み重なるため、合計値の配置が不自然になります。そこで、［合計］の棒を透明にし、縦（値）軸の最大値を元の数値に戻して見た目を整えます。個々のデータとともに全体の大きさを伝えられるのが、積み上げグラフのメリットです。合計値を表示して、さらに伝わるグラフにしましょう。

🔗 関連レッスン

レッスン23
グラフ上に元データの数値を
表示するには　　　　　　P.94

レッスン30
グラフのデータ範囲を
変更するには　　　　　　P.118

🔍 キーワード

データ範囲	P.345
データラベル	P.345
凡例	P.345
複合グラフ	P.345

Before

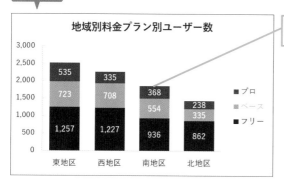

各地区のユーザー数の合計がグラフからは分からない

↓

After

［合計］列をグラフのデータ範囲に追加して折れ線グラフのデータラベルを追加する

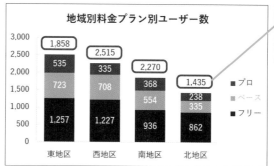

各地区のユーザー数の合計がすぐに分かる

1 ［合計］の系列を追加する

セルE2～E6の内容をグラフの
データ範囲に追加する

1 グラフエリアを
クリック

2 ここにマウスポインターを
合わせる

マウスポインターの
形が変わった

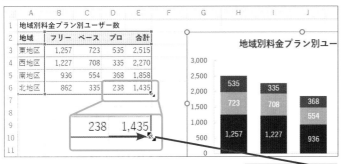

3 ここまでドラッグ

2 ［合計］の系列の見た目を整える

グラフのデータ範囲に
合計値が追加された

1 ［合計］の系列のデータ
ラベルをクリック

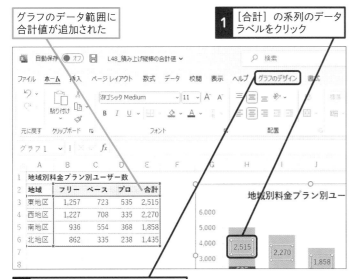

2 ［グラフのデザイン］タブをクリック

次のページに続く ➡

使いこなしのヒント

棒の高さが2倍になる

元表の合計値をグラフに追加すると、［合
計］系列が一番上に重なるため、棒全体
の高さが2倍になります。また、連動して
縦（値）軸の最大値も「3,000」から「6,000」
に変わります。合計の棒は、手順2の操
作4で色を透明にして非表示にします。縦
（値）軸は、操作11で最大値を「3,000」
に戻します。

最大値が6,000になる

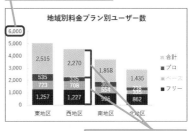

棒の高さが2倍になる

使いこなしのヒント

合計値が自動表示される

［Before］のグラフでは、グラフエリアを
選択した状態でデータラベルを追加して
います。この方法でデータラベルを追加
したグラフでは、後から追加した系列にも
自動的にデータラベルが表示されます。

⚠ ここに注意

手順1でドラッグの方向を間違えてしまっ
たときは、再度グラフエリアをクリックし
てドラッグし直します。

●データラベルの配置を選択する

[合計] の系列のデータラベルを下方向に移動する

3	[グラフ要素を追加] をクリック
4	[データラベル] をクリック
5	[内側軸寄り] をクリック

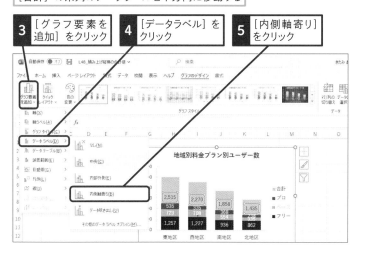

データラベルが下方向に移動した

6	[合計] の系列をクリック
7	[書式] タブをクリック
8	[図形の塗りつぶし] のここをクリック

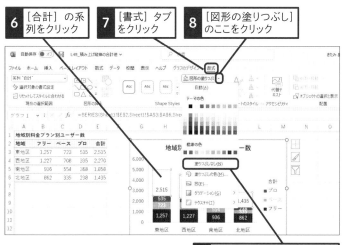

9 [塗りつぶしなし] をクリック

| [合計] の系列が透明になった | 10 [縦（値）軸] を右クリック | 11 [軸の書式設定] をクリック |

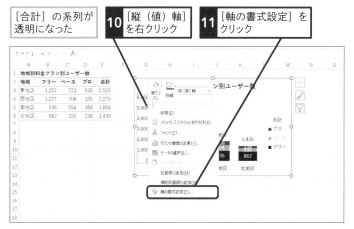

使いこなしのヒント

系列ごとにデータラベルの配置を変えられる

グラフにあらかじめ表示されていたデータラベルの配置が [中央] だったので、合計値は [合計] 系列の棒の中央に表示されます。手順2で [合計] 系列のデータラベルを選択して [内側軸寄り] に配置を変えることで、合計が「プロ」系列のすぐ上の位置に移動します。

●中央　　　　●内部軸寄り

系列の中央に表示される

系列の内側に表示される

使いこなしのヒント

積み上げ横棒グラフにも応用できる

このレッスンの手順は、積み上げ横棒グラフにも使用できます。

積み上げ横棒グラフでも、同様に合計値を表示できる

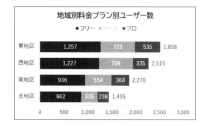

活用編

第5章　棒グラフで大きさや割合の変化を比較しよう

●縦（値）軸の最大値を入力する

[軸の書式設定] 作業ウィンドウが表示された

12 「3000」と入力

13 [閉じる] をクリック

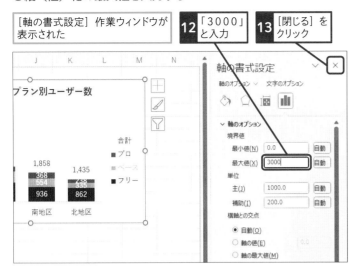

🔆 使いこなしのヒント

データラベルに「合計」の文字を追加するには

以下のように操作すると、[合計] 系列のデータラベルに系列名の「合計」の文字を表示できます。

1 [合計] 系列のデータラベルを右クリック

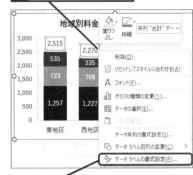

2 [データラベルの書式設定] をクリック

3 [系列名] のここをクリックしてチェックマークを付ける

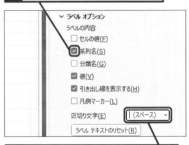

4 [区切り文字] のここをクリックして [（スペース）] を選択

「合計」の文字を追加できた

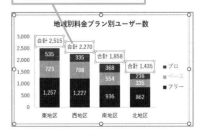

---

3 凡例から「合計」を削除する

縦（値）の軸の最大値が「3000」に変更された

1 [合計] を2回クリック

2 Delete キーを押す

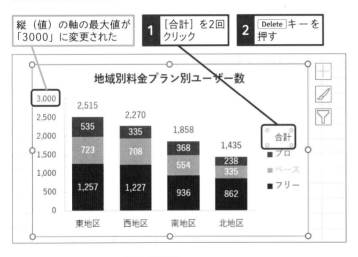

凡例にあった「合計」が削除された

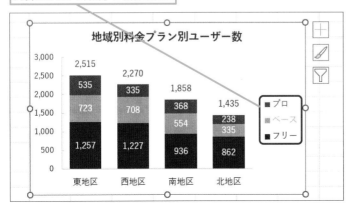

100%積み上げ棒グラフに
パーセンテージを表示するには

パーセントスタイル

練習用ファイル　L49_パーセントスタイル.xlsx

構成比を計算した表からグラフを作る

「100%積み上げ縦棒グラフ」と「100%積み上げ横棒グラフ」は、各要素の全体に占める割合を表すグラフです。グラフ内にデータラベルで割合を表示できると便利ですが、残念なことにデータラベルの表示内容の選択肢に「パーセンテージ」はありません。しかし、パーセンテージ（構成比）を計算した表を用意して100%積み上げ棒グラフを作成すれば解決します。

このレッスンでは、横棒の100%積み上げ棒グラフを例にパーセンテージ（構成比）の表とグラフを作成する方法を説明します。縦棒の場合も同じ要領でグラフを作成して、パーセンテージのデータラベルを表示できます。

🔗 関連レッスン

レッスン23
グラフ上に元データの数値を
表示するには　　　　　　　P.94

レッスン60
項目名とパーセンテージを
見やすく表示するには　　　P.228

🔍 キーワード

絶対参照	P.344
相対参照	P.344
データラベル	P.345
表示形式	P.345
フィルハンドル	P.345

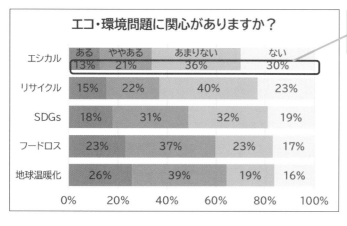

エコ・環境問題に関心がありますか？

	ある	ややある	あまりない	ない
エシカル	13%	21%	36%	30%
リサイクル	15%	22%	40%	23%
SDGs	18%	31%	32%	19%
フードロス	23%	37%	23%	17%
地球温暖化	26%	39%	19%	16%

構成比を求めた表を利用すれば、データラベルに割合を表示できる

Before

ワード	ある	ややある	あまりない	ない
地球温暖化	128	194	97	81
フードロス	115	184	117	84
SDGs	89	154	162	95
リサイクル	76	108	201	115
エシカル	63	105	182	150

After

ワード	ある	ややある	あまりない	ない
地球温暖化	26%	39%	19%	16%
フードロス	23%	37%	23%	17%
SDGs	18%	31%	32%	19%
リサイクル	15%	22%	40%	23%
エシカル	13%	21%	36%	30%

グラフにパーセンテージのデータラベルを表示するために、構成比の表を作成する

※上記のグラフは、練習用ファイルの［書式設定後］シートに用意されています。

1 構成比を計算する

表に入力されているデータを利用して、別の表に構成比を求める

1 セルB11をクリックして選択

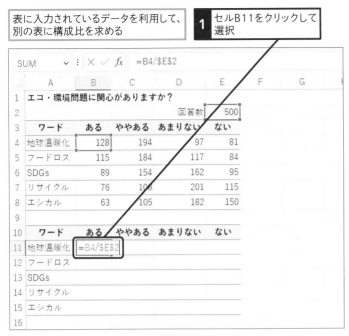

SUM		✕ ✓ fx	=B4/$E$2		
	A	B	C	D	E
1	エコ・環境問題に関心がありますか？				
2				回答数	500
3	ワード	ある	ややある	あまりない	ない
4	地球温暖化	128	194	97	81
5	フードロス	115	184	117	84
6	SDGs	89	154	162	95
7	リサイクル	76	108	201	115
8	エシカル	63	105	182	150
9					
10	ワード	ある	ややある	あまりない	ない
11	地球温暖化	=B4/$E$2			
12	フードロス				
13	SDGs				
14	リサイクル				
15	エシカル				
16					

2 「=B4/$E$2」と入力　　**3** Enter キーを押す

セルの表示形式を変更して数値をパーセンテージで表示する

4 セルB11をクリック

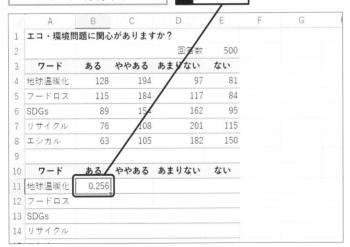

	A	B	C	D	E
1	エコ・環境問題に関心がありますか？				
2				回答数	500
3	ワード	ある	ややある	あまりない	ない
4	地球温暖化	128	194	97	81
5	フードロス	115	184	117	84
6	SDGs	89	154	162	95
7	リサイクル	76	108	201	115
8	エシカル	63	105	182	150
9					
10	ワード	ある	ややある	あまりない	ない
11	地球温暖化	0.256			
12	フードロス				
13	SDGs				
14	リサイクル				

5 [ホーム] タブをクリック　　**6** [パーセントスタイル] をクリック　％

「=B4/$E$2」の意味とは

地球温暖化に関心があると回答した人の割合は、手順1でセルB11に入力する「=B4/E2」という数式で計算できるはずです。しかし、ここでは「=B4/$E$2」という数式を使用しています。これは、数式をコピーして使い回すためのテクニックです。

「B4」のようなセルの指定方法を「相対参照」と呼びます。数式をすぐ下にコピーすると、数式中の「B4」は自動的に1行分ずれて、「B5」に変わります。それに対して、「$E$2」のように「$」を付けてセルを指定する方法を「絶対参照」と呼びます。数式をどこにコピーしても、絶対参照で指定したセル番号はずれません。

つまり、「=B4/$E$2」をすぐ下のセルにコピーすると、数式は「=B5/$E$2」になり、すぐ右のセルにコピーすると「=C4/$E$2」になります。相対参照のセルB4はコピー先に応じて変わりますが、絶対参照のセルE2の参照先は変わらないままです。絶対参照により、各回答を常にセルE2の全回答者数で割って、正しい割合が求められるのです。

セルE2を「$E$2」と指定することで、常にセルE2が参照されるようになる

	ワード	ある	ややある	あまりない	ない
9					
10					
11	地球温暖化	=B4/$E$2	=C4/$E$2	19%	16%
12	フードロス	=B5/$E$2	=C5/$E$2	23%	17%
13	SDGs	18%	31%	32%	19%
14	リサイクル	15%	22%	40%	23%
15	エシカル	13%	21%	36%	30%
16					

次のページに続く ➡

●構成比を求める数式をコピーする

セルB11の数式をセル
B15までコピーする

7 セルB11のフィルハンドルにマウス
ポインターを合わせる

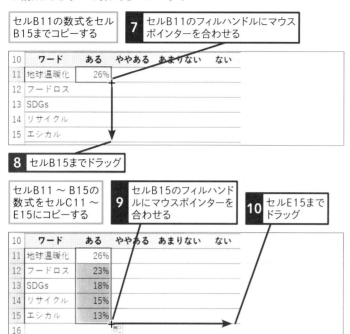

8 セルB15までドラッグ

セルB11 〜 B15の
数式をセルC11 〜
E15にコピーする

9 セルB15のフィルハンド
ルにマウスポインターを
合わせる

10 セルE15まで
ドラッグ

2 100%積み上げ横棒グラフを作成する

セルC11 〜 E15に構成比を
求める数式がコピーされた

1 セルA10 〜 E15を
ドラッグして選択

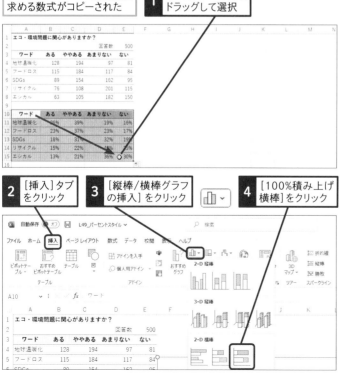

2 [挿入]タブ
をクリック

3 [縦棒/横棒グラフ
の挿入]をクリック

4 [100%積み上げ
横棒]をクリック

使いこなしのヒント

「フィルハンドル」って何?

セルを選択すると、セルの右下隅に小さい四角形のマーク（■）が表示されます。これを「フィルハンドル」と呼びます。フィルハンドルをドラッグすると、隣接するセルに数式をコピーできます。

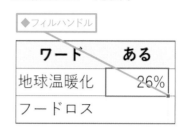

◆フィルハンドル

ここに注意

手順2の操作4で間違って[積み上げ横棒]をクリックしてしまったときは[グラフのデザイン]タブ（Excel 2019/2016の場合は[グラフツール]の[デザイン]タブ）[グラフの種類の変更]ボタンをクリックし、[横棒]にある[100%積み上げ横棒]を選択し直しましょう。

●要素にデータラベルを表示する

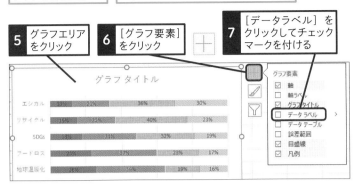

100%積み上げ横棒グラフが作成された	100%積み上げ横棒にデータラベルを追加して、パーセンテージを表示する

5 グラフエリアをクリック

6 [グラフ要素]をクリック

7 [データラベル]をクリックしてチェックマークを付ける

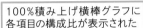

100%積み上げ横棒グラフに各項目の構成比が表示された

必要に応じてグラフの位置や書式を変更しておく

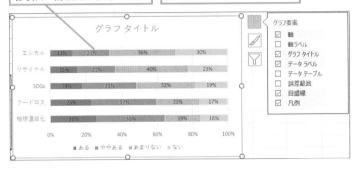

使いこなしのヒント

グラフエリアを選択してデータラベルを追加する

手順2のように、グラフエリアを選択してからデータラベルを追加すると、すべての系列にデータラベルを表示できます。

使いこなしのヒント

表と並べる場合は縦(項目)軸を反転する

作成されるグラフの縦(値)軸の項目の順序は、元表の順序と逆になります。表と同じ順序にするには、レッスン45を参考に[横軸との交点]と[軸を反転する]を設定してください。

👍 スキルアップ

棒の一部に系列名を表示できる

一部の棒に系列名を表示すれば、グラフの棒と凡例を見比べる手間を減らせます。それには、系列名を表示する4つのラベルそれぞれに対して次の操作を行います。

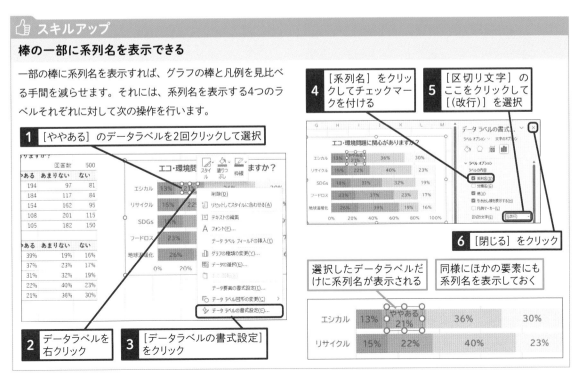

1 [ややある]のデータラベルを2回クリックして選択

2 データラベルを右クリック

3 [データラベルの書式設定]をクリック

4 [系列名]をクリックしてチェックマークを付ける

5 [区切り文字]のここをクリックして[(改行)]を選択

6 [閉じる]をクリック

選択したデータラベルだけに系列名が表示される

同様にほかの要素にも系列名を表示しておく

エシカル	13% ややある 21%	36%	30%
リサイクル	15% 22%	40%	23%

50 上下対称グラフを作成するには

上下対称グラフ

練習用ファイル　L50_上下対称グラフ.xlsx

活用編
第5章　棒グラフで大きさや割合の変化を比較しよう

上下に並べれば売り上げと経費が一目瞭然

「売り上げ」と「経費」や「収入」と「支出」のように正反対の意味を持つ2種類の数値は、上下対称のグラフで表すと正負の関係を強調できます。例えば下の［Before］の表には、売り上げと経費のデータが入力されています。この表から下のグラフのように、売り上げの棒を灰色で上方向に、経費の棒を赤色で下方向に伸ばすグラフを作れば、同じ月の売り上げと経費を対比させやすくなります。［Before］の表を元に上下対称グラフを作成するのは非常に困難ですが、経費を負数に変換すると、驚くほど簡単に上下対称グラフを作成できます。まず、［Before］の表を［After］の表のように修正し、正と負の数値が混じった表から積み上げ縦棒グラフを作成しましょう。すると、正数の棒は上、負数の棒は下に伸びて自動的に上下対称グラフの体裁になります。後は目盛りに振られた負数を正数に見えるよう設定すれば完成です。

🔗 関連レッスン

レッスン64
左右対称の半ドーナツグラフを
作成するには　　　　　　P.244

🔍 キーワード

軸ラベル	P.344
縦（値）軸	P.344
表示形式	P.345
表示形式コード	P.345
横（項目）軸	P.346

売り上げに対して経費がどれくらいかかっているかを上下対称で比較できる

Before

	A	B	C	D	E
1	月別収支				
2			(千円)		
3	月	売上	経費		
4	4月	3,254	1,855		
5	5月	1,874	2,674		
6	6月	4,428	3,304		
7	7月	5,517	2,471		
8	8月	2,257	3,247		
9	9月	6,784	2,017		

After

	A	B	C	D	E
1	月別収支				
2			(千円)		
3	月	売上	経費	経費	
4	4月	3,254	1,855	-1,855	
5	5月	1,874	2,674	-2,674	
6	6月	4,428	3,304	-3,304	
7	7月	5,517	2,471	-2,471	
8	8月	2,257	3,247	-3,247	
9	9月	6,784	2,017	-2,017	

売り上げと経費を比較するために、経費のデータを負数で入力する

※上記のグラフは、練習用ファイルの［書式設定後］シートに用意されています。

1 経費を負数で表示する

C列の経費データをマイナス
表示にする数式を入力する

1 セルD3に「経費」と入力

2 セルD4に「=-C4」と入力

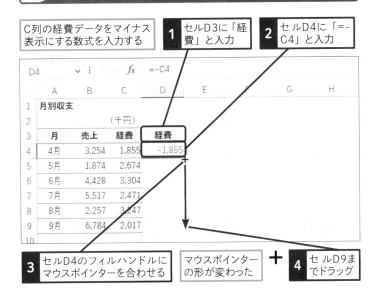

3 セルD4のフィルハンドルにマウスポインターを合わせる

マウスポインターの形が変わった

＋

4 セルD9までドラッグ

2 積み上げ縦棒グラフを作成する

セルA3 〜 B9を選択しておく

1 Ctrl キーを押しながらセルD3 〜 D9をドラッグ

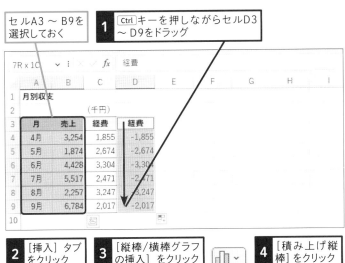

2 [挿入] タブをクリック

3 [縦棒/横棒グラフの挿入] をクリック

4 [積み上げ縦棒] をクリック

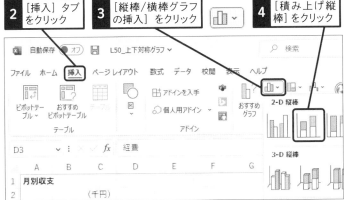

使いこなしのヒント

元表の経費自体を負数に変更するには

手順1ではD列に正負を反転させた経費を入力していますが、[形式を選択して貼り付け] の機能を使うと、元表の経費自体を簡単に負数にできます。

1 「-1」と入力し、セルを右クリック

2 [コピー] をクリック

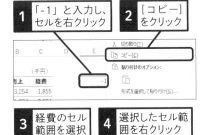

3 経費のセル範囲を選択

4 選択したセル範囲を右クリック

5 [形式を選択して貼り付け] をクリック

6 [値] をクリック

7 [乗算] をクリック

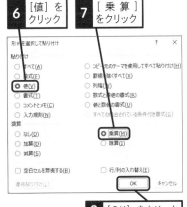

8 [OK] をクリック

経費が負数に変わる

手順1で入力した「-1」を削除しておく

使いこなしのヒント

D列を非表示にしたいときは

D列を非表示にすると、グラフから経費の棒が消えてしまいます。その場合、レッスン34を参考に、非表示のデータをグラフに表示するように設定しましょう。

50

上下対称グラフ

次のページに続く ➡

できる 185

●挿入されたグラフを確認する

グラフが挿入された

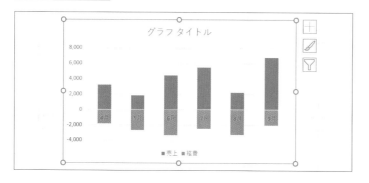

5	グラフエリアをクリック
6	[クイックレイアウト]をクリック
7	[レイアウト2]をクリック

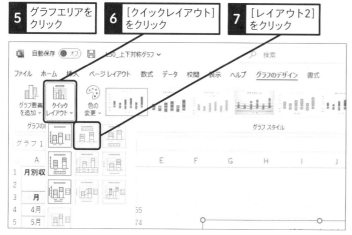

3 目盛りに振られた負数を正数で表示する

縦（値）軸と目盛り線が削除され、
データラベルが表示された

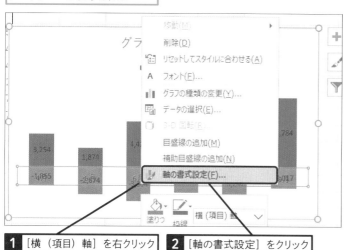

| 1 | [横（項目）軸]を右クリック |
| 2 | [軸の書式設定]をクリック |

💡 **使いこなしのヒント**

項目名とデータラベルの重なりを解消する

手順2操作7で［レイアウト2］を設定するとグラフにデータラベルが追加されますが、［経費］系列のデータラベルが横（項目）軸の「4月」「5月」などの項目名と重なって見づらくなります。そこで、手順3で横（項目）軸の項目名がグラフの下端に移動されるように設定します。

💡 **使いこなしのヒント**

縦（値）軸を表示したいときは

手順1で作成されるグラフの縦（値）軸では、「0」より下の目盛りが負数になります。［レイアウト2］を設定すると縦（値）軸が非表示になりますが、［クイックレイアウト］を使わずに縦（値）軸を表示しておきたい場合は、目盛りの負数を正数で表示しましょう。レッスン43の手順2を参考に［表示形式コード］欄で「#,##0;#,##0」を設定してください。

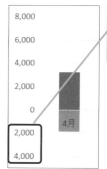

表示形式を設定すると目盛りの負数を正数で表示できる

⚠️ **ここに注意**

手順3でショートカットメニューに［軸の書式設定］が表示されない場合は、間違ってデータラベルを右クリックした可能性があります。その場合、マウスポインターを横（項目）軸の直線に合わせ、ポップヒントに［横（項目）軸］と表示されたのを確認してから右クリックしてください。

●横（項目）軸の位置を選択する

横（項目）軸の項目名が下端に
表示されるように設定する

3 ［ラベル］を
クリック

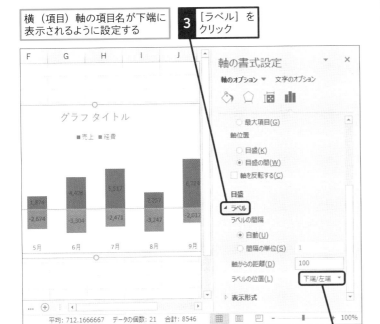

ラベルの設定項目が
表示された

4 ［ラベルの位置］のここをクリックして
［下端/左端］を選択

5 データラベルをクリック

6 ［表示形式］をクリック

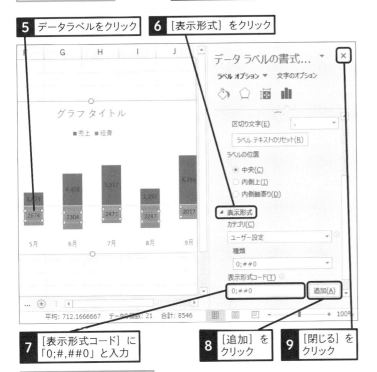

7 ［表示形式コード］に
「0;#,##0」と入力

8 ［追加］を
クリック

9 ［閉じる］を
クリック

負数が正数として表示される

使いこなしのヒント
「0;#,##0」の意味とは

数値の表示形式は、「正数と0の表示形式;
負数の表示形式」のように、正負に分け
て指定できます。「0;#,##0」と設定すると、
負数に「-」の符号を付けずに3けた区切
りで表示できます。

使いこなしのヒント
凡例を右に配置する場合は系列の順序を入れ替えよう

凡例を上や下に配置する場合は凡例項目
が［売上］［経費］の順に並びますが、右
に移動すると［経費］［売上］の順に並び、
棒の並び方と逆になります。レッスン47
を参考に系列の順序を入れ替えると、［売
上］の棒は上向き、［経費］の棒は下向き
のまま、凡例項目の順序だけを［売上］［経
費］の順に変えることができます。

凡例を右に移動すると［経費］［売上］
の順に表示される

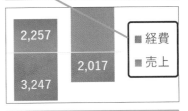

系列の順序を入れ替えると凡例が
［売上］［経費］の順に変わる

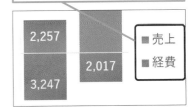

練習用ファイル L51_積み上げ横棒グラフの利用.xlsx

横棒グラフがピラミッドグラフに変身!

男女別、年齢別の人口分布を表す「ピラミッドグラフ」は、統計データやアンケートの集計結果を分析するときによく使用されます。このようなグラフを作成するには、男性の人数を負数、女性の人数を正数で入力した表を用意します。この表を元に積み上げ横棒グラフを作成すると、負数で入力した男性の棒は左方向に、正数で入力した女性の棒は右方向に表示されます。ただし、それだけだと男性の棒と女性の棒が隣り合わせにくっ付いてしまいます。ここでは男性の棒と女性の棒の間に年齢を表示するスペースを作るために、[Before]の表のように[ラベル幅]という列を挿入します。ピラミッドグラフの作成にはたくさんの設定が必要ですが、1つ1つ丁寧に作業すれば、必ず完成にこぎ着けます。

🔗 関連レッスン

レッスン75
ヒストグラムで人数の
分布を表すには   P.292

🔍 キーワード

軸ラベル	P.344
縦(値)軸	P.344
データラベル	P.345
横(値)軸	P.346

Before

アンケート結果の男女比を表すために、男性のデータをマイナス表示にする

年齢を表示するための横棒データを入力する

2	年齢	男性	ラベル幅	女性
3	15 以下	-81	200	86
4	16 ～ 20	-152	200	205
5	21 ～ 25	-243	200	223
6	26 ～ 30	-335	200	381
7	31 ～ 35	-479	200	549
8	36 ～ 40	-518	200	573
9	31 ～ 45	-443	200	514
10	46 ～ 50	-462	200	482
11	51 ～ 55	-379	200	418
12	56 ～ 60	-320	200	327
13	61 ～ 65	-251	200	315
14	66 以上	-264	200	291

→

After

アンケート結果の男女別の分布がピラミッドグラフで表現された

年齢を表示するために積み上げ横棒グラフを利用する

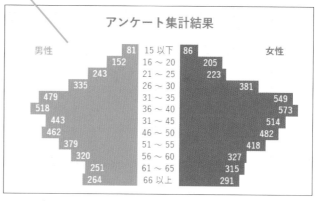

※上記のグラフは、練習用ファイルの[書式設定後]シートに用意されています。

1 ［男性］列のデータの表示形式を変更する

手順1で、C列の［ラベル幅］列に「200」が入力されています。この表から積み上げ横棒グラフを作成すると、男性の棒と女性の棒の間に長さ200の棒が表示されます。この棒は、「16〜20」などの年齢を表示するスペースに使用します。「男性」欄や「女性」欄の値によって「200」の幅は相対的に変わるので、「ラベル幅」にはデータに応じた適切な数値を入力してください。

［男性］列に人数を負数で入力しておく

	A	B	C	D
1	アンケート回収結果	年齢別回答数		
2	年齢	男性	ラベル幅	女性
3	15 以下	-81	200	86
4	16 〜 20	-152	200	205
5	21 〜 25	-243	200	223
6	26 〜 30	-335	200	381
7	31 〜 35	-479	200	549
8	36 〜 40	-518	200	573
9	31 〜 45	-443	200	514
10	46 〜 50	-462	200	482
11	51 〜 55	-379	200	418
12	56 〜 60	-320	200	327
13	61 〜 65	-251	200	315
14	66 以上	-264	200	291
15				

［ラベル幅］列に「200」と入力しておく

［女性］列に人数を入力しておく

マイナスを非表示にするために表示形式を「0;0;0」に設定する

1 セルB3 〜 B14をドラッグして右クリック

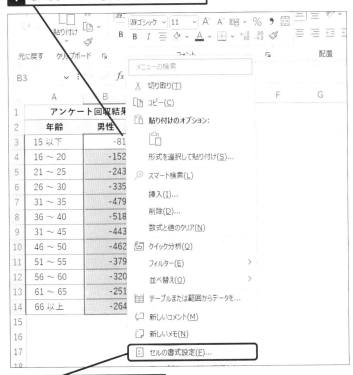

2 ［セルの書式設定］をクリック

このレッスンで作成するグラフの元になる表には、男性の数値が負数で入力されています。男性の数値を正数で入力すると、縦（項目）軸の右側に男性と女性のデータが一緒に積み上げられてしまいます。男性だけ負数にすることで、男性を縦（項目）軸の左側、女性を縦（項目）軸の右側に表示できます。

男性の数値が正数だと、軸の右側に女性と一緒に積み上げられる

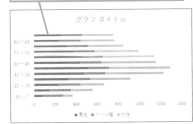

次のページに続く➡

●表示形式を追加する

[セルの書式設定] ダイアログボックスが表示された

3 [ユーザー定義] をクリック　　**4** [種類] に「0;0;0」と入力

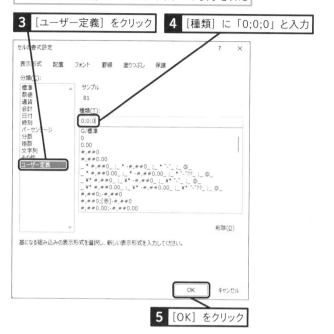

5 [OK] をクリック

2 分布表を元にピラミッドグラフを作成する

1 セルA2 〜
D14をドラッ
グして選択

2 [挿入] タブ
をクリック

3 [縦棒/横棒グラフの
挿入] をクリック

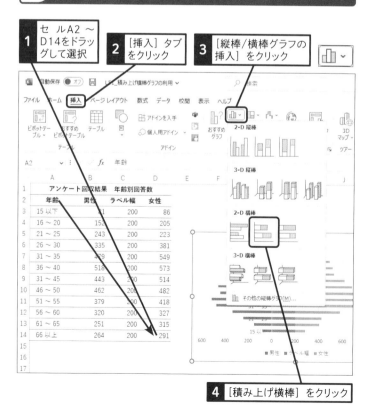

4 [積み上げ横棒] をクリック

使いこなしのヒント

グラフ上の男性の数値も
マイナス記号が非表示になる

手順1の操作3で男性の数値のマイナス記号が非表示になるように設定しました。横（値）軸の目盛りに振られる数値やデータラベルは、元データの表示形式が受け継がれるため、グラフ上でもマイナス記号が非表示になります。

元表の男性の数値のマイナス記号
を非表示にする

	A	B	C	D
1	アンケート回収結果 年齢別回答数			
2	年齢	男性	ラベル幅	女性
3	15 以下	81	200	86
4	16 〜 20	152	200	205
5	21 〜 25	243	200	223
6	26 〜 30	335	200	381
7	31 〜 35	479	200	549

グラフの男性の数値もマイナス記号
が非表示になる

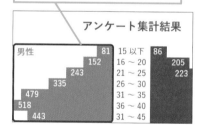

使いこなしのヒント

上下逆さまのグラフが作成される

作成直後のグラフでは、下から上に向かって、年齢が「15以下、16 〜 20、21 〜 25、……、66以上」と並びます。この順序を逆にするために、手順2の操作9で軸を反転します。

年齢が下から上に向かって並んでいる

●横（値）軸の最大値と最小値を設定する

グラフが挿入された

5 横（値）軸を右クリック

6 [軸の書式設定]をクリック

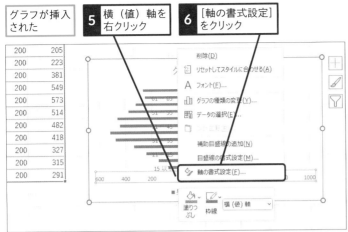

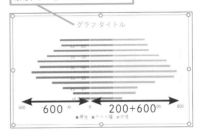
[軸の書式設定]作業ウィンドウが表示された

7 [最小値]に「-600」と入力

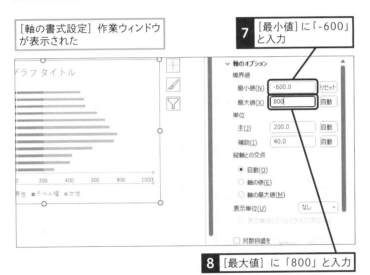

8 [最大値]に「800」と入力

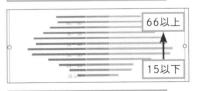
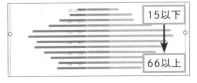
横（値）軸の最小値と最大値が変更された

9 縦（項目）軸をクリック

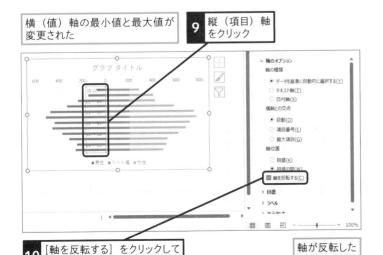

10 [軸を反転する]をクリックしてチェックマークを付ける

軸が反転した

次のページに続く➡

③ 年齢の範囲をデータラベルで表示する

1 [ラベル幅] の系列をクリック

2 [要素の間隔] に「0」と入力

3 [閉じる] をクリック

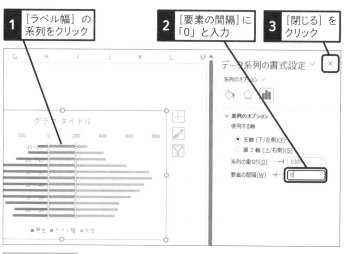

棒がくっ付いた

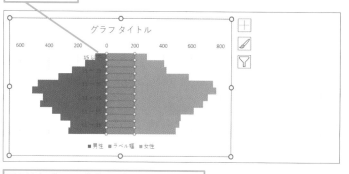

引き続き [ラベル幅] の系列を選択しておく

4 [グラフ要素] をクリック

5 [データラベル] をクリックしてチェックマークを付ける

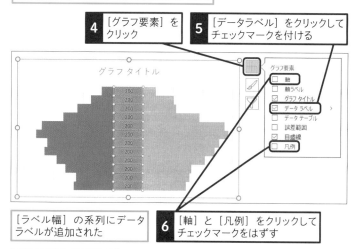

[ラベル幅] の系列にデータラベルが追加された

6 [軸] と [凡例] をクリックしてチェックマークをはずす

軸と凡例が削除された

💡 使いこなしのヒント

棒をすき間なくくっ付ける

手順3の操作2で [要素の間隔] に「0」を設定すると、棒の間隔が「0」になり、棒同士がくっ付きます。

💡 使いこなしのヒント

2つの軸を削除する

手順3の操作6で [軸] のチェックマークをはずすと、グラフから縦（項目）軸と横（値）軸が同時に削除されます。軸が削除されると、グラフの上に表示されている数値と、「15以下」「16 ～ 20」などの年齢が非表示になります。

縦（項目）軸と横（値）軸が削除される

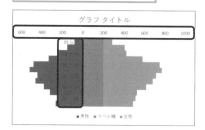

活用編

第5章 棒グラフで大きさや割合の変化の変化を比較しよう

●データラベルに分類名を表示する

7 ［グラフ要素］をクリック ［グラフ要素］が閉じた

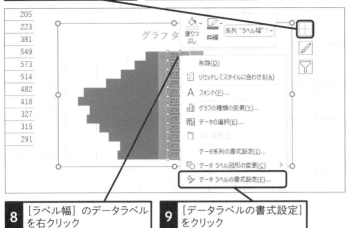

8 ［ラベル幅］のデータラベル
を右クリック

9 ［データラベルの書式設定］
をクリック

次のページに続く➡

使いこなしのヒント

最初はデータラベルに元データの数値が表示される

データラベルを挿入すると、元データの値である「200」がすべてのデータラベルに表示されます。手順3の操作7 ～ 11のように操作すると、元データの値が非表示になり、分類名（元の表の［年齢］列のデータ）が表示されます。

データラベルを追加すると［ラベル幅］列に入力された数値が表示される

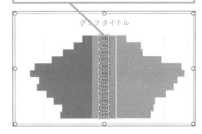

［データラベルの書式設定］作業
ウィンドウが表示された

10 ［分類名］をクリックして
チェックマークを付ける

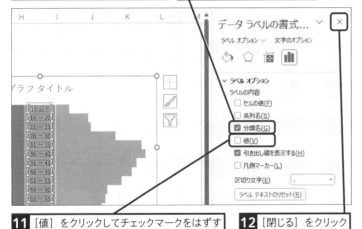

11 ［値］をクリックしてチェックマークをはずす

12 ［閉じる］をクリック

［データラベルの書式設定］作業
ウィンドウが閉じた

13 ［ラベル幅］の系列を
クリック

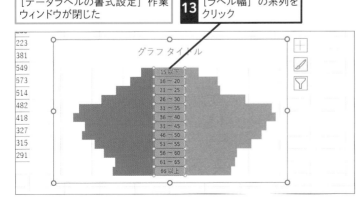

使いこなしのヒント

「男性」「女性」を表示すると分かりやすい

188ページの［After］のグラフでは、左上に「男性」、右上に「女性」と入力されたテキストボックスが配置されています。テキストボックスを配置するには、グラフエリアをクリックして、［書式］タブの［図形の挿入］から［テキストボックス］を選択し、グラフ上をクリックします。クリックした位置にカーソルが表示されるので、文字を入力しましょう。

● ［ラベル幅］の系列を透明にする

14 ［書式］タブをクリック   **15** ［図形の塗りつぶし］のここをクリック

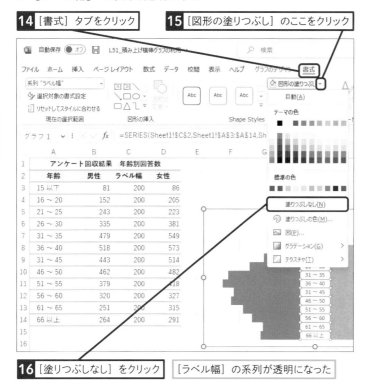

16 ［塗りつぶしなし］をクリック   ［ラベル幅］の系列が透明になった

4 男女の系列にデータラベルを追加する

1 ［男性］の系列をクリック   **2** ［グラフのデザイン］タブをクリック

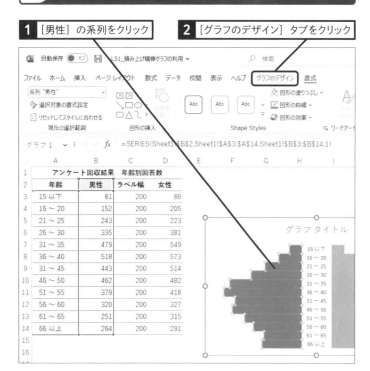

使いこなしのヒント

ラベル幅を負数にする手もある

下図のように、「ラベル幅」「男性」「女性」の順に列を並べ、「ラベル幅」に「-200」と入力された表からグラフを作成する方法もあります。縦（項目）軸の左側に［ラベル幅］系列が表示されるので、「15以下」などの項目名をそのまま使用でき、操作が簡単です。文字の位置は、手順2の操作9の［軸の書式設定］作業ウィンドウの［ラベル］欄にある［軸からの距離］で調整できます。ただし、文字は右揃えで表示されるので、項目名（ここでは「年齢」）の文字数がばらばらの場合は見た目が不ぞろいになります。

「ラベル幅」「男性」「女性」の順に列を並べる

1 「ラベル幅」に「-200」と入力

2 表から積み上げ横棒グラフを作成

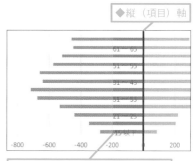

◆縦（項目）軸

［ラベル］幅系列の上に縦（項目）軸の項目名が表示される

●追加するデータラベルの位置を選択する

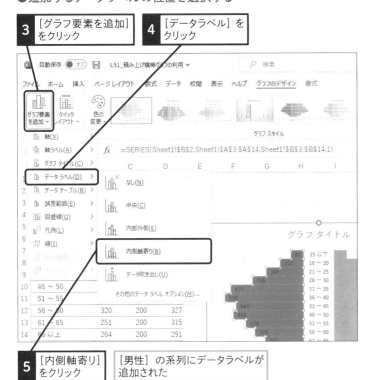

3 [グラフ要素を追加]
をクリック

4 [データラベル] を
クリック

5 [内側軸寄り]
をクリック

[男性] の系列にデータラベルが
追加された

[女性] の系列を選択して、手順4の操作3 ～ 4
を実行して [内部外側] をクリックしておく

必要に応じて書式を
設定しておく

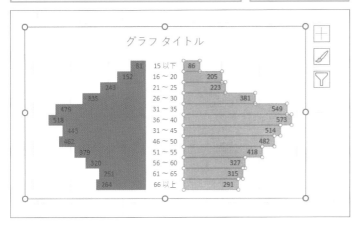

● 使いこなしのヒント

どうして［ラベル幅］の系列を透明にするの?

手順3の操作16で［ラベル幅］の系列を透明にすることで、左に［男性］の横棒グラフ、右に［女性］の横棒グラフというように、2つの別個のグラフが並んでいるように見せられます。

[ラベル幅] の系列を透明にすることで、
グラフが2つあるように見える

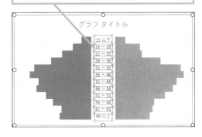

● 使いこなしのヒント

C列を非表示にしたいときは

「ラベル幅」を入力したC列を非表示にすると、グラフから［ラベル幅］系列が消えてしまいます。その場合、レッスン34を参考に、非表示のデータをグラフに表示する設定を行いましょう。

ここでは、C列を
非表示にする

1 C列を右
クリック

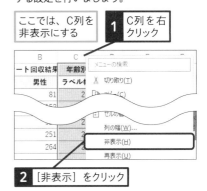

2 [非表示] をクリック

C列を非表示にすると、中央の
系列がなくなってしまう

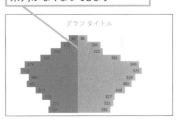

この章のまとめ

見せ方を工夫すれば、もっと効果的に差が伝わる!

棒グラフは非常に表現力に富むグラフで、大小の比較、推移、内訳と、数値をさまざまな形で表せます。中でも一番よく使われるのが、集合縦棒グラフや集合横棒グラフによる数値の大小比較です。棒のサイズがそのまま数値の大きさを表すので、ひと目で各項目の大きさを比較できます。分かりやすく比較するために、棒の太さや色を調整して、見栄えを整えましょう。また、状況に応じて波線で棒の高さを省略したり、基準線を入れたり、絵グラフを作ったりするなど、見やすいグラフになるように工夫しましょう。

積み上げ縦棒グラフと積み上げ横棒グラフは、棒のサイズで数量を表します。項目ごとの合計値とその内訳に注目したいときに使用しましょう。また、100%積み上げ縦棒グラフと100%積み上げ横棒グラフは、棒の内部で構成比を表します。項目ごとの構成比を比べたいときに使用するといいでしょう。

用途や状況に応じて、棒グラフを適切に使い分けて活用してください。

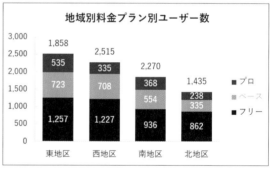

棒グラフは縦／横や集合／積み上げがあって、バラエティ豊かです。

何を伝えたいかに応じて使い分けることが大切ですね。

基準線を入れたり合計を表示したりと、いろんな便利技があるからぜひ利用してくださいね。

手間をかけた結果が目で見えるから、達成感が半端ないです!

活用編

第 **6** 章

折れ線グラフで
変化や推移を表そう

折れ線グラフはデータを線で結んで、連続的な値の変化を表すのに効果的なグラフです。データの変化や推移を時系列で調べたいときに活躍します。この章では、折れ線グラフを効果的に使うワザと見やすくするテクニックを紹介します。

Introduction この章で学ぶこと

数値の変化が分かりやすい折れ線グラフを作ろう

折れ線グラフは、時間の経過とともに数値がどのように変化したのか、その推移を表すグラフです。この章では、折れ線グラフ特有の書式を設定する方法や、背景を塗り分けて折れ線を分かりやすく表示する上級テクニックを紹介します。

折れ線に書式設定して分かりやすさを追求しよう

棒グラフはグラデーションや絵グラフでオリジナリティを発揮できるけど、折れ線グラフは今ひとつどこを工夫すればいいか……。

そう難しく考えずに。「何を伝えたいか」に合わせて工夫すればいいんです。

2023年の売上予測だけ点線にする

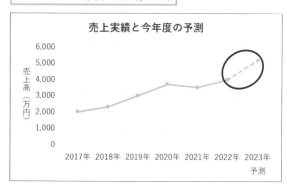

なるほど。2022年までは実績値、2023年は予測値だから、2023年だけを点線にして区別したんですね。

縦の目盛り線を表示する

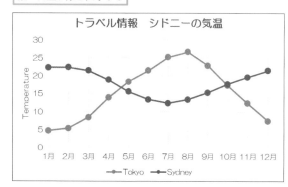

マーカーと月の対応を正確に伝えたいから、縦の目盛り線を引いたんですね!

一歩上を行く背景塗り分けテクニックを使おう

折れ線グラフは背景の余白が大きいから今ひとつインパクトに欠けるんですよね～。

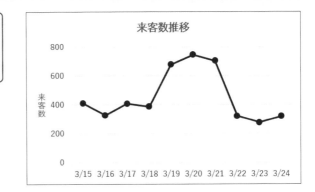

"背景塗り分けテクニック"で大きな余白を活用してみてはどうでしょう？　文字どおり数値の"背景"にある情報を見た目に分かりやすく伝えることができますよ。

3日間の来客数が突出している理由を伝える

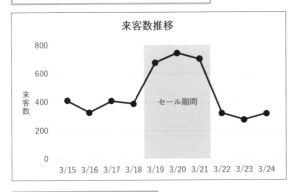

19日から21日に来客数が増えた理由がバッチリ伝わります！

採算ラインの上下で色分けする

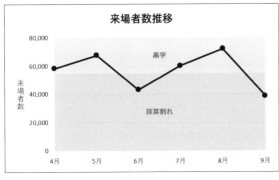

採算ラインを超えているか割っているかひと目で分かりますね♪

背景の塗り分けには「複合グラフ」を利用します。お楽しみに！

レッスン 53 折れ線全体の書式や一部の書式を変更するには

図形の塗りつぶしと枠線

練習用ファイル　L53_図形の塗りつぶしと枠線.xlsx

折れ線の線種を変えて売り上げ予測を目立たせる

折れ線グラフの見栄えを整えたり、データを分かりやすく表示したりするには、書式の設定が不可欠です。このレッスンでは、折れ線全体の色の変更と、折れ線の一部の線種変更を例に、折れ線の書式設定について説明します。

マーカー付き折れ線の場合、書式設定のポイントは枠線と塗りつぶしの両方を設定することです。枠線の設定は、折れ線の線とマーカーの線が対象になります。塗りつぶしの設定は、マーカーが対象になります。

折れ線の一部に、ほかとは異なる色や線種を設定するときは、要素の選択が書式設定のカギとなります。ここでは[After]のグラフのように、2023年の部分だけ折れ線の線種を点線に変えて、この部分が予測データであることを分かりやすくします。

関連レッスン

レッスン11
グラフのデザインをまとめて
設定するには　　　　　　P.56

レッスン54
縦の目盛り線をマーカーと
重なるように表示するには　P.204

キーワード

系列	P.344
データ要素	P.345
マーカー	P.346

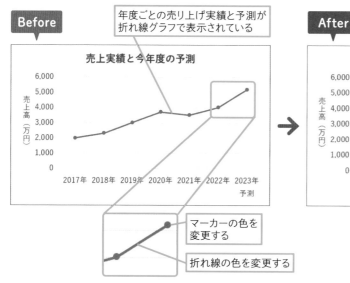

Before 年度ごとの売り上げ実績と予測が折れ線グラフで表示されている

マーカーの色を変更する
折れ線の色を変更する

After 折れ線の一部を点線に変更すれば、2023年度が予測データであることを表せる

マーカーの線も点線に変わる

1 折れ線の色を変更する

折れ線の［売上］の
系列を選択する

1 折れ線を
クリック

2 ［書式］タブを
クリック

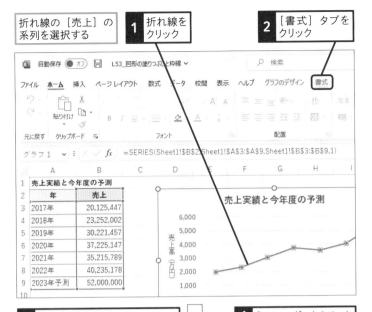

3 ［図形の枠線］のここをクリック

4 ［オレンジ］をクリック

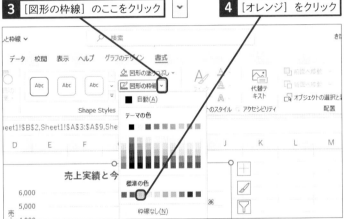

5 ［図形の塗りつぶし］のここをクリック

6 ［オレンジ］をクリック

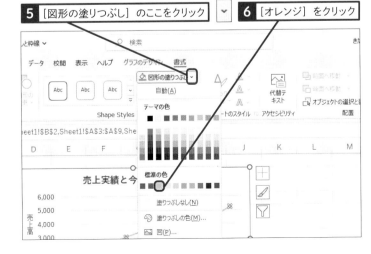

使いこなしのヒント

クリックの回数で選択される
グラフ要素が変わる

折れ線をクリックすると、系列全体が選択されます。マーカーの書式を変更するには、該当するマーカーのみをクリックしてハンドルが表示された状態にします。マーカーを1つ選択すると、マーカーの左にある線も同時に選択されます。

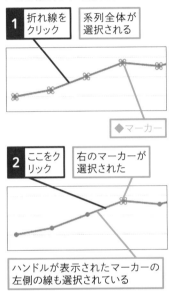

1 折れ線を
クリック

系列全体が
選択される

◆マーカー

2 ここをク
リック

右のマーカーが
選択された

ハンドルが表示されたマーカーの
左側の線も選択されている

使いこなしのヒント

線とマーカーで
それぞれ書式を設定できる

折れ線グラフには、マーカーとマーカーを結ぶ線（図の緑の線）とマーカーを囲む線（図の赤い線）の2種類の線があります。手順1の操作4では、この2種類の線が［オレンジ］に設定されます。また、操作6では、マーカーの内側が［オレンジ］で塗りつぶされます。

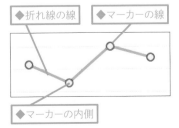

◆折れ線の線　　◆マーカーの線

◆マーカーの内側

次のページに続く→

2 線種を変更する

一番右の[2023年予測]のデータ要素を選択して線種を変更する

1 一番右の折れ線をクリック

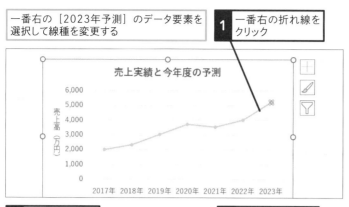

2 [書式]タブをクリック

3 [図形の枠線]のここをクリック

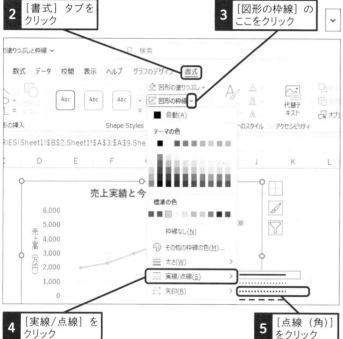

4 [実線/点線]をクリック

5 [点線(角)]をクリック

一番右の折れ線が[点線(角)]に変更された

マーカーの線も点線に変わっている

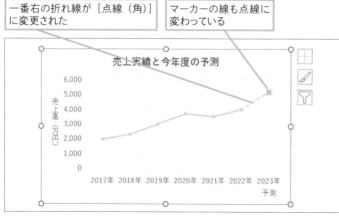

💡 使いこなしのヒント

折れ線とマーカーで個別に書式を設定する

手順2では、[図形の枠線]から線種を選択して折れ線の書式を変更しました。この方法だと、折れ線の線だけでなくマーカーの線も点線になります。このレッスンのサンプルでは、マーカーの枠が細いので点線にしても目立たず、差し支えありません。

同様の操作で、折れ線に矢印を付けることもできます。上昇や下降、横ばいなど、数値の傾向を視覚的に表せます。

1 折れ線のここを2回クリック

2 [書式]タブをクリック

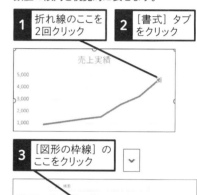

3 [図形の枠線]のここをクリック

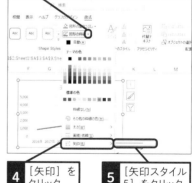

4 [矢印]をクリック

5 [矢印スタイル5]をクリック

6 グラフエリアをクリック

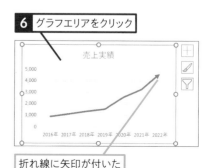

折れ線に矢印が付いた

スキルアップ

マーカーの図形やサイズを変更できる

折れ線グラフのマーカーの設定を変更するには、[データ系列の書式設定]作業ウィンドウの[マーカーのオプション]を使用します。マーカーの図形を三角形やひし形に変えたり、サイズを変更したりすることができます。なお、折れ線グラ

フによっては操作6の[種類]や操作7の[サイズ]が無効になって使用できない場合があります。その場合、[マーカーのオプション]から[組み込み]をクリックすると、使用できるようになります。

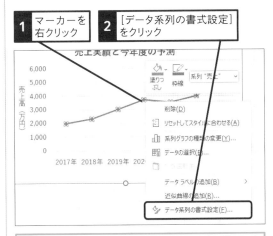

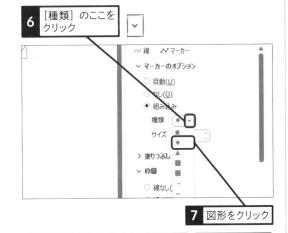

マーカーを選択しにくいときは、69ページの使いこなしのヒントを参考に[系列"売上"]のグラフ要素を選択して、[選択対象の書式設定]をクリックする

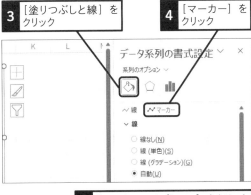

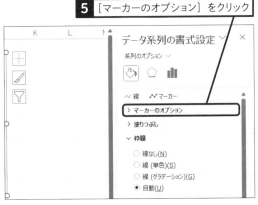

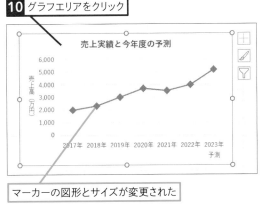

マーカーの図形とサイズが変更された

レッスン
54 縦の目盛り線をマーカーと重なるように表示するには

横（項目）軸目盛線

練習用ファイル　L54_横（項目）軸目盛線.xlsx

左の縦書き：
活用編　第6章　折れ線グラフで変化や推移を表そう

折れ線と項目軸との対応を明確にする縦の目盛り線

折れ線グラフは、「上昇傾向」や「下降傾向」など、全体的な傾向を把握するためによく使用されます。しかしグラフによっては、グラフ上の個々のデータがいつのデータなのか、詳細を確認したいことがあります。そのようなグラフには、データと項目の対応を簡単に目で追えるように、縦に目安となる線があると便利です。縦に引く目盛りの線を横（項目）軸目盛線と言います。

グラフに横（項目）軸目盛り線を表示すると、標準の設定では目盛り線がマーカーとマーカーの間に引かれるので、折れ線の山や谷と重ならず、見た目が不自然になります。ここでは下の［After］のグラフのように、横（項目）軸目盛線を表示する方法と、表示した目盛り線をマーカーと重ねるテクニックを紹介します。

🔗 関連レッスン

レッスン27
目盛りの範囲や
間隔を指定するには　　　P.108

レッスン53
折れ線全体の書式や
一部の書式を変更するには　P.200

レッスン55
折れ線の途切れを
線で結ぶには　　　　　　P.208

🔍 キーワード

補助目盛線	P.346
マーカー	P.346
目盛線	P.346

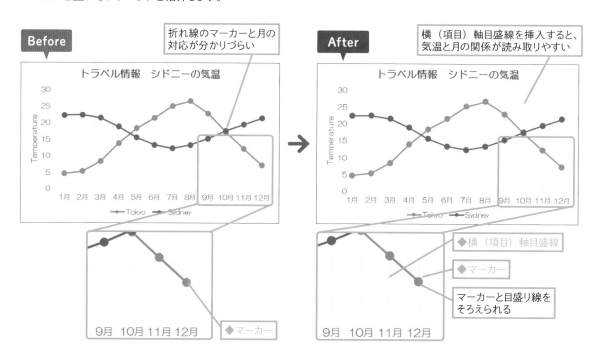

Before
折れ線のマーカーと月の対応が分かりづらい

After
横（項目）軸目盛線を挿入すると、気温と月の関係が読み取りやすい

トラベル情報　シドニーの気温

◆横（項目）軸目盛線
◆マーカー
マーカーと目盛り線をそろえられる

◆マーカー

1 目盛り線を追加する

縦に目安となる目盛り線（横（項目）軸目盛線）を表示する

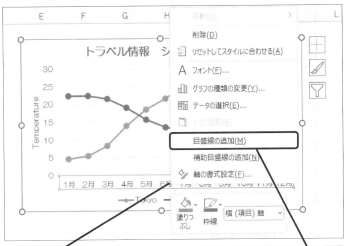

1 横（項目）軸を右クリック

2 [目盛線の追加] をクリック

2 横（項目）軸目盛線とマーカーを合わせる

横（項目）軸目盛線が追加された

◆横（項目）軸目盛線

マーカーと横（項目）軸目盛線が重なっていない

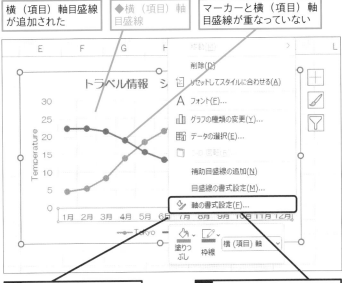

1 横（項目）軸を右クリック

2 [軸の書式設定] をクリック

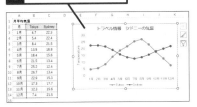

使いこなしのヒント

[グラフ要素] ボタンからも目盛り線を追加できる

グラフを選択すると表示される [グラフ要素] ボタン（□）を使用しても目盛り線を追加できます。

1 グラフエリアをクリック

2 [グラフ要素] をクリック

3 [目盛線] のここをクリック

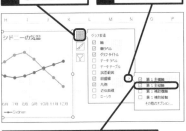

4 [第1主縦軸] をクリックしてチェックマークを付ける

横（項目）軸目盛線が表示される

使いこなしのヒント

降下線で項目軸との対応を表す

横（項目）軸目盛線の代わりに降下線を使用しても、折れ線と項目軸の対応を明確にできます。降下線は、[グラフのデザイン] タブ- [グラフ要素を追加] - [線] - [降下線] から追加できます。

◆降下線

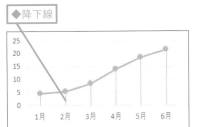

次のページに続く→

●軸の位置を選択する

[軸の書式設定] 作業ウィンドウが表示された

[軸位置] の設定を変更する

3 [目盛] をクリック

4 [閉じる] をクリック

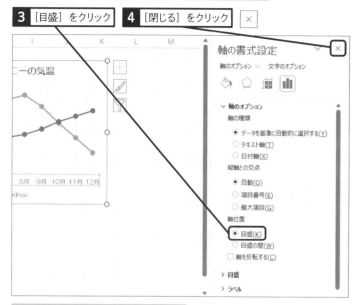

軸位置が変更され、折れ線の両端がプロットエリアいっぱいに配置された

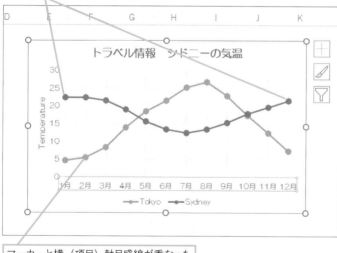

マーカーと横（項目）軸目盛線が重なった

使いこなしのヒント

[目盛の間] と [目盛] の違いとは

手順2の操作3で設定している [軸位置] の [目盛の間] と [目盛] の違いは以下の通りです。

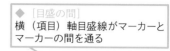

◆ [目盛の間]
横（項目）軸目盛線がマーカーとマーカーの間を通る

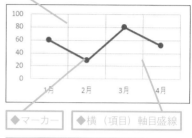

◆マーカー ◆横（項目）軸目盛線

◆ [目盛]
横（項目）軸目盛線がマーカー上を通り、折れ線の両端がプロットエリアの枠いっぱいに広がる

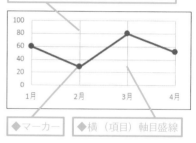

◆マーカー ◆横（項目）軸目盛線

使いこなしのヒント

高低線で複数系列の値の差を強調する

高低線を使用すると、複数のデータ系列のマーカーを線で結んで、値の差を強調できます。高低線は、[グラフのデザイン] タブ-[グラフ要素を追加]-[線]-[高低線]から追加できます。

◆高低線

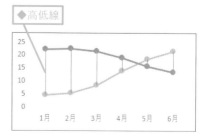

スキルアップ

補助目盛り線で折れ線の数値を読み取る

レッスン27で目盛りの間隔を狭くする方法を紹介しましたが、狭くし過ぎると目盛りに振られる数値が見づらくなります。目盛り線を細かく入れたいときは、以下の手順で操作して、目盛りと目盛りの間に補助目盛り線を入れましょう。数値は補助目盛り線には振られず、目盛り線の位置だけに表示されます。なお、書式を設定するときに補助目盛り線を選択しづらい場合は、[書式] タブにある [グラフ要素] の一覧から [縦（値）軸補助目盛線] を選択しましょう。

補助目盛り線を追加して、数値を読み取りやすくする

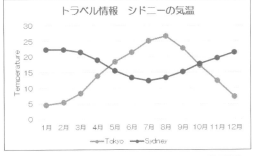

1 縦（値）軸を右クリック
2 [補助目盛線の追加] をクリック

縦（値）軸補助目盛線が表示された

3 縦（値）軸を右クリック

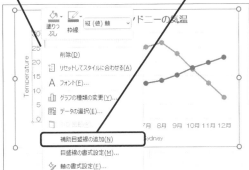

4 [軸の書式設定] をクリック

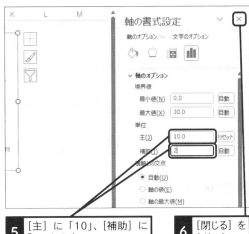

5 [主] に「10」、[補助] に「2」と入力
6 [閉じる] をクリック

7 縦（値）軸補助目盛線をクリック
8 [書式] タブをクリック

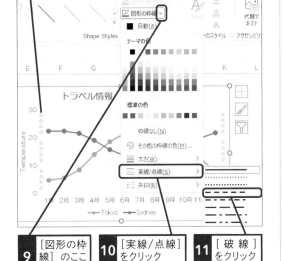

9 [図形の枠線] のここをクリック
10 [実線/点線] をクリック
11 [破線] をクリック

補助目盛線が追加され、グラフの数値が読み取りやすくなる

55 折れ線の途切れを線で結ぶには

空白セルの表示方法

YouTube 動画で見る 詳細は2ページへ

練習用ファイル L55_空白セルの表示方法.xlsx

元データに抜けがあっても、大丈夫

Excelの標準の設定では、元表に抜けがあると、抜けている部分で折れ線が途切れてしまいます。[Before]の表を見てください。[カタログ]系列の2017年の数値が入力されていません。何らかの原因で一部のデータを用意できないこともあるでしょう。そのような表から折れ線グラフを作成すると、[Before]のグラフのように、折れ線が途切れてしまうのです。

折れ線の途切れを解消するには、[データソースの選択]ダイアログボックスを使用します。[データ要素を線で結ぶ]という設定をオンにすれば、[After]のグラフのようにマーカー同士が線で結ばれ、折れ線グラフの体裁が整います。

関連レッスン

レッスン54
縦の目盛り線をマーカーと
重なるように表示するには　　P.204

キーワード

データ要素	P.345
マーカー	P.346

Before

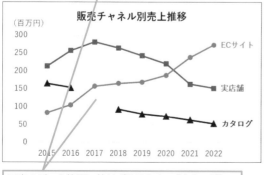

元表のデータ範囲に抜けがあるため、[カタログ]の折れ線が途切れてしまっている

After

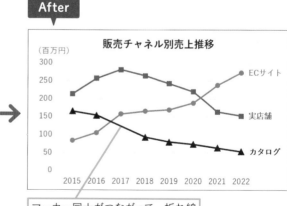

マーカー同士がつながって、折れ線グラフが見やすくなった

1 途切れている折れ線を結ぶ

元表のデータが抜けたために、途切れてしまった折れ線を結ぶ

1 グラフエリアを右クリック

2 [データの選択]をクリック

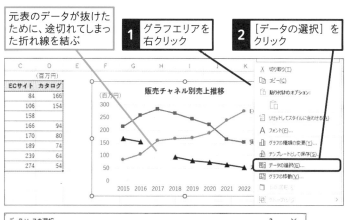

3 [非表示および空白のセル]をクリック

4 [データ要素を線で結ぶ]をクリック

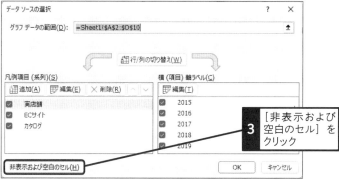

5 [OK]をクリック

[OK]をクリックして[データソースの選択]ダイアログボックスを閉じる

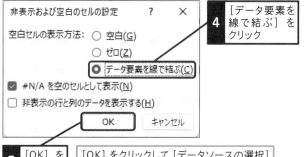

途切れていた折れ線が結ばれた

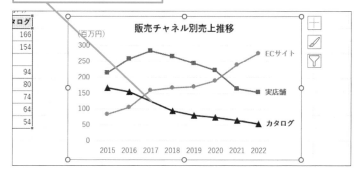

使いこなしのヒント

未入力のセルを「0」と見なすには

操作4の[非表示および空白セルの設定]ダイアログボックスで[ゼロ]を選択すると、空白セルを0と見なして折れ線を結べます。新規契約があった日だけ契約数を記録した表から折れ線グラフを作成するような場合に便利です。

[空白セルの表示方法]が[空白]になっていると、空白の個所で折れ線が途切れる

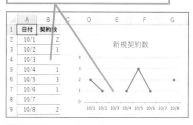

[空白セルの表示方法]を[ゼロ]にすると、0のデータとして折れ線が結ばれる

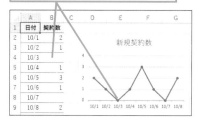

レッスン 56 特定の期間だけ背景を塗り分けるには

縦棒グラフの利用

練習用ファイル L56_縦棒グラフの利用.xlsx

背景の一部を目立たせれば、グラフの状況がさらに伝わる！

折れ線グラフは、時系列のデータを扱うことが多いグラフです。特定の期間だけプロットエリアの色を塗り分けて、その期間にあったイベントや出来事を書き込むと、データの背後にある状況を分かりやすく伝えられます。このレッスンでは、下の［After］のグラフのようにセール期間にだけ色を塗ります。これにより、特定の期間に来客数が増加した理由がひと目で分かります。

特定の期間に色を付けるには、縦棒グラフを利用してプロットエリアを縦に区切るテクニックを使います。セール期間にだけ縦棒をすき間なく表示して、折れ線グラフの背景を塗りつぶします。縦棒グラフは背景としてプロットエリアに馴染むように、控えめな書式を設定しましょう。

関連レッスン

レッスン34
非表示の行や列のデータが
消えないようにするには P.130

レッスン41
棒を太くするには P.152

レッスン57
採算ラインで背景を
塗り分けるには P.216

キーワード

縦（項目）軸	P.344
データ範囲	P.345
プロットエリア	P.345

Before

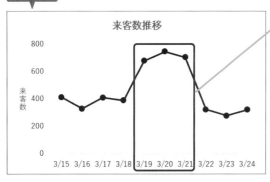

来客数が多い3/19～3/21の期間を
目立たせたい

After

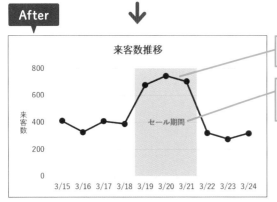

縦棒グラフを追加してプロットエリアを
縦に区切る

来客数が多い3日間が
「セール期間」という
ことがひと目で分かる

1 塗りつぶす期間にデータを追加する

[セール期間] の系列を追加するので、C列にデータを入力する

1 セルC2に「セール期間」と入力

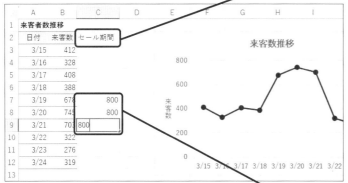

3/19～3/21のグラフを追加するので、セルC7～C9に「800」を入力する

2 セルC7～C9に「800」と入力

3 グラフエリアをクリック

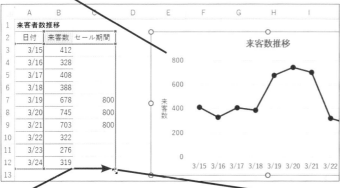

4 ここにマウスポインターを合わせる

5 ここまでドラッグ

2 背景の一部を縦に塗りつぶす

グラフに追加された [セール期間] の系列のグラフの種類を変更する

1 [セール期間] の系列を右クリック

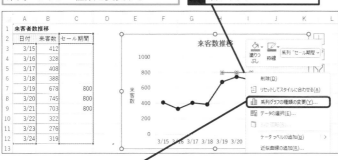

2 [系列グラフの種類の変更] をクリック

使いこなしのヒント

どうして「800」と入力するの?

このレッスンで開く練習用ファイルでは、グラフの縦(値)軸の最大値が「800」になっています。セール期間の3日間についてプロットエリアの上端まで塗りつぶすために、手順1では、セルC7～C9に軸の最大値である「800」を入力します。
また、塗りつぶした背景に「セール期間」の文字を表示するため、セルC2に棒グラフの系列名として「セール期間」と入力します。

使いこなしのヒント

「800」の位置に折れ線グラフが追加される

手順1の操作によって、[セール期間] の折れ線グラフが「800」の位置に表示されます。手順2の操作1～操作4で、[セール期間] の折れ線グラフを縦棒グラフに変更します。

「800」の位置に [セール期間] の折れ線が追加される

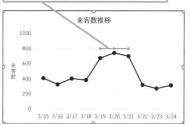

次のページに続く →

●グラフの種類を選択する

[グラフの種類の変更] ダイアログボックスが表示された

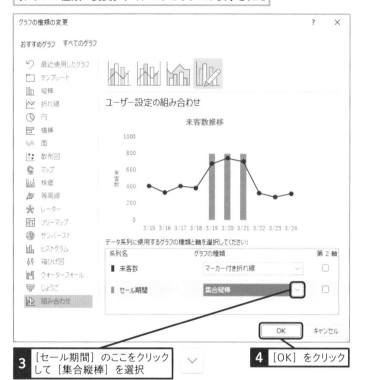

3 [セール期間] のここをクリックして [集合縦棒] を選択

4 [OK] をクリック

| [セール期間] の系列が集合縦棒に変更された | レッスン41と同様に、要素の間隔を狭くして棒グラフを太くする |

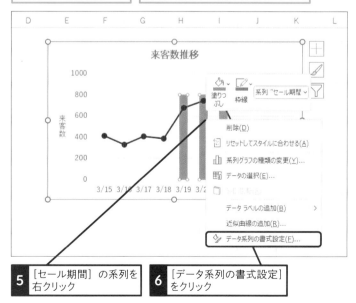

5 [セール期間] の系列を右クリック

6 [データ系列の書式設定] をクリック

集合縦棒は折れ線の背面に表示される

[セール期間] の系列を集合縦棒に変更すると、折れ線の背面に棒グラフが表示されます。縦棒と折れ線の複合グラフでは、必ず折れ線が縦棒の手前に表示される仕組みになっています。

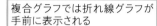

複合グラフでは折れ線グラフが手前に表示される

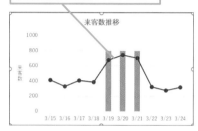

ダブルクリックでも書式設定画面を表示できる

グラフ要素の書式設定画面は、グラフ要素をダブルクリックしても表示できます。例えば、手順2の操作5～6の代わりに [セール期間] の系列をダブルクリックすると、[データ系列の書式設定] 作業ウィンドウを表示できます。

●系列の書式を設定する

[データ系列の書式設定] 作業ウィンドウが表示された

7 [要素の間隔] に「0」と入力

[塗りつぶし] の設定項目を表示する

8 [塗りつぶしと線] をクリック

9 [塗りつぶし] をクリック

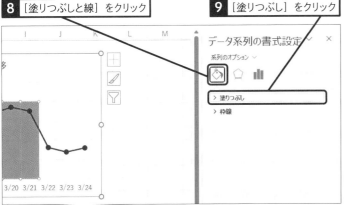

10 [塗りつぶし（単色）] をクリック

11 [塗りつぶしの色] をクリックして [オレンジ、アクセント2、白+基本色60%] を選択

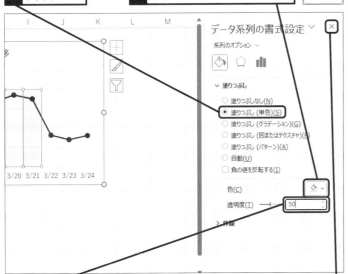

12 [透明度] に「50」と入力

13 [閉じる] をクリック

次のページに続く➡

棒をすき間なくくっ付ける

手順2の操作7では、棒の間隔を「0」にして、棒同士をくっ付けています。3/19〜3/21の3本の棒をくっ付けることで、3/19〜3/21の期間がプロットエリアとは別の色で表示されるようになります。

棒同士がくっ付いた

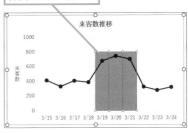

どうして集合縦棒を半透明にするの?

手順2の操作12では、[セール期間] の系列の縦棒の背景を半透明にします。半透明にすると、縦棒の背面にある目盛り線を薄く表示できるからです。

目盛りの線が表示される

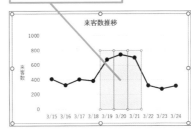

3 プロットエリアの上端まで塗りつぶす

自動で変更された縦（値）軸の最大値を「800」に設定する

1 縦（値）軸を右クリック

2 ［軸の書式設定］をクリック

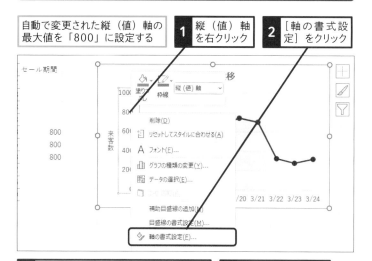

3 ［最大値］をクリックして「800」と入力

4 ［閉じる］をクリック

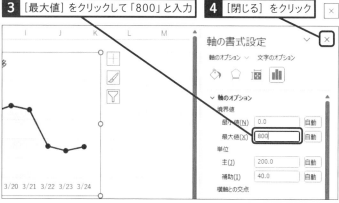

4 塗りつぶした背景に文字を追加する

［セール期間］の系列の真ん中の棒の上に、データラベルを表示する

1 ［セール期間］の系列の真ん中を2回クリックして選択

2 ［セール期間］の系列の真ん中のデータ要素を右クリック

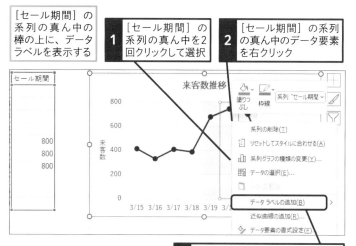

3 ［データラベルの追加］をクリック

どうして縦（値）軸の最大値を変更するの？

縦（値）軸の最大値の既定値は［自動］です。そのため追加した系列の値が「800」だと、軸の最大値が「800」より大きい値に自動的に変わります。これでは棒グラフでプロットエリアの上端まで塗りつぶせないので、手順3で最大値を「800」に戻します。

棒の高さが「800」だと軸の最大値は「800」より大きくなる

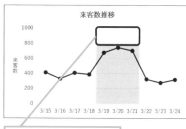

上端まで塗りつぶせない

軸の最大値を「800」に変更

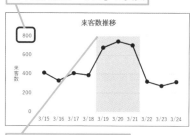

棒でプロットエリアの上端まで塗りつぶされる

真ん中のデータ要素だけを選択しておく

手順4の操作1〜操作4は、真ん中のデータ要素のみが選択された状態で操作します。操作1で真ん中の棒をゆっくり2回クリックし、真ん中の棒の四隅にハンドルが表示されたことを確認してから、以降の操作を進めてください。

●データラベルの値を系列名に変更する

データラベルが追加された	**4** [セール期間]の系列の真ん中のデータ要素を右クリック

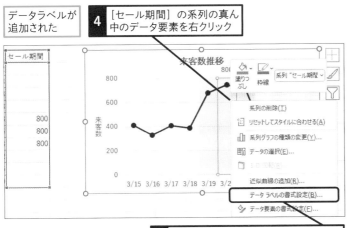

5 [データラベルの書式設定]をクリック

追加されたデータラベルの「800」の値を系列名に変更して、中央に配置する	**6** [系列名]をクリックしてチェックマークを付ける

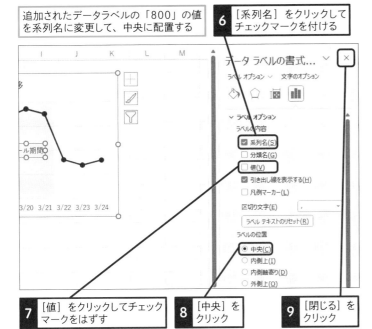

7 [値]をクリックしてチェックマークをはずす	**8** [中央]をクリック	**9** [閉じる]をクリック

[セール期間]の系列名が中央に表示された	データラベルの文字サイズを調整しておく

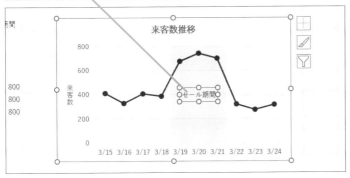

C列を非表示にしたいときは

C列を非表示にすると、背景の塗り分けが消えてしまいます。その場合、レッスン34を参考に、非表示のデータをグラフに表示する設定を行います。

1 列番号Cを右クリック

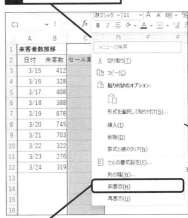

2 [非表示]をクリック

C列が非表示になった	棒グラフが消えてしまった

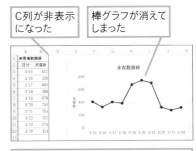

レッスン34を参考に非表示のデータをグラフに表示しておく

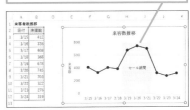

57 採算ラインで背景を塗り分けるには

積み上げ面グラフの利用

来場者数の推移と採算ラインがひと目で分かる

レッスン56では、縦棒グラフを利用して、セールで来客者数が増加した期間の背景を塗り分けました。下のグラフのように、「期間」ではなく「特定の値」を基準に背景を塗り分けるときは、プロットエリアを横に区切る必要があります。プロットエリアを横に区切るには、積み上げ面グラフを利用しましょう。

このレッスンでは、下のグラフのように、来場者数の推移を表す折れ線グラフの背景を塗り分けます。採算ラインの「55,000」を基準に上下を塗り分け、基準より上の月は黒字、下の月は採算割れであることを分かりやすく示します。

以上を実現するワザとして、「来場者数」「採算割れ」「黒字」の3系列から新規に積み上げ面グラフと折れ線グラフの複合グラフを作成します。

関連レッスン

レッスン34
非表示の行や列のデータが
消えないようにするには　　P.130

レッスン56
特定の期間だけ背景を
塗り分けるには　　P.210

キーワード

系列	P.344
縦（値）軸	P.344
データラベル	P.345
複合グラフ	P.345
プロットエリア	P.345
横（項目）軸	P.346

After

積み上げ面グラフを利用すれば、採算ラインを表現できる

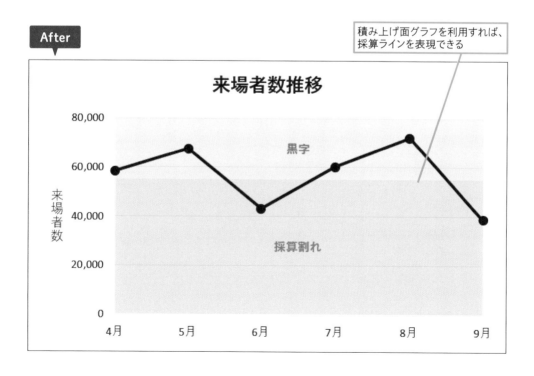

1 折れ線と積み上げ面の複合グラフを作成する

C列に「採算割れ」、D列に「黒字」
のデータを入力する

1 C列に系列名と「採算割れ」
のデータを入力

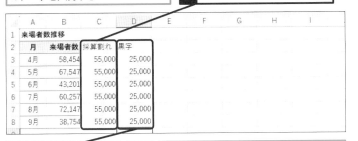

2 D列に系列名と「黒字」のデータを入力

セルC3 〜 D8まで [ホーム] タブ - [桁区切りスタイル] をクリックしてけた区切りを設定しておく

月ごとの来場者数と、それに対する採算割れ、
黒字のデータから面グラフを作成する

3 セルA2 〜 D8を
ドラッグして選択

4 [挿入] タブを
クリック

5 [複合グラフの挿入] を
クリック

6 [ユーザー設定の複合グラフを作成する] をクリック

来場者数をマーカー付き積み上げ
折れ線に、採算割れと黒字を積み
上げ面にそれぞれ設定する

7 [来場者数] のここを
クリックして [マーカー
付き折れ線] を選択

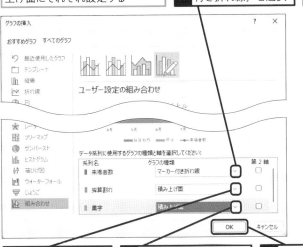

8 [採算割れ] のここ
をクリックして [積
み上げ面] を選択

9 [黒字] のここをクリック
して [積み上げ面] を
選択

10 [OK] を
クリック

使いこなしのヒント

追加データには積み上げる量を入力する

手順1では、背景を塗り分けるための仮のデータをC列とD列に入力しています。仮のデータには、積み上げる量を指定します。このレッスンの例では、[採算割れ]の系列を0から55,000で積み上げたいので「55,000」と入力します。また、[黒字]の系列は55,000から80,000まで積み上げたいので、80,000と55,000の差である「25,000」を入力します。

用語解説

積み上げ面グラフ

積み上げ面グラフとは、1系列目から順にデータを積み上げて各データを結び、それぞれの領域に色を付けるグラフです。各系列の値の変化と、全体量の変化を1つのグラフで表せることが特徴です。
ただし、系列の値の変化が激しいと、その上に重ねられる系列の変化が分かりづらくなります。積み上げ面グラフを作るときは、比較的変化量が少ない系列を下に配置するといいでしょう。

変化の大きい系列を下にすると、
上の系列の変化が見づらい

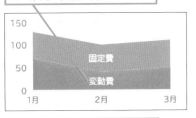

変化が小さい系列を下にすれば、
上の系列の変化が見やすくなる

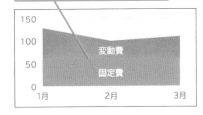

次のページに続く➡

② グラフのレイアウトを整える

複合グラフが作成された | **1** 凡例をクリック | **2** Delete キーを押す

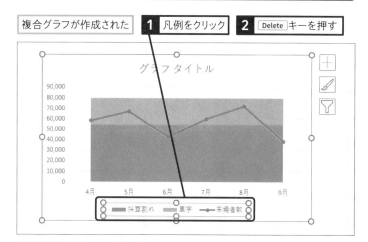

縦（値）軸の最大値を「80000」に設定する

3 縦（値）軸を右クリック | **4** ［軸の書式設定］をクリック

5 ［最大値］に「80000」と入力

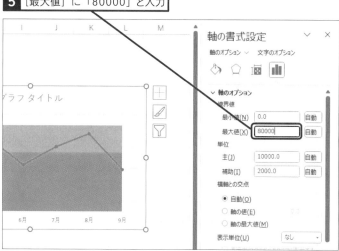

背景の塗り分けの仕組み

手順1の実行直後のグラフは、積み上げ面グラフの上と左右にスペースが生じます。手順2の操作5で縦（値）軸の最大値を「80,000」に変更すると、面グラフがプロットエリアの上端まで広がります。また、手順2の操作7で横（項目）軸の軸位置を［目盛の間］から［目盛］に変更すると、面グラフがプロットエリアの幅いっぱいに広がります。

作成直後のグラフは上と左右に余白がある

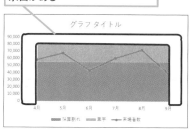

縦（値）軸の最大値を調整すると上の余白を削除できる

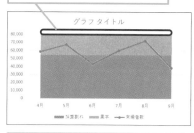

横（項目）軸の軸位置を調整すると左右の余白を削除できる

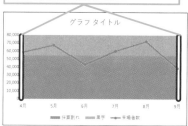

●横（項目）軸の軸位置を設定する

横（項目）軸の軸位置を［目盛］に設定して、グラフが
プロットエリアの左端から始まるようにする

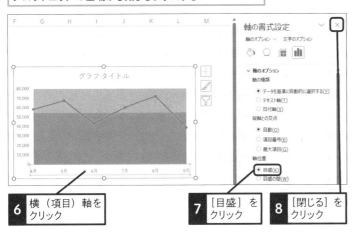

6	横（項目）軸を クリック
7	［目盛］を クリック
8	［閉じる］を クリック

3 面グラフにデータラベルを追加する

［黒字］の系列にデータラベルを追加し、系列名を表示する

| 1 | ［黒字］の系列を右クリック |
| 2 | ［データラベルの追加］をクリック |

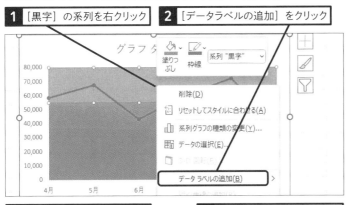

| 3 | 追加されたデータラベルを
右クリック |
| 4 | ［データラベルの書式設定］
をクリック |

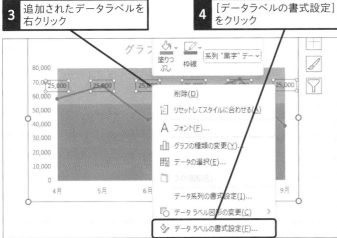

使いこなしのヒント

軸位置をずらして左右の余白を
埋める

［軸位置］の設定が［目盛の間］のままだと、
第1系列の［4月］が縦（値）軸から少し離れ、
グラフとプロットエリアの間に余白が生じ
ます。［目盛］に変更すれば、第1系列の［4
月］が縦（値）軸上に配置され、グラフ
がプロットエリアの左端から始まり、左右
の余白がなくなります。

使いこなしのヒント

面グラフでは系列名が1つだけ
表示される

面グラフでは、データラベルに系列名だ
けを表示すると、面の中央に1つだけ表示
されます。

値のデータラベルは
月ごとに表示される

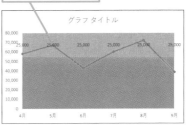

系列名のデータラベルは中央に
1つだけ表示される

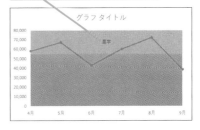

次のページに続く →

●データラベルの値を系列名に変更する

5 ［系列名］をクリックしてチェックマークを付ける

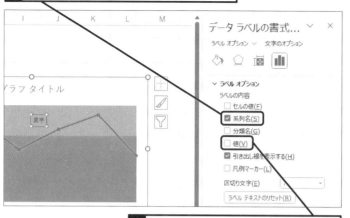

6 ［値］をクリックしてチェックマークをはずす

「黒字」の系列名が追加された

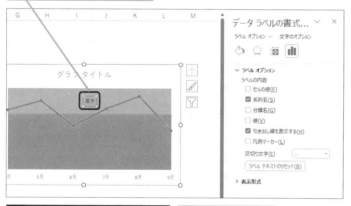

7 同様に［採算割れ］の系列の系列名を設定

必要に応じて書式を整えておく

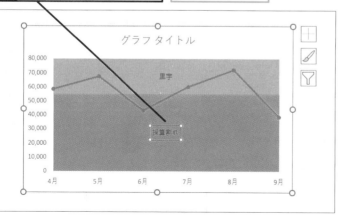

使いこなしのヒント

C～D列を非表示にしたいときは

C～D列を非表示にすると、背景の塗り分けが消えてしまいます。その場合、レッスン34を参考に、非表示のデータをグラフに表示する設定を行います。

使いこなしのヒント

目盛りごとに背景を塗り分けるには

目盛りを読み取りやすくするために、このレッスンの手順と同じ要領で、目盛りごとに背景を塗り分けることもできます。例えば目盛りの範囲が「0」～「800」、目盛り間隔が「100」のダミーデータを6列分入力し、その表から折れ線と積み上げ面の複合グラフを作成します。

1 仮のデータを6列分入力

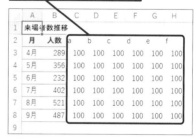

2 このレッスンの手順でグラフを作成

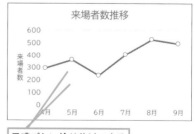

目盛ごとに塗り分けできる

スキルアップ

ファンチャートでデータの伸び率を比較するには

複数の製品の売り上げの伸びを比較したい場合、単純な売上高の折れ線グラフでは比較が困難です。そのようなときは、ある時点の売上高を100%として、その後のデータの変化を折れ線グラフで表すと、どの製品が最も成長しているかが一目瞭然になります。このようなグラフを「ファンチャート」と呼びます。

売上高のデータから折れ線グラフを作成してあるが、どの商品の伸び率が高いのか分かりづらい

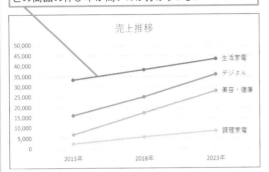

| **1** | セルB10に「=B3/$B3」と入力 | **2** | Enter キーを押す |

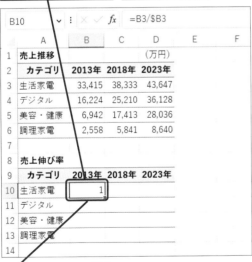

| **3** | セルB10をクリック |

| **4** | [ホーム] タブをクリック | **5** | [パーセントスタイル] をクリック |

| **6** | セルB10のフィルハンドルにマウスポインターを合わせる | **7** | セルD10までドラッグ |

| **8** | セルD10のフィルハンドルにマウスポインターを合わせる | **9** | セルD13までドラッグ |

| **10** | セルA9 ～ D13をドラッグして選択 | **11** | [挿入] タブをクリック |

| **12** | [折れ線/面グラフの挿入] をクリック | **13** | [折れ線] をクリック |

| **14** | [行/列の切り替え] をクリック |

データの伸びがよく分かるようになった

この章のまとめ

グラフのポイントを強調して伝わるよう工夫しよう!

折れ線グラフは、連続的な変化を表すのが得意なグラフです。折れ線の傾きから、データが上昇傾向にあるのか、下降傾向にあるのかが、ひと目で分かります。線の傾きが折れ線を読み取る重要なポイントなので、元表に「抜け」がある場合は、この章で紹介した操作を実行して、折れ線を適切に結びましょう。

折れ線は、線と小さなマーカーから構成されており、それほどインパクトはありません。そのため、背景のプロットエリアに負けない、目立つ書式を設定することが大切です。棒グラフではプロットエリアは棒の陰に隠れますが、折れ線グラフの場合、プロットエリアがほぼ全面見えています。プロットエリアの書式をどのように設定するかが、工夫の見せ所です。特定の期間や特定の数値で背景を塗り分けて、折れ線グラフにプラスアルファの情報を表示したり、縦の目盛り線を表示してデータと項目の対応を明確にするなど、グラフの目的に応じた分かりやすいグラフ作成を心がけてください。

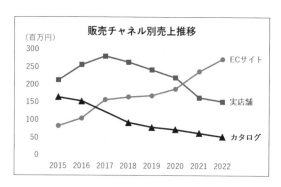

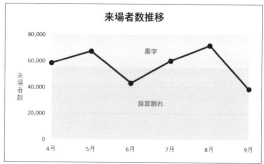

折れ線グラフは地味な印象があったけど、線を太くしたりマーカーを大きくしたりするとメリハリが出ますね。

折れ線の一部だけ色や線種を変えて、部分的に目立たせることもできますよ。

複合グラフを利用した背景の塗り分けテクニックには驚きました!

そのテクニックを応用すれば、縦縞や横縞の背景も作れます。いろんなアイデアを練るのもグラフ作りの楽しみですね。

活用編

第**7**章

円グラフで割合を表そう

円グラフは、系列全体の大きさを1つの円で表し、各データの比率を扇形の大きさで表すグラフです。全体に対する各要素の割合を表現したいときに使用します。系列が複数あるときは、ドーナツグラフを使うと各系列の構成比を効果的に比較できます。この章では、円グラフとドーナツグラフに関するテクニックを紹介します。

Introduction **この章で学ぶこと**

内訳がひと目で分かる円グラフを作ろう

「円グラフ」と聞くと、円をピザのように切り分けた単純なグラフを思い浮かべる人が多いのではないでしょうか。しかし、実は円グラフの表現力は豊かです。この章ではさまざまな円グラフを紹介します。

円グラフ作成のコツをつかもう

円グラフがいい感じに出来上がりました♪

いい感じ? ごちゃごちゃして見づらいけど……。

	A	B
1	製品別売上構成	
2		
3	製品	売上高
4	DK-101	171,048
5	DK-425	504,894
6	TK-611	173,054
7	TK-628	324,942
8	YK-101	65,274
9	YK-102	42,113
10	YK-103	20,124
11	YK-104	9,633
12		

製品別売上構成

見やすい円グラフを作るコツを伝授しましょう。
ひとつ、表の数値を大きい順に入力しておくこと!
ひとつ、小さい数値は「その他」にまとめること!

小さい数値を「その他」にまとめる

数値を大きい順に入力する

	A	B
1	製品別売上構成	
2		
3	製品	売上高
4	DK-425	504,894
5	TK-628	324,942
6	TK-611	173,054
7	DK-101	171,048
8	その他	137,144
9		
10		
11		

製品別売上構成

すっきり見やすい!

扇形を切り離すこともできるんですね!

円グラフの仲間を使いこなそう

円グラフの仲間に、補助縦棒付き円グラフやドーナツグラフがあります。
いろいろ面白いグラフが作れますよ！

補助縦棒で「当社」の内訳を表示

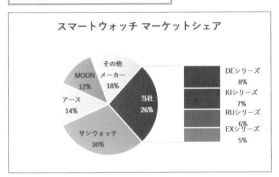

自社のシェアの内訳がひと
目で分かりますね！

固定費と変動費の内訳が階層
表示されているんですね。

二重のドーナツグラフで階層構造を表示

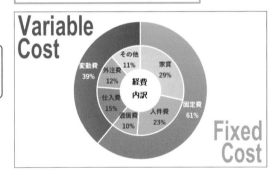

半ドーナツグラフで男女のデータを対比

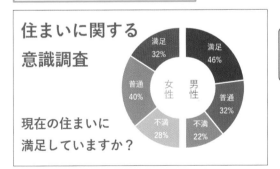

男女の比率を対比しやすい
です！

メーターのようなグラフを作成する

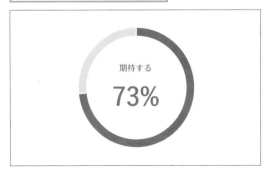

ドーナツグラフを応用すれば、
メーターのようなグラフを作成
できますよ。

レッスン 59 円グラフから扇形を切り離すには

データ要素の切り離し

練習用ファイル　L59_データ要素の切り離し.xlsx

活用編 第 7 章 円グラフで割合を表そう

注目してほしい要素を切り離して目立たせる

円グラフの扇形は、円の外側に切り離して表示できます。切り離した扇形はひときわ目立つので、競合他社のグラフの中で自社のデータに注目を集めたいときや、特に力を注いでいる商品のデータを強調したいときに効果的です。このレッスンでは、扇形を切り離す方法を紹介しますが、その前に円グラフは円全体が1つの系列であることと、個々の扇形が系列を構成するデータ要素であることを頭に入れておきましょう。下の［Before］のグラフは、5つのデータ要素（扇形）からなる［売上高］という系列で構成されています。円グラフから扇形を切り離すには、切り離す扇形の選択、つまり「データ要素の選択」がポイントになります。円グラフで特定の要素を強調するときに欠かせないテクニックなので、ぜひマスターしてください。

関連レッスン

レッスン13
データ系列やデータ要素の色を
変更するには　　　　　　　　P.60

キーワード

系列	P.344
データ要素	P.345

Before

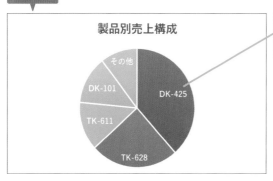

製品の売上比率を表す円グラフで、［DK-425］という製品のデータ要素をさらに目立たせたい

After

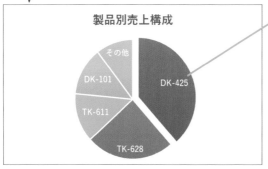

切り離したことで、［DK-425］という製品のデータ要素がより目立つ

1 特定のデータ要素を切り離す

円グラフをク
リックして系
列を選択する

円グラフを1回クリックすると、
円全体（［売上高］の系列）
が選択される

1 ［売上高］の
系列をクリック

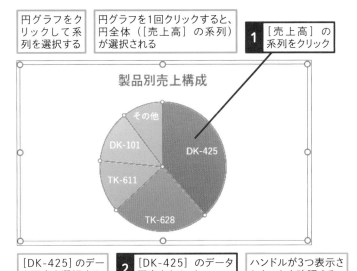

製品別売上構成

その他
DK-101
TK-611
TK-628
DK-425

［DK-425］のデー
タ要素を選択する

2 ［DK-425］のデータ
要素をクリック

ハンドルが3つ表示さ
れたことを確認する

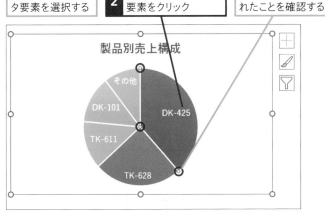

製品別売上構成

その他
DK-101
TK-611
TK-628
DK-425

［DK-425］のデータ要素が選択された

3 ここにマウスポイン
ターを合わせる

マウスポインターの
形が変わった

4 ここまで
ドラッグ

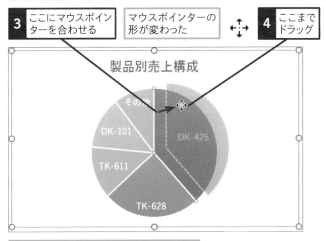

製品別売上構成

その他
DK-101
TK-611
TK-628
DK-425

［DK-425］のデータ要素が切り離される

59

データ要素の切り離し

🔆 使いこなしのヒント

事前にデータ要素を選択しておく

扇形を切り離すには、事前にデータ要素
を選択します。系列を選択した状態でい
ずれかの扇形をドラッグすると、すべての
扇形が切り離されてしまうので注意してく
ださい。

🔆 使いこなしのヒント

円グラフを作成するコツとは

項目の順番に特に意味がない限り、元表
のデータは値の大きい順に入力しましょ
う。そうすれば円グラフの扇形が大きい
順に並び、自然な見た目に仕上がります。
データが小さい順に入力されているとき
は、数値が入力されているセルをクリッ
クして、降順で並べ替えましょう。なお、
小さい数値の項目は、合計して「その他」
にまとめておくと、円グラフが雑然として
しまうのを防げます。

数値が入力されたセルをクリックして
選択しておく

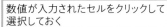

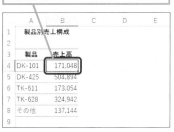

	A	B	C	D	E
1	製品別売上構成				
2					
3	製品	売上高			
4	DK-101	171,048			
5	DK-425	504,894			
6	TK-611	173,054			
7	TK-628	324,942			
8	その他	137,144			
9					

1 ［並べ替えとフィルター］をクリック

2 ［降順］を
クリック

数値が降順に
並べ替わる

項目名とパーセンテージを見やすく表示するには

円グラフのデータラベル

YouTube動画で見る

詳細は2ページへ

練習用ファイル　L60_円グラフのデータラベル.xlsx

活用編

第7章　円グラフで割合を表そう

円グラフには項目名と割合を表示するのが鉄則

円グラフは、系列全体の合計値を100%として、各項目の比率を扇形で表すグラフです。扇形の大きさや角度を見れば、おおよその比率を判断できますが、比率の数値をきちんと伝えたいときは、円グラフにパーセンテージを表示しましょう。同時に項目名も表示すれば、より分かりやすいグラフになります。

下の［Before］のグラフは、凡例に項目名を表示しているだけの円グラフです。項目名を凡例と照らし合わせるのが面倒な上、正確な割合も分かりません。［After］のグラフはデータラベルを表示しているので、製品名と売り上げの割合がひと目で分かります。データラベルは扇形の外側や内側など表示する位置を選べるので、バランスのいい位置に表示しましょう。

🔗 関連レッスン

レッスン23
グラフ上に元データの数値を
表示するには　　　　　　　P.94

レッスン49
100%積み上げ棒グラフに
パーセンテージを表示するには　P.180

🔍 キーワード

区切り文字	P.343
データラベル	P.345
分類名	P.345

Before

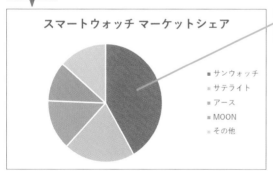

各項目がどれくらいの割合を占めているのか、よく分からない

After

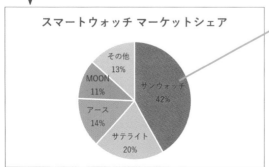

グラフに項目名とパーセンテージを表示すれば、売り上げの割合がひと目で分かる

1 円グラフにデータラベルを表示する

1 凡例をクリック　**2** Delete キーを押す

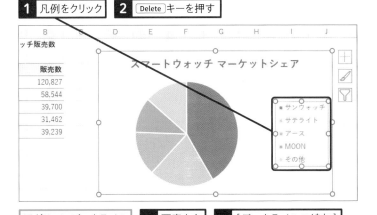

円グラフにデータラベルを表示する　**3** 要素を右クリック　**4** [データラベルの追加]をクリック

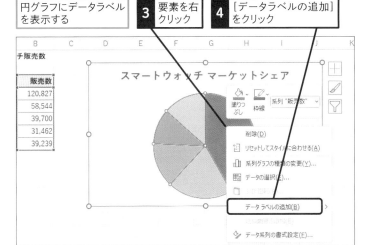

続けてデータラベルの設定を変更する　**5** データラベルを右クリック　**6** [データラベルの書式設定]をクリック

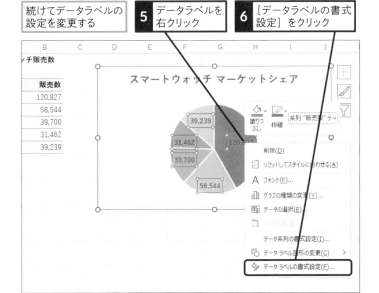

次のページに続く ➡

使いこなしのヒント

ボタンをクリックしてレイアウトを変更する方法もある

[クイックレイアウト] ボタンを使用して項目名とパーセンテージを一気に表示する方法もあります。ただし、すでに設定済みのレイアウトがリセットされてしまうので注意してください。

1 グラフエリアをクリック　**2** [グラフのデザイン] タブをクリック

3 [クイックレイアウト] をクリック

4 [レイアウト1] をクリック

グラフに項目名とパーセンテージが表示される

使いこなしのヒント

元表でパーセンテージを計算しなくてもいい

円グラフ上では、パーセンテージを自動的に算出します。元表でパーセンテージを計算する必要はありません。

2 データラベルに表示する内容を選択する

ここでは、[分類名] と [パーセンテージ] を選択してメーカー名と売り上げの割合を表示する

1 [分類名] をクリックしてチェックマークを付ける

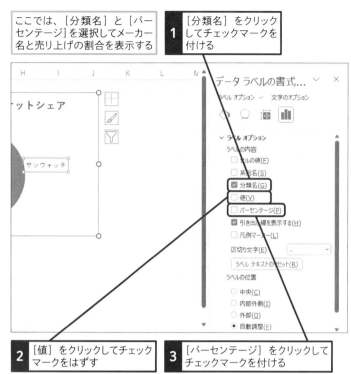

2 [値] をクリックしてチェックマークをはずす

3 [パーセンテージ] をクリックしてチェックマークを付ける

続けてラベルの区切り文字と位置を設定する

4 [区切り文字] のここをクリックして [(改行)] を選択

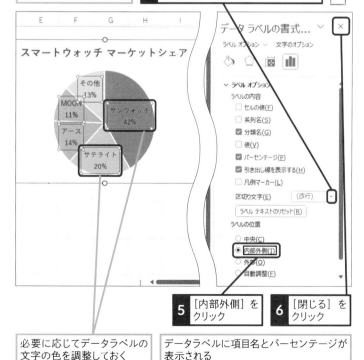

5 [内部外側] をクリック

6 [閉じる] をクリック

必要に応じてデータラベルの文字の色を調整しておく

データラベルに項目名とパーセンテージが表示される

活用編

第7章 円グラフで割合を表そう

使いこなしのヒント

データラベルを追加すると元データの数値が表示される

データラベルを追加すると自動的に元データの数値が表示されます。項目名やパーセンテージを表示するには、手順2のように [データラベルの書式設定] 作業ウィンドウで、表示内容を設定し直す必要があります。

使いこなしのヒント

データラベルを個別に選択して書式を設定できる

データラベルの文字は、データ要素の色に応じて見やすい色に変更しましょう。データラベルを1回クリックすると、すべてのデータラベルが選択されます。もう1回クリックするとクリックしたデータラベルだけを選択できるので、その状態で色を変更します。

1回クリックするとすべてのデータラベルが選択される

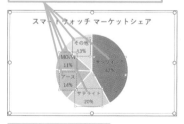

もう1回クリックすると1つだけ選択される

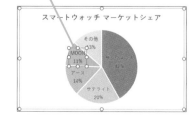

グラフを回転して半円グラフを作成するには

円グラフやドーナツグラフを利用すると、半円グラフを作成
できます。元表の合計を含めたセル範囲を選択してグラフを
作成し、270度回転することがポイントです。

合計を含めたセルA3 〜 B7から
ドーナツグラフを作成しておく

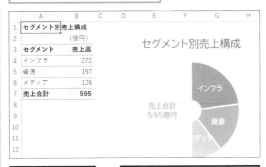

グラフが270度
回転した

5 「売上合計」のデータ
要素をクリック

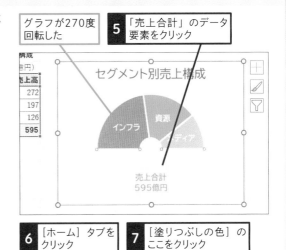

1 データ系列を
右クリック

2 [データ系列の書式設定]
をクリック

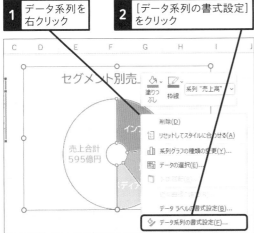

6 [ホーム] タブを
クリック

7 [塗りつぶしの色] の
ここをクリック

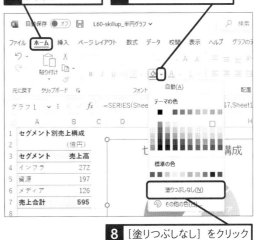

8 [塗りつぶしなし] をクリック

[売上合計] のデータ
要素が透明になった

データラベルの書式と
配置を整えておく

3 [グラフの基線位置] に
「270」と入力

4 [閉じる] を
クリック

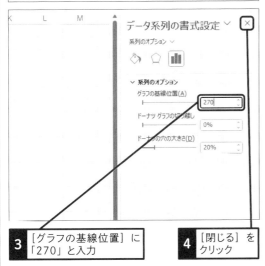

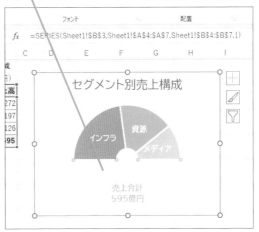

61 円グラフの特定の要素の内訳を表示するには

補助縦棒付き円グラフ

練習用ファイル L61_補助縦棒付き円グラフ.xlsx

活用編 第7章 円グラフで割合を表そう

要素の内訳を表示して売れ筋商品を分析できる

円グラフの仲間に、「補助縦棒付き円グラフ」と「補助円グラフ付き円グラフ」があります。いずれも円グラフの中の特定の要素について、その内訳を補助グラフで表示するものです。比率が小さい要素まで見やすくグラフに表示したいときや、注目する要素についてさらにその内訳を掘り下げたいときに利用します。

このレッスンでは、スマートウォッチのマーケットシェア全体を表す円グラフのうち、自社のシェアの内訳を「補助縦棒グラフ」で表示します。表から補助縦棒付き円グラフを作成すると、表の末尾の数項目が自動的に「その他」としてまとまり、補助グラフに切り出されます。したがって、補助グラフで表示したい項目を、表の末尾に入力しておくようにしましょう。ここでは、円グラフに表示する項目の表の下に、補助グラフに表示する項目の表を入力しておき、その2つの表を元に補助縦棒付き円グラフを作成します。

関連レッスン

レッスン63
分類と明細を二重のドーナツ
グラフで表すには   P.240

キーワード

クイックレイアウト	P.343
データ要素	P.345
データラベル	P.345

After

「当社」の内訳としてスマートウォッチのシリーズ別販売数の割合を表示できる

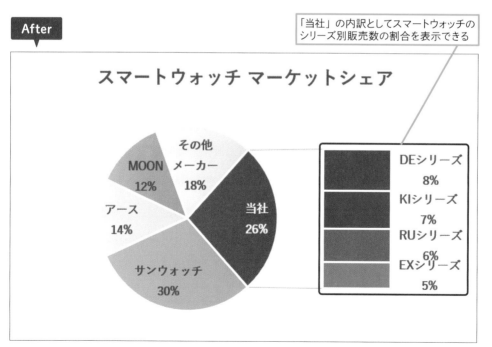

※上記の[After]のグラフは、練習用ファイルの[書式設定後]シートに用意されています。

1 補助縦棒付き円グラフを挿入する

ここでは、2つの表を選択して補助棒付き円グラフを作成する

[当社] の項目（セルA8 ～ B8）以外を選択する

1 セルA3 ～ B7をドラッグして選択

見出しの項目（セルA11 ～ B11）以外を選択する

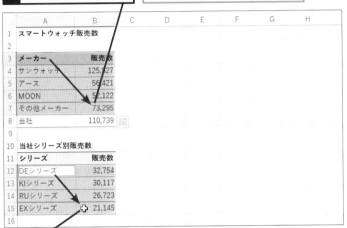

2 Ctrl キーを押しながら、セルA12 ～ B15をドラッグして選択

ここでは、[補助縦棒付き円] を選択する

3 [挿入] タブをクリック

4 [円またはドーナツグラフの挿入] をクリック

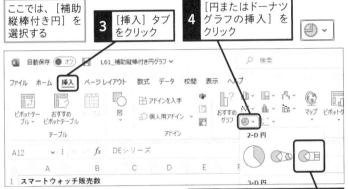

5 [補助縦棒付き円] をクリック

レイアウトを変更してデータラベルを追加する

6 [グラフのデザイン] タブをクリック

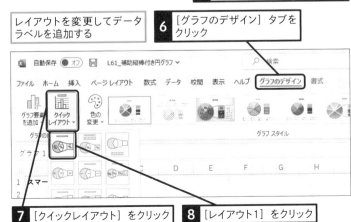

7 [クイックレイアウト] をクリック

8 [レイアウト1] をクリック

使いこなしのヒント

メーンのデータと補助のデータは同じ系列になる

補助縦棒付き円グラフは、補助縦棒と円グラフの全要素を合わせて1つの系列になります。下のような1つの表から [補助縦棒付き円] を作成してもかまいません。

1つの表の場合は、セルA3 ～ B11を選択して補助縦棒付き円グラフを作成する

補助縦棒グラフで表示する項目を表の下に入力しておく

⚠ ここに注意

間違ってセルA8 ～ B8やセルA11 ～ B11などを含めた範囲を選択してグラフを作成してしまった場合は、グラフを選択して Delete キーを押して削除し、あらためて操作1から操作をやり直しましょう。

使いこなしのヒント

選択範囲に注意しよう

操作1 ～ 2で2つのセル範囲を同時に選択しますが、選択範囲をつなげたときに上の使いこなしのヒントのような1つの表になるように選択します。セルA8 ～ B8の「当社」と、セルA11 ～ B11の見出しの項目は選択に含めないようにしてください。

次のページに続く ➡

2 補助縦棒に表示するデータ数を指定する

[DEシリーズ]のデータ要素が円グラフに表示された

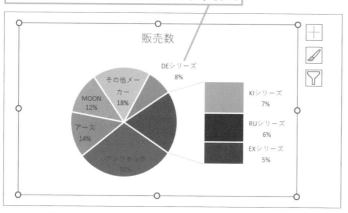

[DEシリーズ]のデータ要素は「当社」の
内訳に含まれるため、補助縦棒へ移動する

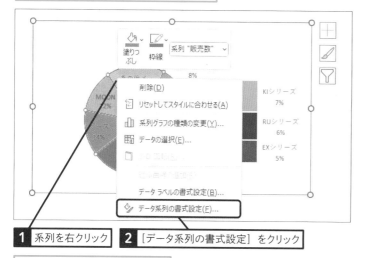

1 系列を右クリック　　2 [データ系列の書式設定]をクリック

データ要素を補助縦棒に移動する

3 [補助プロットの値]
　に「4」と入力

4 [閉じる]を
　クリック

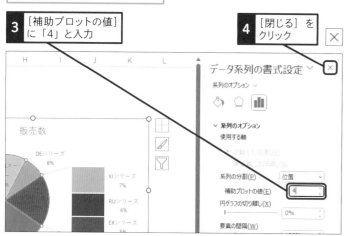

使いこなしのヒント

[レイアウト1]を利用して
データラベルを追加する

前ページの操作8で[レイアウト1]を設
定すると、グラフにデータラベルが追加さ
れ、分類名とパーセンテージが表示され
ます。

使いこなしのヒント

補助グラフのデータ数

補助縦棒付き円グラフでは、元表の下か
ら数個のデータが自動で補助グラフに配
置されます。配置されるデータ数が目的と
違った場合は、手順2のように[補助プロッ
トの値]に目的のデータ数を指定します。
このレッスンの練習用ファイルの場合、元
表の下から3行分のデータが補助グラフに
配置されます。[補助プロットの値]を「4」
に変更すると、元表の下から4行目までが
補助グラフに配置されます。

[DEシリーズ]を補助グラフに
移動したい

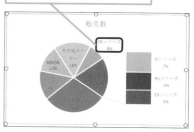

手順を参考に、[補助プロットの
値]に4を設定しておく

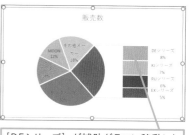

[DEシリーズ]が補助グラフに移動した

3 データラベルを変更する

1 [ホーム] タブをクリック

[その他] のデータラベルが読みやすいようにフォントの色を変更する

2 [その他] のデータラベルを2回クリックして選択

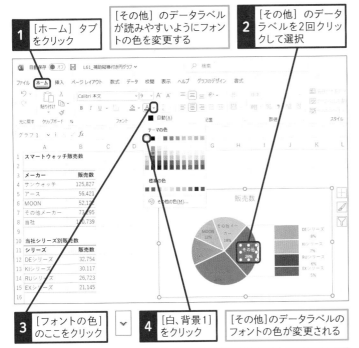

3 [フォントの色] のここをクリック

4 [白、背景1] をクリック

[その他] のデータラベルのフォントの色が変更される

[その他] のデータ要素のデータラベルを「当社」に変更する

5 [その他] をドラッグして文字を選択

6 「当社」と入力

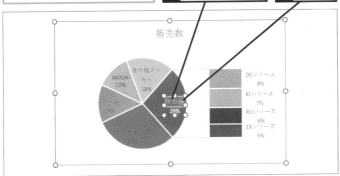

[その他] のデータ要素のデータラベルが「当社」に変更された

必要に応じてグラフタイトルや書式を変更する

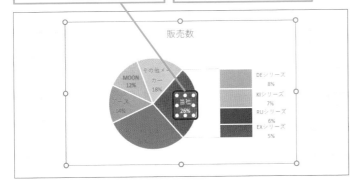

使いこなしのヒント

補助円グラフ付き円グラフって何?

補助円グラフ付き円グラフとは、メーンの円グラフの1つの要素の内訳を、別の円グラフで示すグラフです。

◆補助円グラフ付き円グラフ

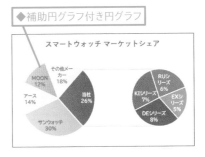

使いこなしのヒント

データラベルを元に戻すには

手順3で操作したように、データラベルはキーボードから文字列を入力して編集することができます。そのように手動で変更したデータラベルを元に戻すには、[データラベルの書式設定]作業ウィンドウで[ラベルテキストのリセット]をクリックします。

1 リセットしたいデータラベルをゆっくり2回クリック

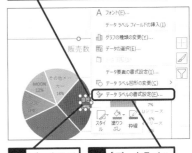

2 データラベルを右クリック

3 [データラベルの書式設定]をクリック

4 [ラベルテキストのリセット]をクリック

データラベルが編集前の状態（ここでは「その他26%」）に戻る

練習用ファイル　L62_テキストボックス.xlsx

テキストボックスから合計のセルを参照する

ドーナツグラフは、系列全体の合計値を100%としたときの、各データの比率を表すグラフです。円グラフの中央に穴を空けた形をしています。この穴は、グラフに関する情報を表示するのにもってこいのスペースです。グラフのタイトルを入力したり、データ全体の合計値を表示したりするのに役立ちます。

ここではドーナツの穴にテキストボックスを配置して、データ全体の合計値を表示します。テキストボックスに合計値のセルの参照式を入力すれば自動で合計値を表示できるので、手入力する必要はありません。

🔗 関連レッスン

🔍 キーワード

Before

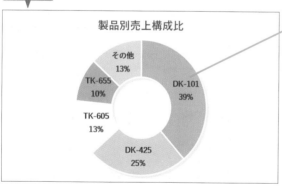

ドーナツグラフで売上構成比が
表示されている

After

↓

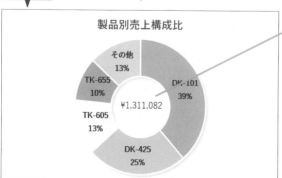

挿入したテキストボックスで元表の
セルを参照して、データ全体の合
計値を表示する

1 テキストボックスを挿入する

1 グラフエリアをクリック

2 [書式] タブをクリック

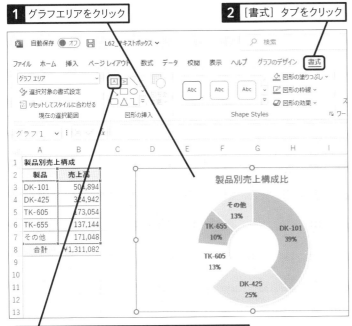

3 [図形の挿入] の [テキストボックス] をクリック

4 マウスポインターをここに合わせる

5 ここまでドラッグ

次のページに続く→

使いこなしのヒント

[挿入] タブからも
テキストボックスを挿入できる

手順1の操作2 〜 3の代わりに、[挿入] タブの [テキスト] - [テキストボックスの描画] をクリックしても、グラフにテキストボックスを挿入できます。その際、必ずあらかじめグラフエリアを選択してください。選択を忘れると、グラフ上にテキストボックスを配置したように見えても、グラフを移動したときにテキストボックスだけワークシート上に残ります。

使いこなしのヒント

テキストボックスの文字の
書式を変更するには

このレッスンのようにセルを参照するテキストボックスの場合、一部の文字だけ書式を変えることはできません。テキストボックスを選択して、[ホーム] タブの [太字] や [フォントの色] などを設定すると、内部のすべての文字に適用されます。なお、テキストボックスに直接入力した文字であれば、一部の文字だけを選択して書式を変更することも可能です。

テキストボックス全体に太字やフォントの色などの書式を設定できる

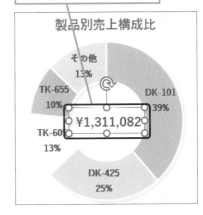

② テキストボックスに合計値を表示する

テキストボックスが挿入された

1 数式バーをクリック　**2**「=」と入力

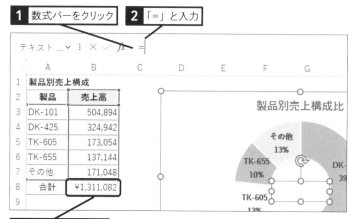

3 セルB8をクリック

セルB8が選択され、「=Sheet1!$B$8」と表示された

4 Enter キーを押す

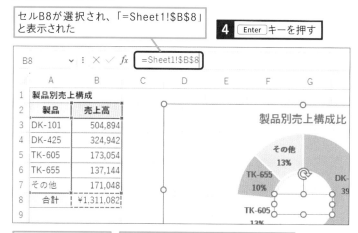

合計値が表示された　テキストボックスの位置を調整しておく

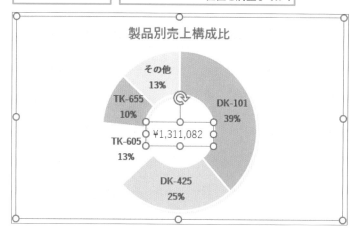

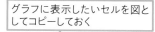

表の数値を変更すると
テキストボックスの表示も変わる

セルB8には、表の売上高欄（セルB3～B7）を合計する数式が入力されています。そのため、売上高の数値を変更すると、セルB8の合計値が自動で計算し直されます。また、グラフに挿入したテキストボックスの合計値も自動で更新されます。

書式付きでセルを参照するには

複数のセルを参照したい場合や、セルに設定した書式のまま参照したい場合は、レッスン24を参考にセルを図としてコピーしてから、グラフに貼り付けましょう。

グラフに表示したいセルを図としてコピーしておく

グラフに貼り付けると、セルの書式のまま表示される

グラフをコピーして使い回すには

書式やレイアウトを調整したグラフをコピーして使い回すと、設定の手間が省けて効率的です。グラフをコピーするとコピー元と同じデータ範囲のグラフが作成されるので、カラーリファレンスをドラッグしてデータ範囲を適切に変更しましょう。

なお、以下の手順のグラフは、レッスン11で紹介した［色の変更］の機能を使用してデータ要素の色を一括設定しています。データ要素ごとに［書式］タブの［図形の塗りつぶし］から個別に色を設定した場合、データ範囲を変更したときに色が解除されてしまうので注意してください。

2018年のグラフをコピーして
2023年のグラフを作成する

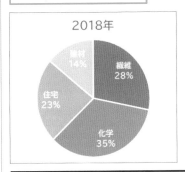

1 ［2018年］のグラフのグラフエリアにマウスポインターを合わせる

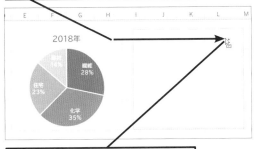

2 Ctrl キーを押しながらここまでドラッグ

［2018年］のグラフがコピーされた

3 コピーしたグラフのプロットエリアをクリック

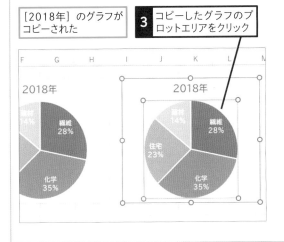

4 青のカラーリファレンスにマウスポインターを合わせる

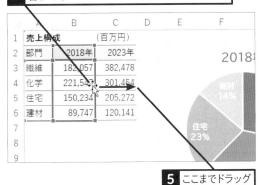

5 ここまでドラッグ

コピーしたグラフのデータ範囲が
2023年のデータに変更された

2023年のデータでグラフを作成できた

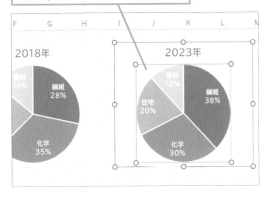

レッスン 63

分類と明細を二重の ドーナツグラフで表すには

ドーナツグラフの系列の追加

練習用ファイル L63_ドーナツグラフの系列の追加.xlsx

活用編 第7章 円グラフで割合を表そう

固定費と変動費の比率と内訳がひと目で分かる！

ドーナツグラフと円グラフはどちらも構成比を表すグラフですが、円グラフで表示できる系列は1つです。それに対してドーナツグラフには複数の系列を表示できるので、下の例のように系列間で比率を比較したいときに使用されます。系列が2つあるときは二重のドーナツ、系列が3つあるときは三重のドーナツになります。

このレッスンでは固定費と変動費の内訳を表示するために、分類と明細の二重のドーナツグラフを作成します。下の表のように、明細の金額とその合計を異なる列に入力した表を用意すれば、簡単に作成できます。

関連レッスン

レッスン61
円グラフの特定の要素の内訳を
表示するには　　　　　　　　P.232

レッスン64
左右対称の半ドーナツグラフを
作成するには　　　　　　　　P.244

キーワード

クイックレイアウト	P.343
グラフタイトル	P.343
データラベル	P.345

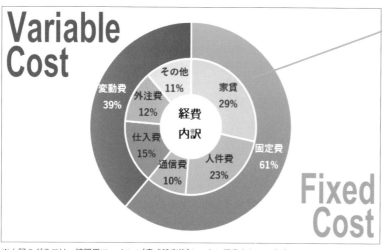

ドーナツグラフで固定費と変動費の比率と明細が把握できる

※上記のグラフは、練習用ファイルの［書式設定後］シートに用意されています。

経費内訳の表を元に固定費と変動費の合計を求め、ドーナツグラフを作成する

	A	B	C	D	E
1		経費内訳			
2		費目	金額	合計	
3		家賃	150,000		
4		人件費	120,000		
5		通信費	52,000		
6		固定費		322,000	
7		仕入費	80,000		
8		外注費	65,000		
9		その他	60,000		
10		変動費		205,000	
11					

① 二重のドーナツグラフを作成する

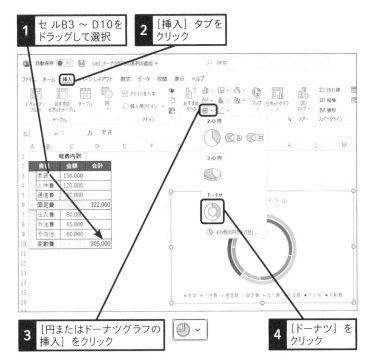

1 セルB3 ～ D10を
ドラッグして選択

2 [挿入] タブを
クリック

3 [円またはドーナツグラフの
挿入] をクリック

4 [ドーナツ] を
クリック

ドーナツグラフが
作成された

レイアウトを変更してデータ
ラベルを追加する

5 [クイックレイアウト] を
クリック

6 [レイアウト1] を
クリック

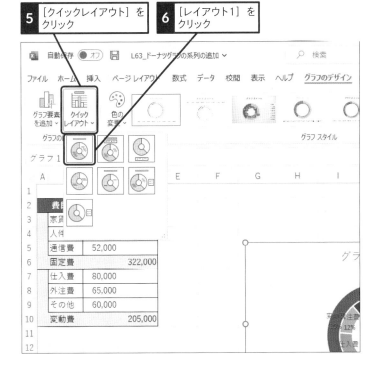

使いこなしのヒント

費目と合計を別のセルに
入力しておく

分類と明細からなるドーナツグラフを作
成するには、分類の数値と明細の数値を
別の列に入力した表を用意します。この
レッスンのサンプルでは、セルD6に固定
費（家賃、人件費、通信費）の合計、セ
ルD10に変動費（仕入費、外注費、その他）
の合計が計算されています。

固定費の合計が計算されている

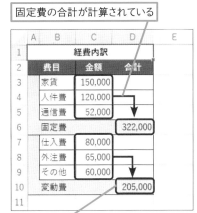

変動費の合計が計算されている

使いこなしのヒント

[レイアウト1] を利用して
データラベルを追加する

操作6で [レイアウト1] を適用すると、
凡例が非表示になり、データラベルに分
類名とパーセンテージが表示されます。
グラフタイトルも配置されますが、ここで
は不要なので削除します。

次のページに続く ➡

2 ドーナツグラフの体裁を整える

使いこなしのヒント

D列を非表示にしたいときは

元表のD列を非表示にすると、外側のドーナツが消えてしまいます。その場合、レッスン34を参考に、非表示のデータがグラフから消えないように設定します。

不要なグラフタイトルを削除する

1 グラフタイトルをクリック

2 Delete キーを押す

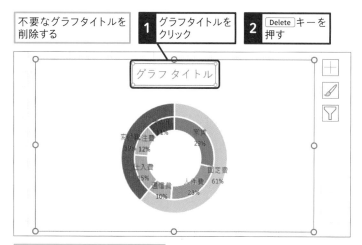

ドーナツの穴の大きさを設定する

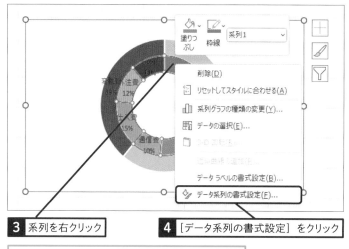

3 系列を右クリック

4 [データ系列の書式設定] をクリック

ここではドーナツの穴の大きさを「30%」に設定する

5 [ドーナツの穴の大きさ] に「30」と入力

6 [閉じる] をクリック

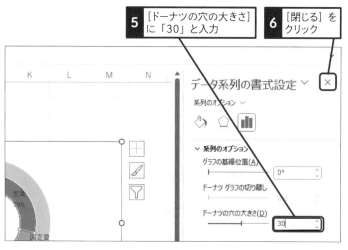

使いこなしのヒント

ドーナツの穴のサイズを調整するときは

ドーナツの穴のサイズは、0％～90％の範囲で設定します。大きい数値を設定するほど、ドーナツの穴は大きくなります。「0％」を設定するとドーナツの穴は閉じます。

活用編 第7章 円グラフで割合を表そう

●テキストボックスを挿入する

7 レッスン62を参考にテキストボックスを追加して「経費内訳」と入力

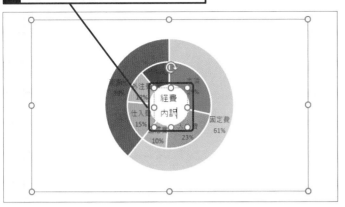

必要に応じて書式を変更しておく

使いこなしのヒント

明細を外側に表示するには

外側のドーナツのほうが面積が広いので、分類を内側、明細を外側に表示したほうが明細のデータラベルが収まりやすくなります。内側と外側のドーナツを入れ替えるには、レッスン47を参考に系列の順序を変えます。

系列の順序を入れ替えると明細を外側に配置できる

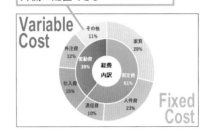

スキルアップ

サンバーストも利用できる

サンバーストを利用すると、ドーナツ状の階層グラフを簡単に作成できます。下表のように、分類名、項目名、数値を入力した表から作成できます。あらかじめ分類ごとの合計を求めておく必要はありません。サンバーストでは、分類が必ず内側に表示されます。内側と外側を入れ替えるなど、細かい設定はできません。グラフの細部まで思い通りに設定したいときは、このレッスンのグラフのようにドーナツグラフを使用しましょう。

1 セルA3〜C8をドラッグして選択

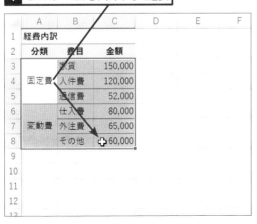

2 [挿入] タブをクリック

3 [階層構造グラフの挿入] をクリック

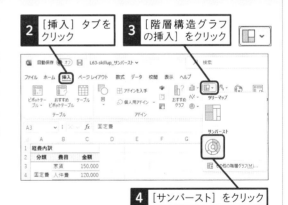

4 [サンバースト] をクリック

サンバーストが作成された

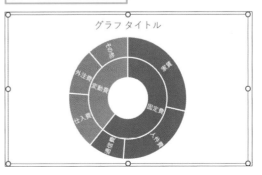

練習用ファイル　L64_グラフのコピー.xlsx

活用編

第**7**章　円グラフで割合を表そう

項目の比較には左右対称のドーナツグラフを使う

「男性と女性」「関東と関西」など、相対する2種類のデータの内訳の比率を比較したいときは、左右対称の半ドーナツグラフを使ってみましょう。二重のドーナツグラフを使うよりも比較しやすく、また相対するデータであることが鮮明になります。

このレッスンでは、男女別の満足度のグラフを作成します。下の表のように、男性は「満足、普通、不満」の順に、女性はその逆の「不満、普通、満足」の順にパーセンテージを入力しておき、それを元にドーナツグラフを作成します。作成したグラフをコピーして、一方のグラフの左半分ともう一方のグラフの右半分を並べることで、男女別の半ドーナツグラフに作り変えます。作成する手間はかかりますが、手間をかけたかいのある出来栄えのグラフになるはずです。

関連レッスン

レッスン63
分類と明細を二重のドーナツ
グラフで表すには　　　　　　　P.240

キーワード

クイックレイアウト	P.343
グラフエリア	P.343
データ要素	P.345
データラベル	P.345
フィルハンドル	P.345

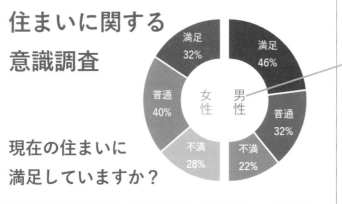

ドーナツグラフをコピーして左半分と右半分を並べる

男女の満足度を左右で比較できる

男性と女性の満足度を表にしている

	A	B	C	D
1	住まいに関する意識調査			
2	現在の住まいに満足していますか？			
3	性別	回答	割合	
4	男性	満足	46%	
5		普通	32%	
6		不満	22%	
7	女性	不満	28%	
8		普通	40%	
9		満足	32%	
10				

※上記のグラフは、練習用ファイルの[書式設定後]シートに用意されています。

① ドーナツグラフを作成する

1 セルB3 〜 C9をドラッグして選択

2 [挿入] タブをクリック

3 [円またはドーナツグラフの挿入] をクリック

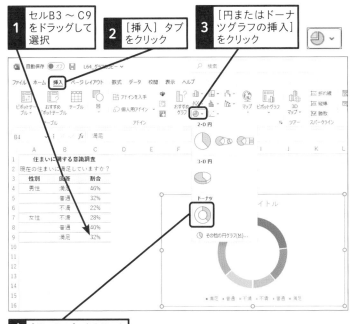

4 [ドーナツ] をクリック

レイアウトを変更してデータラベルを追加する

5 グラフエリアをクリック

6 [グラフのデザイン] タブをクリック

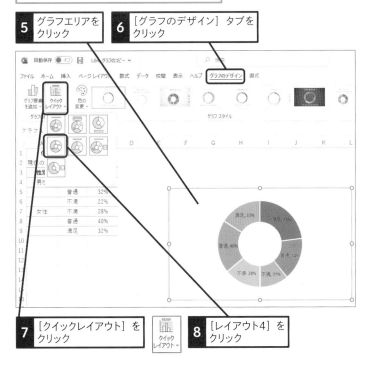

7 [クイックレイアウト] をクリック

8 [レイアウト4] をクリック

使いこなしのヒント

女性のデータは男性と逆に入力する

左右対称の半ドーナツグラフを作成するには、元表の女性の項目名を男性とは逆の順序で入力することがポイントです。ドーナツグラフは真上の位置から時計回りに項目を並べます。前ページのグラフでは、女性の項目がドーナツの真上から反時計回りに真下まで並んでいるように見えますが、実際には真下から時計回りに真上まで項目が並びます。

女性の項目は、真下から時計回りに配置される

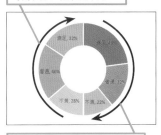

男性の項目は、真上から時計回りに配置される

使いこなしのヒント

男女別にパーセンテージを計算しておく

セルC4 〜 C9には、男性の合計と女性の合計がそれぞれ100%になるように割合を計算して入力しておきます。そうすることで、男女のグラフを左右半々に表示できます。

使いこなしのヒント

[レイアウト4] を選ぶと分類名と値を表示できる

操作8で [レイアウト4] を適用すると、グラフタイトルと凡例が非表示になり、データラベルに分類名と値が表示されます。元の表の値がパーセンテージなので、データラベルにもパーセンテージの値が表示されます。

次のページに続く→

2 グラフエリアの枠線と色を透明にする

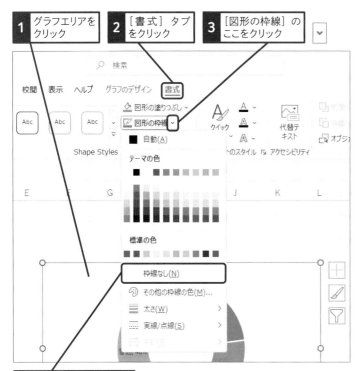

1	グラフエリアをクリック
2	[書式] タブをクリック
3	[図形の枠線] のここをクリック

4 [枠線なし] をクリック

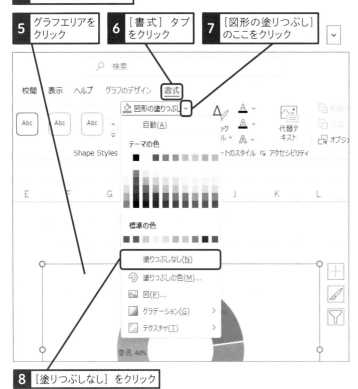

5	グラフエリアをクリック
6	[書式] タブをクリック
7	[図形の塗りつぶし] のここをクリック

8 [塗りつぶしなし] をクリック

活用編

第**7**章 円グラフで割合を表そう

なぜグラフエリアを透明にするの?

ここでは2つのドーナツグラフを重ねて左右対称の半ドーナツグラフを作成します。手順2でグラフエリアの色と枠線の色を透明にすれば、グラフを重ねたときに背面のグラフが隠れません。

コピー前に書式を調整しておこう

このレッスンでは、グラフのコピーを利用して左右対称のグラフを作成します。2つのグラフに共通する書式は、コピー前に設定しておくと効率的です。244ページの完成グラフではデータラベルのフォントやフォントサイズを調整していますが、そのような書式もコピー前に設定しておくとよいでしょう。

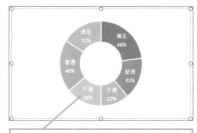

必要に応じてコピー前にデータラベルの書式を設定しておく

透明なグラフエリアを選択するコツ

手順2でグラフを透明にした後、セルを選択してグラフの選択を解除すると、グラフエリアを選択しづらくなります。そのようなときは、いったんデータ系列をクリックして選択します。すると、グラフエリアが枠で囲まれるので、その枠をクリックすれば、グラフエリアを選択できます。

3 半円のグラフを作成する

グラフを右側にコピーする	**1** グラフエリアをクリック
	2 クリックしたまま Ctrl キーを押す

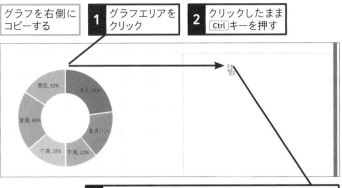

3 Ctrl キーと Shift キーを押しながらここまでドラッグ

グラフがコピーされた	**4** 水平スクロールバーを右にドラッグ
データラベルを削除する	**5** [満足] のデータラベルを2回クリック

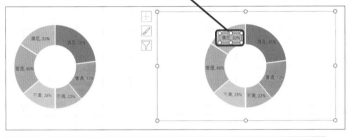

6 Delete キーを押す

7 同様に [普通] と [不満] の要素のデータラベルを削除

半円分の塗りつぶしを透明にする

8 コピーしたグラフの左にある [満足] のデータ要素を2回クリック

9 [書式] タブをクリック

10 [図形の塗りつぶし] のここをクリック

11 [塗りつぶしなし] をクリック

12 同様に [普通] と [不満] の要素を透明に設定

Ctrl キーでコピー、Shift キーで水平に移動する

Ctrl キーを押しながらグラフエリアをドラッグすると、グラフをコピーできます。コピーするときに Ctrl キーと一緒に Shift キーを押すと、グラフが正確に水平方向にコピーされます。

データラベルは必ず2回クリックしてから削除する

データラベルをクリックすると、すべての要素のデータラベルが選択されます。その状態でもう一度クリックすると、クリックしたデータラベルだけが選択された状態になるので、Delete キーで削除します。1回クリックしただけで Delete キーを押すと、グラフ上のデータラベルがすべて削除されてしまうので注意してください。

すべてのデータラベルにハンドルが表示されているときに Delete キーを押すと、すべてのデータラベルが削除される

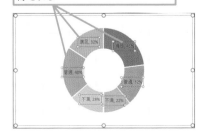

次のページに続く→

●枠線を透明にする

データ要素の枠線を透明にする

13 [満足] の要素を2回クリック

14 [書式] タブをクリック

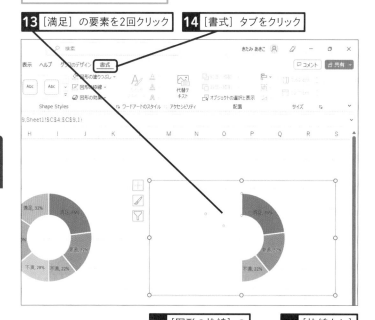

15 [図形の枠線] の ここをクリック

16 [枠線なし] をクリック

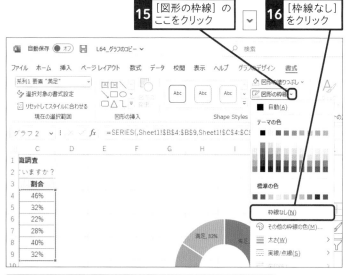

17 同様に [普通] と [不満] の要素の枠線を透明にする

使いこなしのヒント

なぜデータ要素の枠線を透明にするの?

ドーナツグラフを作成すると、データ要素に白い枠線が表示されます。枠線をそのまま残しておくと、2つのグラフを重ねたときに枠線が見えてしまうので、透明にする必要があります。

グラフを重ねたときに枠線が重なってしまう

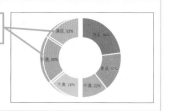

使いこなしのヒント

分類名と値の間に改行を入れるには

手順1で [レイアウト4] を適用すると、データラベルに分類名と値が「,」(コンマ) で区切られて表示されます。以下のように操作すれば、分類名と値の間に改行が入り、データラベルがドーナツグラフに収まりやすくなります。

1 データラベルを右クリック

2 [データラベルの書式設定] をクリック

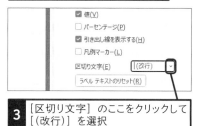

3 [区切り文字] のここをクリックして [(改行)] を選択

分類名と値の間に改行が入る

④ グラフを水平に移動する

1 手順3と同様に元グラフの右側の系列を透明にしてデータラベルを削除

2 コピーしたグラフのグラフエリアをクリック

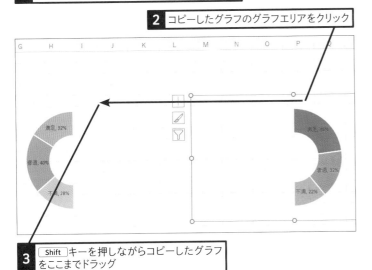

3 Shift キーを押しながらコピーしたグラフをここまでドラッグ

必要に応じてタイトルやテキストボックスを挿入して、グループ化しておく

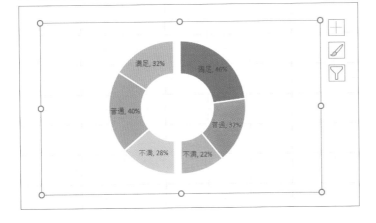

使いこなしのヒント

**グラフを重ねる前に
書式を設定しておこう**

2つのグラフを重ねてしまうと、データ要素やデータラベルなどの書式設定がやりづらくなります。重ねる前に設定しておきましょう。

使いこなしのヒント

背景に四角形を配置するには

グラフの背景に四角形を配置すると、タイトルやグラフのまとまりがよくなります。[挿入] タブの [図] - [図形] - [正方形/長方形] をクリックしてワークシート上をドラッグすると、四角形を描画できます。ただし、四角形はグラフの前面に表示されます。四角形を選択して [図形の書式] タブ (Excel 2019/2016の場合は [描画ツール] の [書式] タブ) にある [背面へ移動] - [最背面へ移動] をクリックすると、四角形をグラフの背面に移動できます。

1 レッスン16を参考に図形を追加

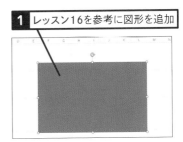

2 [図形の書式] タブをクリック

3 [背面へ移動] のここをクリック

4 [最背面へ移動] をクリック

図形がグラフの背面に移動する

レッスン 65 メーターのようなドーナツグラフを作成するには

ドーナツの穴の大きさと色の設定

練習用ファイル L65_ドーナツの穴の大きさと色の設定.xlsx

ありきたりじゃない個性的なグラフを作成できる！

Excelのグラフには数多くの設定項目があります。さまざまな設定を駆使すれば、個性豊かなグラフを作成できます。このレッスンでは、メーターのようなドーナツグラフの作成方法を紹介します。設定の最大のポイントは、ドーナツの穴の大きさを広げることです。ドーナツの穴は「0%」から「90%」の範囲で変えられます。大きい値を設定するほど、穴を大きくできます。第2のポイントは配色です。ここでは同系の濃い色と薄い色を設定して、メーターの動きを演出します。第3のポイントは、データラベルを上手に活用することです。[After] のグラフの中央にある「期待する　73%」と書かれた部品は、実はデータラベルなのです。データラベルを使えば分類名（ここでは「期待する」）とパーセンテージを自動で表示できるので簡単です。

🔗 関連レッスン

レッスン84
気付いてほしいポイントを図形で
誘導しよう　　　　　　　　　P.322

レッスン86
折れ線の変化が分かるように
数値軸を調整しよう　　　　　P.328

🔍 キーワード

区切り文字	P.343
データラベル	P.345
凡例	P.345
分類名	P.345

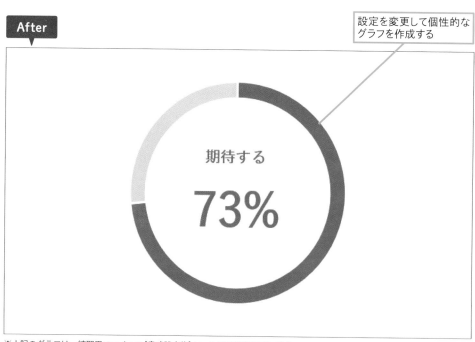

設定を変更して個性的なグラフを作成する

※上記のグラフは、練習用ファイルの[書式設定後]シートに用意されています。

活用編　第7章　円グラフで割合を表そう

1 より多くの種類から色を選択する

表からドーナツグラフを
作成しておく

グラフタイトルと凡例を
削除しておく

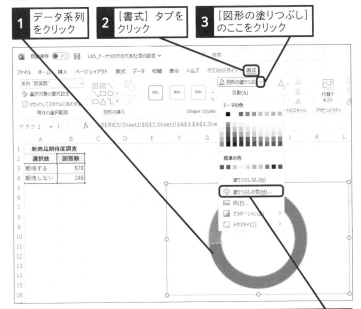

1 データ系列
をクリック

2 [書式] タブを
クリック

3 [図形の塗りつぶし]
のここをクリック

4 [塗りつぶしの色] をクリック

[色の設定] ダイアログ
ボックスが表示された

下から3段目、右から4番目にある
色を選択する

5 ここをクリック

6 [OK] をクリック

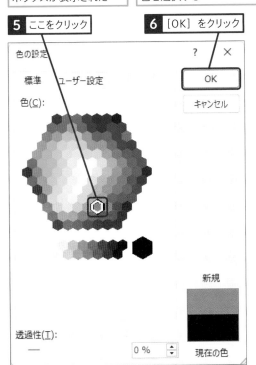

次のページに続く→

イメージに合う色が
見つからないときは

[図形の塗りつぶし] ボタンをクリックし
たときに表示されるカラーパレットの色の
種類は限られます。より多くの種類から
色を選びたいときは、手順1の [色の設定]
ダイアログボックスを使用します。その中
にもイメージに合う色がない場合は、一
番イメージに近い色を選び、続いて [ユー
ザー設定] タブに切り替えます。以下の
ように操作すると、選択した色の鮮やか
さや明るさを調整してイメージに近づける
ことができます。例えば [鮮やかさ] の [▼]
をクリックすると、同じ色合い、同じ明る
さのまま、くすんだ色に変えられます。設
定値の範囲は0 〜 255です。

手順1の操作5までを実行しておく

1 [ユーザー設
定] タブを
クリック

2 [カラーモデル]
から [HSL] を
選択

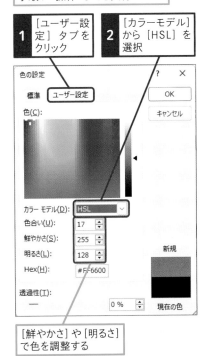

[鮮やかさ] や [明るさ]
で色を調整する

⚠ ここに注意

設定する色を間違えた場合は、もう一度
手順1の操作1からやり直しましょう。

2 色を数値で指定する

データ系列の色が
変更された

引き続きデータ系列全体が選択されて
いることを確認する

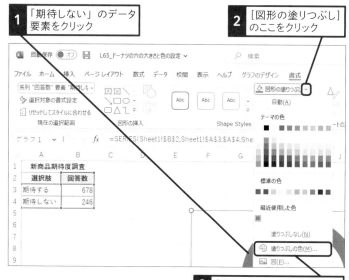

1 「期待しない」のデータ
要素をクリック

2 [図形の塗りつぶし]
のここをクリック

3 [塗りつぶしの色]をクリック

[色の設定]ダイアログ
ボックスが表示された

4 [ユーザー設定]タブを
クリック

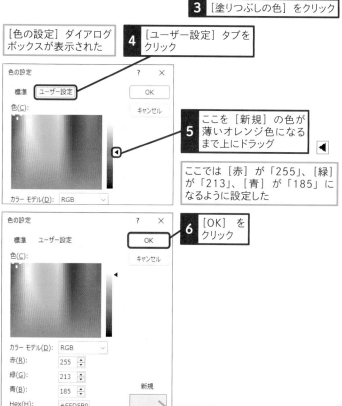

5 ここを[新規]の色が
薄いオレンジ色になる
まで上にドラッグ

ここでは[赤]が「255」、[緑]
が「213」、[青]が「185」に
なるように設定した

6 [OK]を
クリック

上半分の[新規]に今から設定
する色、下半分の[現在の色]
に現在の色が表示される

使いこなしのヒント

データ系列全体に色を付けておく

手順1でデータ系列に色を設定しておく
と、手順2で「期待しない」のデータ要
素の色を設定するときに、手順1で設定し
た色を基準に調整を行えます。ここでは、
データ系列にオレンジ色を設定し、それ
を基準に「期待しない」の色を明るくして
いきます。

使いこなしのヒント

[HSL]を利用して明るさを
調整してもいい

手順2の操作4の画面で[カラーモデル]
から[HSL]を選ぶと、[明るさ]の設定
項目が現れます。その[▲]をクリックした
ままにすると、連動して操作5のつまみが
自動で上に移動し、明るさが調整されます。
つまみより微調整できるので、細かく設定
したい場合に便利です。ちなみに[明るさ]
を「220」に変更すると、このレッスンの
グラフの色と同じ色になります。

1 [明るさ]の[▲]をクリックした
ままにする

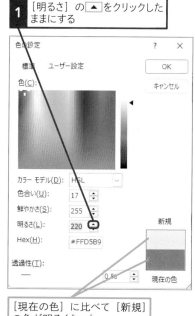

[現在の色]に比べて[新規]
の色が明るくなった

3 ドーナツの穴の大きさを変更する

「期待しない」の
データ要素だけ、
色が薄くなった

1 データ系列を
右クリック

2 [データ系列の
書式設定] を
クリック

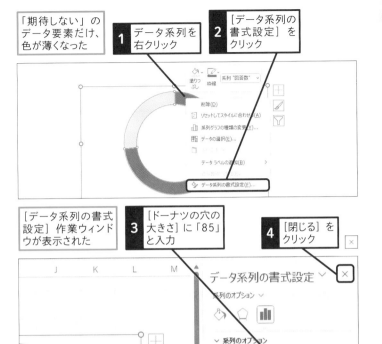

[データ系列の書式
設定] 作業ウィンド
ウが表示された

3 [ドーナツの穴の
大きさ] に「85」
と入力

4 [閉じる] を
クリック

データ系列の書式設定

系列のオプション

系列のオプション

グラフの基線位置(A) 　　0°

ドーナツ グラフの切り離し 　　0%

ドーナツの穴の大きさ(D) 　85

4 データラベルを追加する

ドーナツの穴の大きさが
大きくなった

1 「期待する」のデータ要素を
ゆっくり2回クリック

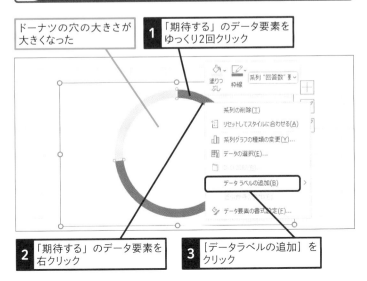

系列の削除(I)

リセットしてスタイルに合わせる(A)

系列グラフの種類の変更(Y)...

データの選択(E)...

データ ラベルの追加(B)

データ要素の書式設定(F)...

2 「期待する」のデータ要素を
右クリック

3 [データラベルの追加] を
クリック

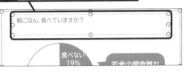

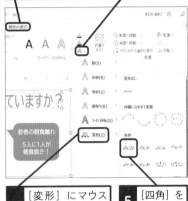

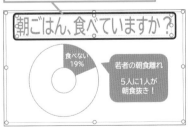

使いこなしのヒント

スペースに合わせて
文字を目いっぱい大きくするには

[変形] の機能を使用すると、テキストボッ
クスのサイズに合わせて文字のサイズを
自動調整できます。文字を縦長や横長に
調整してテキストボックスいっぱいに広げ
られるので、限られたスペースにできるだ
け大きな文字で表示したい場合などに便
利です。

1 テキストボックスをクリック

朝ごはん、食べていますか？

食べない
19%　若者の朝食離れ

2 [図形の書式]
タブをクリック

3 [文字の効果]
をクリック

4 [変形] にマウス
ポインターを合わ
せる

5 [四角] を
クリック

テキストボックスの枠に合わせて
文字が大きくなった

朝ごはん、食べていますか？

食べない
19%　若者の朝食離れ
5人に1人が
朝食抜き！

次のページに続く➡

●データラベルの書式を設定する

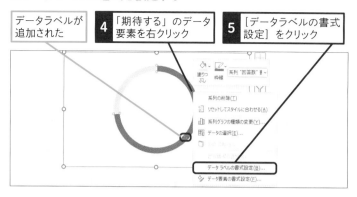

データラベルが
追加された

4 「期待する」のデータ
要素を右クリック

5 [データラベルの書式
設定]をクリック

[データラベルの書式設定]
作業ウィンドウが表示された

6 [分類名]と[パーセンテージ]のここ
をクリックしてチェックマークを付ける

7 [値]と[引き出し線を表示する]のここを
クリックしてチェックマークをはずす

8 [区切り文字]のここをクリックして
[(改行)]を選択

9 [閉じる]を
クリック

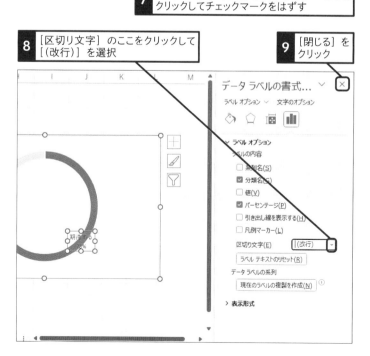

使いこなしのヒント

分類名を表示する

グラフの元表には、「期待する」「期待し
ない」の文字とそれぞれの回答数が入力
されています。手順4の操作6で[分類名]
にチェックマークを付けると、データラベ
ルに「期待する」の文字を表示できます。

グラフの元表に入力された文字が
データラベルに表示される

	A	B	C	D
1	新商品期待度調査			
2	選択肢	回答数		
3	期待する	678		
4	期待しない	246		
5				
6				

使いこなしのヒント

引き出し線を無効にしておく

手順4の操作7で[引き出し線を表示する]
のチェックマークをはずしています。この
操作を忘れると、データラベルをドーナツ
の穴の中央に移動したときに引き出し線が
表示されてしまうので注意してください。

5 データラベルを目立たせる

| 1 | データラベルをゆっくり2回クリック |
| 2 | ここまでドラッグ |

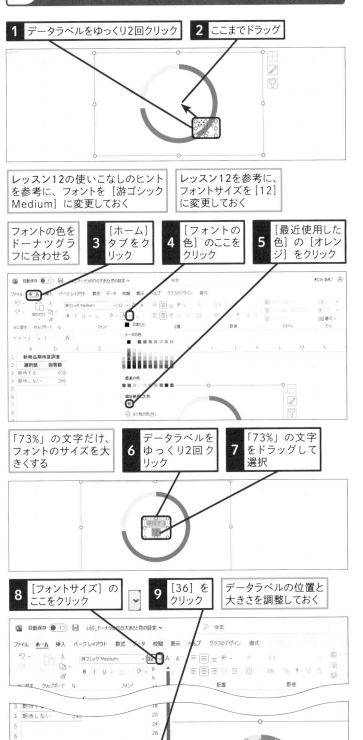

レッスン12の使いこなしのヒントを参考に、フォントを［游ゴシックMedium］に変更しておく

レッスン12を参考に、フォントサイズを［12］に変更しておく

フォントの色をドーナツグラフに合わせる

3	［ホーム］タブをクリック
4	［フォントの色］のここをクリック
5	［最近使用した色］の［オレンジ］をクリック

「73%」の文字だけ、フォントのサイズを大きくする

| 6 | データラベルをゆっくり2回クリック |
| 7 | 「73%」の文字をドラッグして選択 |

| 8 | ［フォントサイズ］のここをクリック |
| 9 | ［36］をクリック |

データラベルの位置と大きさを調整しておく

使いこなしのヒント

［最近使用した色］を活用する

［色の設定］ダイアログボックスで選択した色はブックに保存され、カラーパレットの［最近使用した色］欄に表示されます。2度目以降は［色の設定］ダイアログボックスを表示しなくても素早く色を設定できるので便利です。

［色の設定］ダイアログボックスで選択した色は［最近使用した色］に表示される

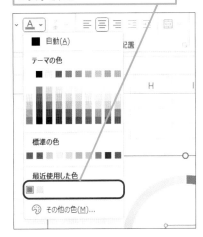

使いこなしのヒント

「73%」を1行に収めるには

「73%」のフォントサイズを大きくすると、「%」が次行に移動したり、「73%」の代わりに「…」が表示されてしまう場合があります。データラベルをゆっくり2回クリックすると、八方に白丸のハンドルが表示されます。そのハンドルをドラッグしてデータラベルを大きくすると、「73%」を1行に収められます。

この章のまとめ

テーマや目的に合わせて円グラフを彩ろう!

円グラフは、構成比を表現するためのグラフです。扇形の面積が個々の要素の構成比を表しますが、目分量で割合や数値を正確に把握するのはなかなか難しいものです。グラフの中に項目名と比率のパーセンテージを表示して、分かりやすいグラフにしましょう。

ほかの種類のグラフに比べて、円グラフは色を付ける面積が広く、使用する色数も多いので、色使いに気を配りましょう。強調したいデータがあるときは、扇形を切り離すワザで見る人の視線を集めます。

円グラフの用途は構成比の表現に限られますが、アイデア次第で非常に面白い使い方ができます。この章では、円グラフの特定の要素の内訳を補助縦棒で表したり、中央に合計値を表示するなどのテクニックを紹介しました。また、ドーナツグラフを利用して、分類ごとの明細の比率を表すワザや、左右対称の半ドーナツグラフを作成するワザも紹介しています。いずれも見栄えがする上、分かりやすいグラフに仕上がります。いろいろなシーンで活用してください。

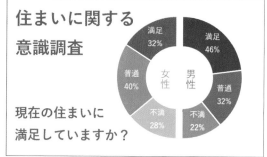

円グラフにもいろいろな種類があるんですね。

単に構成比を表すだけなら円グラフや一重のドーナツグラフを使えばいいですよ。

構成比の階層を表すなら二重のドーナツ、対比を表すなら半ドーナツが最適ですね!

データの特徴に合わせて使い分けることが大切です♪

活用編

第8章

データの特性に合わせて
数値を視覚化しよう

ここまで、棒グラフ、折れ線グラフ、円グラフと、比較的馴染みの深いグラフを扱ってきました。しかし、Excelのグラフ機能は強力で、このほかにも専門性の高いさまざまなグラフを作成できます。ここでは、そのようなグラフの作成テクニックを身に付けましょう。

66

グラフをデータ分析に役立てよう

Excelで作成できるグラフは、棒、折れ線、円だけではありません。プレゼンテーションやデータ分析に活用できるさまざまな種類のグラフが用意されています。それぞれのグラフがどのようなシーンで役に立つのかを理解して使い分けましょう。

活用編 第8章 データの特性に合わせて数値を視覚化しよう

分析したい内容に合わせてグラフを選ぼう

改定前後の商品の評価をグラフにしたんだけど、評価が下がった項目もあって、バランスの悪い結果になっちゃいました。

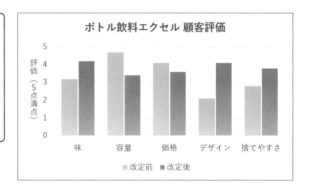

確かに「容量」と「価格」は改定後のほうが低評価ね。でも、本当に評価のバランスが悪いのかどうか……。

棒グラフから評価のバランスを読み取るのは難しいですね。こんなときはレーダーチャートを使ってみましょう。

●レーダーチャート

棒グラフより、改定前後の評価を比べやすいですね!

改定後のバランスがそんなに悪くないことがよく分かりますね!

いろいろなグラフを使い分けよう

棒、折れ線、円ばかりでは、伝わるものも伝わりませんよ。データの特性に合わせてグラフの種類を選んでくださいね。

散布図で2種類の数値の関係を表す

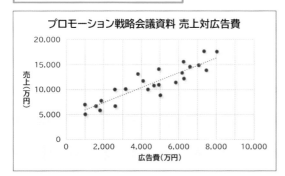

バブルチャートで3種類の数値の関係を表す

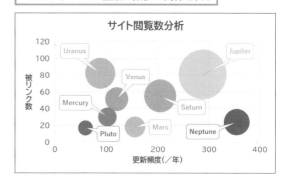

ウォーターフォール図で数値の累積を表す

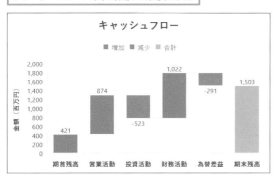

箱ひげ図でデータの分布を表す

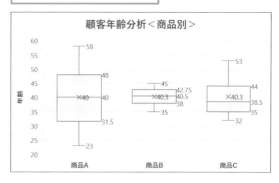

ツリーマップで階層データの構成を表す

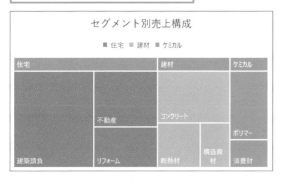

ヒストグラムで人数の分布を表す

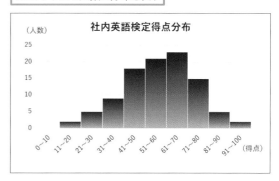

早速作り方を教えてください!!

67 性能や特徴のバランスを表すには

レーダーチャート

練習用ファイル L67_レーダーチャート.xlsx

最大値の設定が評価を正しく表すポイント

製品の機能性や操作性、デザインなど評価のバランスをグラフで表すときは、「レーダーチャート」を使用しましょう。試験科目ごとの得点のバランスを表したいときにも便利です。

レーダーチャートでは、数値のバランスを多角形で表します。多角形が正多角形に近ければバランスがよく、ゆがんでいればバランスが悪いと判断できます。また、多角形が大きければ評価が高く、小さければ評価が低いと判断できます。

多角形で評価の高さを正しく判断するには、軸の最大値をきちんと設定して、評価が何点満点中の何点であるかを明確にすることが大切です。次ページからの手順では、10点を満点とした製品別ユーザーレビューの結果からレーダーチャートを作成していきます。[DS425] と [TM605] という製品の系列が2つ、評価項目が5つあるので、下の例のように五角形が2つ表示されたグラフになります。

関連レッスン

レッスン68
2種類の数値データの相関性を
表すには　　　　　　　P.264

レッスン69
3種類の数値データの関係を
表すには　　　　　　　P.268

キーワード

データ要素　　　　　　P.345
表示形式　　　　　　　P.345
マーカー　　　　　　　P.346

After

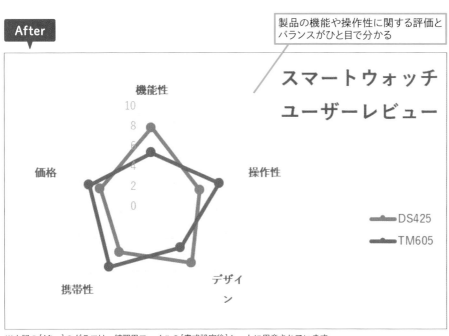

製品の機能や操作性に関する評価とバランスがひと目で分かる

※上記の[After]のグラフは、練習用ファイルの[書式設定後]シートに用意されています。

活用編 第8章 データの特性に合わせて数値を視覚化しよう

1 レーダーチャートを作成する

グラフにしたいデータ範囲を選択する

1 セルA2 ～ C7を
ドラッグして選択

2 [挿入] タブを
クリック

3 ここをクリック

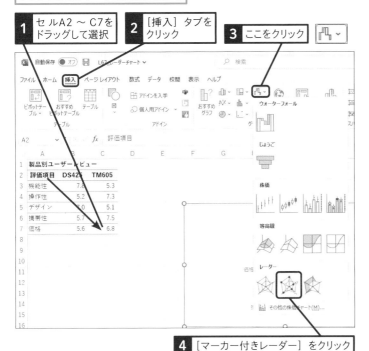

4 [マーカー付きレーダー] をクリック

2 レーダー（値）軸の目盛りを設定する

「8.0」「6.0」などと表示されているレーダー
（値）軸の最大値と目盛り間隔を設定する

1 レーダー（値）軸を
右クリック

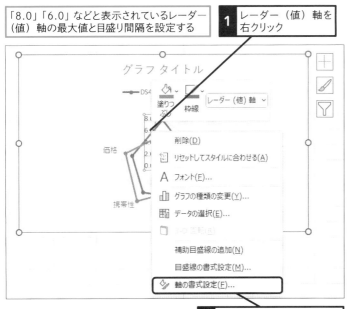

2 [軸の書式設定] をクリック

使いこなしのヒント

レーダーチャートには
3つの形式がある

レーダーチャートには、[レーダー][マー
カー付きレーダー][塗りつぶしレーダー]
の3つの形式があります。

●レーダー

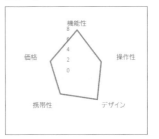

●マーカー付きレーダー

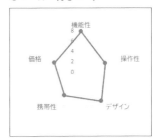

●塗りつぶしレーダー

使いこなしのヒント

レーダー（値）軸って何?

レーダーチャートの数値軸を「レーダー
（値）軸」と呼びます。軸は項目と同じ数
だけあり、中心から外に向かって放射状
に伸びています。レーダー（値）軸を選
択するには、いずれかの軸の直線の部分
をクリックするか、手順2の操作1のよう
に目盛りの数値をクリックしましょう。

次のページに続く ➡

●レーダー（値）軸の最大値と表示形式を変更する

| レーダー（値）軸を10段階にする | **3** [最大値] に「10」と入力 |

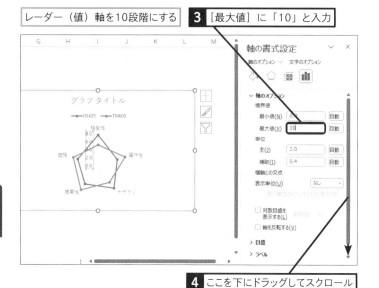

4 ここを下にドラッグしてスクロール

[表示形式] の設定項目を表示する

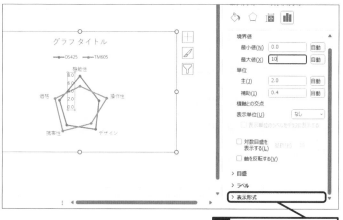

5 [表示形式] をクリック

| [表示形式] の設定項目が表示された | **6** ここを下にドラッグしてスクロール |

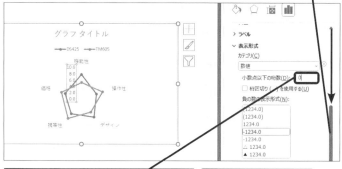

7 [小数点以下の桁数] に「0」と入力　　**8** [閉じる] をクリック

💡 使いこなしのヒント

軸の最大値をきちんと設定しよう

レーダーチャートは多角形の大きさで評価の高さを判断するので、レーダー（値）軸（レーダーチャートの数値軸）の最大値をきちんと設定しておかないと正しい判断ができません。ここでは元表のデータが10点満点中の得点なので、軸の最大値を10に変更します。

最大値が「8」に設定されている

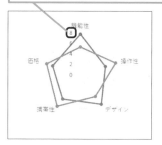

最大値が「10」に設定されている

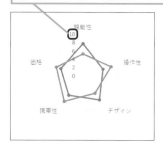

💡 使いこなしのヒント

表示形式を変更して目盛りを整数にする

作成直後のレーダーチャートの目盛りには、「0.0、2.0、4.0」のように元表と同じ小数点第1位までの数値が表示されます。手順2の操作5以降で、小数点以下の表示桁数を「0」に変更して、目盛りの数値を「0、2、4」のような整数表示にします。

活用編

第8章　データの特性に合わせて数値を視覚化しよう

●軸の表示を確認する

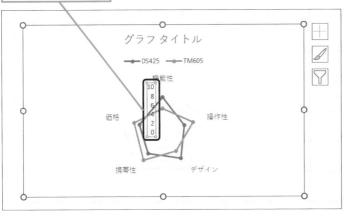

軸の表示が変更された

必要に応じてグラフの位置や書式を変更しておく

💡 使いこなしのヒント

**マーカー付きレーダーの書式を
設定するには**

マーカー付きレーダーの書式の設定方法
は、マーカー付き折れ線と同様です。レッ
スン53を参考にしてください。

👍 スキルアップ

透過性を設定すれば背面の多角形を見やすくできる

複数の系列を持つ塗りつぶしレーダーを作成すると背面の多
角形が隠れてしまうので、透過性を設定しましょう。[デー
タ系列の書式設定]作業ウィンドウを表示し、[マーカー]
の[塗りつぶし]欄で、色と透過性を設定します。なお、同

じレーダーチャートでも塗りつぶしレーダーとマーカー付き
レーダーでは、書式の設定方法が異なります。マーカー付き
レーダーの場合、以下の手順と同じ操作を行うと、多角形の
内部ではなく、多角形の頂点の図形の色が変化します。

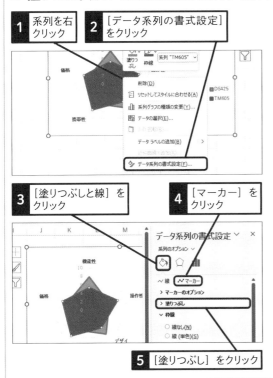

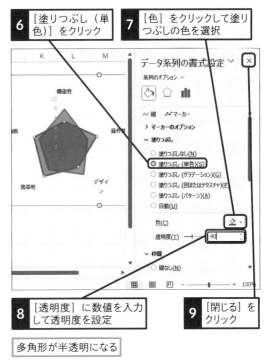

多角形が半透明になる

68 2種類の数値データの 相関性を表すには

散布図と近似曲線

練習用ファイル L68_散布図と近似曲線.xlsx

点のばらつきで広告費と売り上げの相関性を見分ける

「広告費と売り上げに関係はあるのか」「気温と売り上げの関係はどうか」というように、2種類の数値の関係を調べたいときは、散布図を使用します。散布図とは、縦軸と横軸の両方が数値軸になっているグラフです。例えば広告費と売り上げの数値から散布図を作成するときは、「広告費を○円かけたときの売り上げは○円」という1件のデータを、散布図上の1つの点で表します。データ数を増やせば散布図上の点が増え、点のばらつき具合で2種類のデータの相関性を判断できるようになります。ばらつきが小さく、何らかの傾向が見える場合は、相関関係があると見なせます。点の数が多いほど、データの信頼性は高くなります。

近似曲線で相関関係がはっきり分かる!

下の［After］のグラフを見てください。広告費が高いほど売り上げが伸びている様子がうかがえ、相関関係があると判断できます。相関関係があると判断される場合、散布図に適切な近似曲線を加えると、より相関関係が鮮明になります。下のグラフには直線の近似曲線を入れています。これにより、「広告費を○万円かけると、○万円の売り上げが見込める」という、より具体的なデータ分析が可能になります。

After

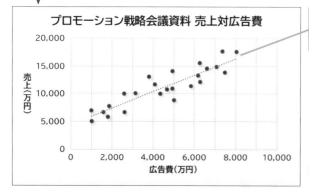

近似曲線を追加すると広告費
と売り上げの相関関係がより
鮮明になる

※左記のグラフは、練習用ファイルの［書式
設定後］シートに用意されています。

1 散布図を作成する

売り上げと広告費の相関関係を
調べるために散布図を作成する

1 セルB3 ～ C27まで
ドラッグして選択

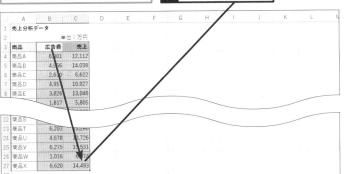

2 [挿入] タブ
をクリック

3 [散布図（X,Y）またはバブル
チャートの挿入] をクリック

4 [散布図] をクリック

2 近似曲線を追加する

売り上げと広告費のデータから
散布図が作成された

データが正確に選ばれて
いるか確認する

1 グラフエリアを
クリック

2 [グラフのデザイン]
タブをクリック

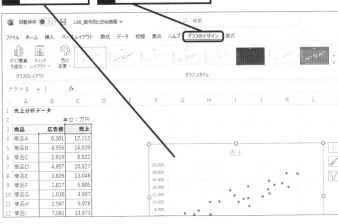

使いこなしのヒント

相関関係って何?

相関関係とは、2種類のデータのうち、一
方を増減すると、もう一方も連動して変
化する関係です。下の散布図からは、か
き氷の売り上げと気温は相関関係があり、
食パンの売り上げと気温は相関関係がな
いことが読み取れます。

相関関係がある

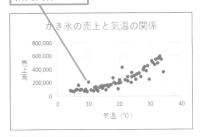

相関関係がない

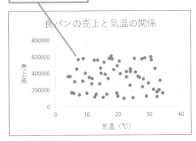

用語解説

近似曲線

近似曲線とは、相関関係にあるデータの
傾向を表す直線や曲線です。棒グラフ、
折れ線グラフ、散布図、株価チャート、
バブルチャートに追加できます。3-Dグラ
フには追加できません。

次のページに続く➡

●追加する近似曲線を選択する

広告費と売り上げの相関関係を明確に
表すために近似曲線を追加する

3 [グラフ要素を
追加]をクリック

4 [近似曲線]を
クリック

5 [線形]を
クリック

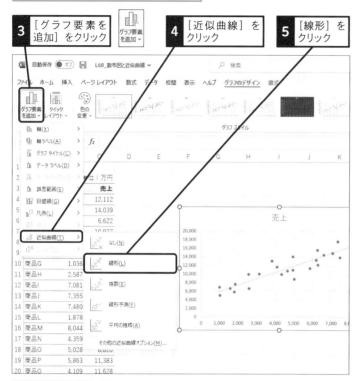

売り上げと広告費の相関関係を
表す近似曲線が追加された

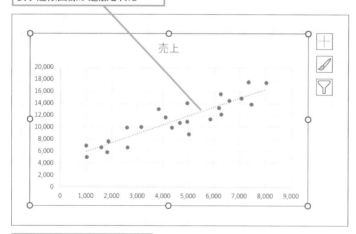

必要に応じてグラフの位置や
書式を変更しておく

使いこなしのヒント

近似曲線の種類を変更するには

操作5のメニューから［その他の近似曲線
オプション］をクリックすると、［近似曲
線の書式設定］作業ウィンドウが表示さ
れ、近似曲線の種類を選べます。直線的
に変化する場合は［線形近似］、増加の幅
が大きくなっていく場合は［指数近似］と
いう具合に、データの傾向に合わせて選
びましょう。その際、［グラフに数式を表
示する］にチェックマークを付けると、近
似曲線の数式を自動表示できます。

◆［近所曲線の書式設定］
　作業ウィンドウ

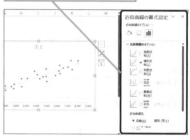

◆線形近似

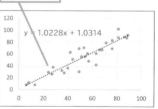

◆指数近似

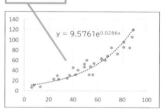

◆対数近似

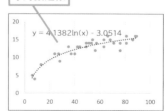

数学の関数をXYグラフで表すには

「x=1のときy=0.5」というように、「x」と「y」の対応を表すグラフのことを「XYグラフ」と呼びます。ExcelでXYグラフを作成するには、[散布図（平滑線）]を使用します。通常の[散布図]はxとyの対応を点で表すだけですが、[散布図

（平滑線）]では各点を滑らかな線で結んだグラフになります。以下では元表の「x」が等間隔で入力されていますが、急なカーブの部分では「x」の値を細かく入力するとグラフを滑らかな線にできます。

xの値を入力しておく

xに対するyの値を入力しておく

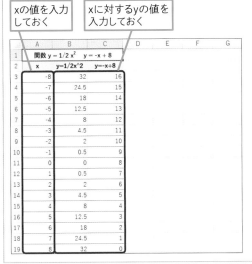

セルA2～C19から[散布図（平滑線）]を作成すると、XYグラフになる

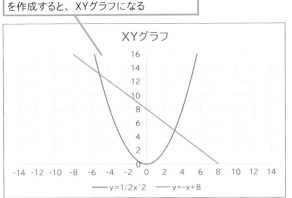

数学の関数をXYZグラフで表すには

「x=0.2、y=0.2のときz=0.48」というように、「x」「y」「z」の3種類の数値を3次元のXYZグラフで表したいときは、等高線グラフを使用します。等高線グラフは地形図のような見た目のグラフで、列見出しと行見出しを持つクロス表から作成

します。列見出しと行見出しに「x」「y」の値を等間隔に入力し、その交差部分に「z」の値を入力することがポイントです。以下の等高線グラフには、[色の変更]から[モノクロパレット5]を設定しています。

yの値を等間隔で入力しておく

xの値を等間隔で入力しておく

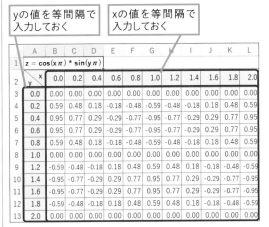

x、yに対するzの値を入力しておく

セルA2～L13から[3-D等高線]を作成すると、XYZグラフになる

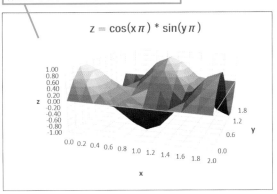

レッスン

69 3種類の数値データの関係を表すには

バブルチャート

練習用ファイル L69_バブルチャート.xlsx

3番目の数値はバブルの大きさで表現する

2種類の数値の相関関係を表したいときはレッスン68で紹介した散布図を使用しますが、3種類の数値の相関関係を表すときは「バブルチャート」を使うといいでしょう。バブルチャートの軸は縦軸も横軸も数値軸で、3種類のうち2つの数値は縦軸と横軸から読み取ります。3番目の数値はプロットエリア上に描いた「バブル」と呼ばれる円の大きさで判断します。

このレッスンでは、「Mercury」や「Venus」「Mars」など、Webサイトの更新頻度、被リンク数、閲覧数の3種類の数値から下のグラフのようなバブルチャートを作成します。更新頻度と被リンク数を軸に取り、閲覧数をバブルの大きさで表すことで、更新頻度と被リンク数がサイト閲覧数に及ぼす影響を分析できます。次ページからの手順では、バブルチャートを作成する方法とバブルに項目名を表示する方法を説明していきます。

関連レッスン

レッスン67
性能や特徴のバランスを表すには P.260

レッスン68
2種類の数値データの相関性を表すには P.264

キーワード

系列 P.344
縦（値）軸 P.344
プロットエリア P.345
横（値）軸 P.346

After

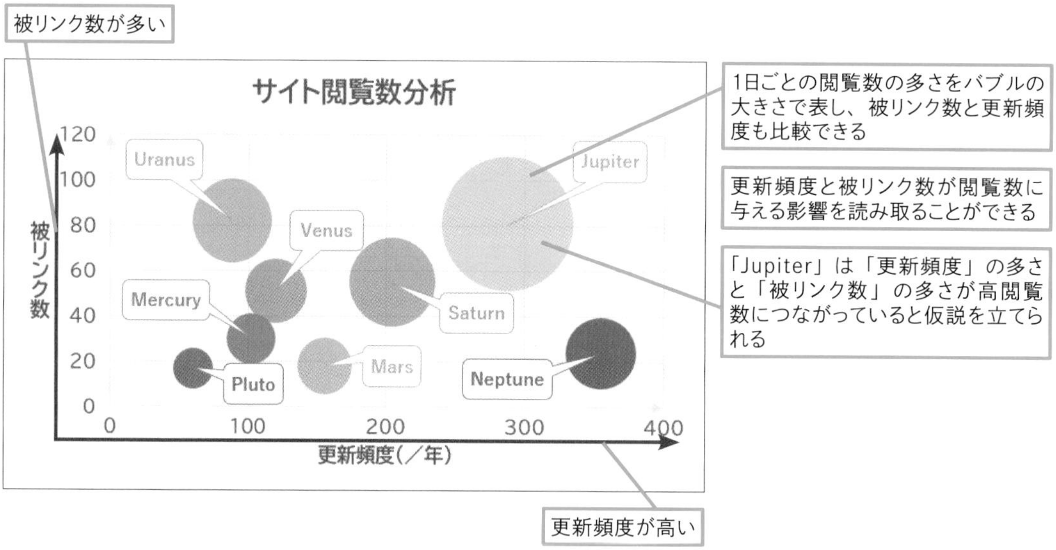
被リンク数が多い
サイト閲覧数分析
120
100
80
60
40
20
0
被リンク数
Uranus
Jupiter
Venus
Mercury
Saturn
Mars
Pluto
Neptune
0
100
200
300
400
更新頻度（／年）
1日ごとの閲覧数の多さをバブルの大きさで表し、被リンク数と更新頻度も比較できる
更新頻度と被リンク数が閲覧数に与える影響を読み取ることができる
「Jupiter」は「更新頻度」の多さと「被リンク数」の多さが高閲覧数につながっていると仮説を立てられる
更新頻度が高い

※上記の[After]のグラフは、練習用ファイルの[書式設定後]シートに用意されています。

1 バブルチャートを作成する

各Webサイトの更新頻度と被リンク数、
閲覧数からバブルチャートを作成する

1 セルB3 ～ D10
をドラッグして
選択

2 [挿入]
タブ を
クリック

3 [散布図（X,Y）または
バブルチャートの挿入]
をクリック

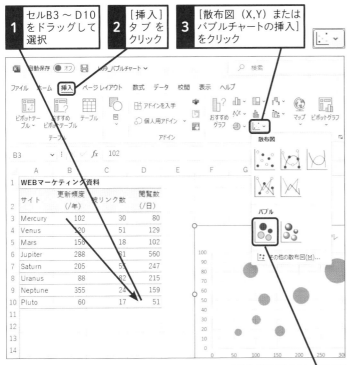

4 [バブル] をクリック

2 バブルの大きさや目盛りの範囲を変更する

バブルの大きさを
設定する

1 バブルを
右クリック

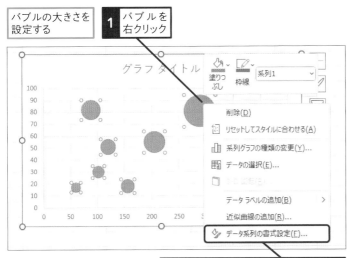

2 [データ系列の書式設定] をクリック

使いこなしのヒント

**X値、Y値、バブルのサイズの順に
入力しよう**

バブルチャート用の元表を作成するとき
は、左の列にX値（横軸の値）、真ん中の
列にY値（縦軸の値）、右の列にバブルの
サイズを入力します。

使いこなしのヒント

表の見出しを含めずに選択する

バブルチャートを作成するときは、表の見
出しを含めずに数値のセルだけを選択し
ます。表の見出しを選択に含めると、正
しいグラフを作成できません。系列名は、
必要に応じて後から設定します。設定す
るには、グラフエリアを右クリックして、
[データの選択] をクリックします。[デー
タソースの選択]ダイアログボックスで[編
集] ボタンをクリックして [系列の編集]
ダイアログボックスの [系列名] で系列名
のセル（ここではセルD2）を指定します。

[系列の編集] ダイアログボックスの
[系列名] で系列名を設定できる

次
の
ペ
ー
ジ
に
続
く
➡

●サイズの調整値を入力する

バブルのサイズを
すべて大きくする

3 [バブルの面積]が選択されていることを確認

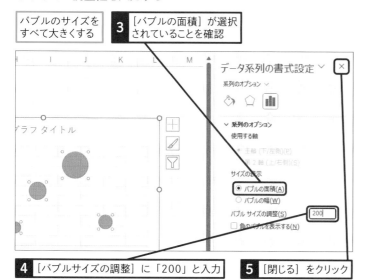

4 [バブルサイズの調整]に「200」と入力

5 [閉じる]をクリック

第8章　データの特性に合わせて数値を視覚化しよう

活用編

横（値）軸を
設定する

6 横（値）軸を
右クリック

7 [軸の書式設定]を
クリック

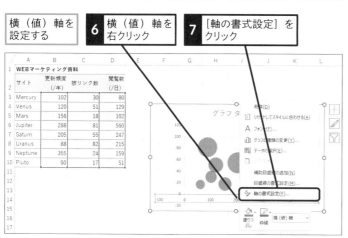

横（値）軸の[最小値]を「0」、[最大値]
を「400」に設定する

8 [最小値]に「0」
と入力

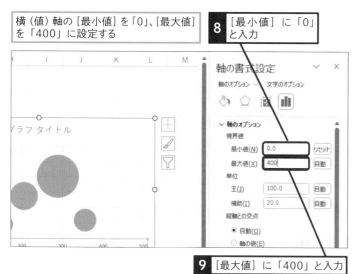

9 [最大値]に「400」と入力

使いこなしのヒント
バブルの大きさを調整できる

手順2の操作3〜4の画面の[サイズの表示]欄では、バブルのサイズの基準を指定できます。標準で[バブルの面積]が選択されており、数値の大きさがバブルの面積で表されます。[バブルの幅]を選択すると、数値の大きさがバブルの幅で表されます。

実際のバブルのサイズは、[バブルサイズの調整]で設定します。既定値は「100」ですが、それより大きい値を設定すると、バブルのサイズを大きくできます。いろいろ数値を変えて試し、見栄えのよいサイズを選びましょう。

使いこなしのヒント
バブルのサイズを決めてから軸を設定する

軸の最小値や最大値を設定した後にバブルのサイズを変更すると、バブルがプロットエリア内に収まらなくなることがあります。先にバブルのサイズを決定し、必要な軸のサイズを確認してから、軸の最小値や最大値を設定するようにしましょう。

使いこなしのヒント
バブルに透過性を設定できる

バブルには自動で透過性が設定されるので、重なり合ったときに下のバブルが透けて見えます。バブルに手動で色を付けると透過性が失われますが、バブルを選択して[書式]タブの[図形の塗りつぶし]-[塗りつぶしの色]をクリックし、表示される[色の設定]ダイアログボックスで[透過性]を設定できます。100%に近いほど透過性が高くなります。

●縦（値）軸の最小値を設定する

| 続けて縦（値）軸を設定する | **10** 縦（値）軸をクリック | **11** ［最小値］に「0」と入力 |

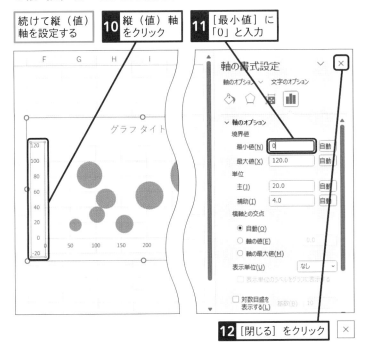

12 ［閉じる］をクリック ✕

3 バブルにデータの吹き出しを追加する

ここでは吹き出しのデータラベルを追加する

| **1** グラフエリアをクリック | **2** ［グラフ要素］をクリック | ＋ | **3** ［データラベル］のここをクリック |

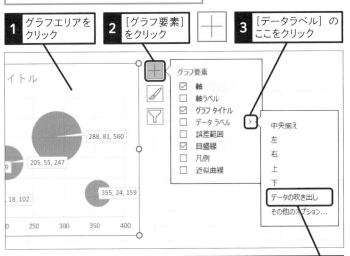

4 ［データの吹き出し］をクリック

:☀: 使いこなしのヒント

データの吹き出しの形を変更できる

データラベルの図形は、以下の手順で簡単に変更できます。矢印型、角丸の四角形、円形などさまざまな選択肢が用意されているので、好みのものを選びましょう。

| **1** データの吹き出しを右クリック | **2** ［データラベル図形の変更］をクリック |

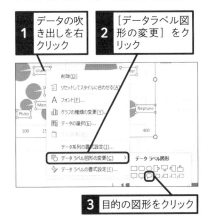

3 目的の図形をクリック

データの吹き出しの形が変わった

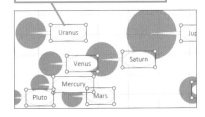

:☀: 使いこなしのヒント

バブルに対応した項目をすぐに確認するには

グラフエリアを選択した状態でバブルにマウスポインターを合わせると、ポップアップヒントにデータ要素の情報が表示されます。

マウスポインターを合わせると、ポップアップヒントに系列の情報が表示される

次のページに続く→

4 吹き出しに項目名を表示する

データの吹き出しが追加された | データの吹き出しに［サイト］列にある項目名を表示させる | ［グラフ要素］をクリックして閉じておく

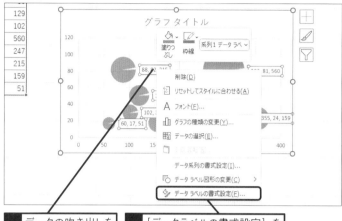

1 データの吹き出しを右クリック

2 ［データラベルの書式設定］をクリック

データラベルが参照するセルを設定する

3 ［セルの値］をクリックしてチェックマークを付ける

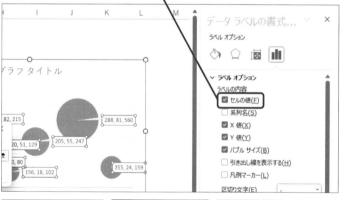

［データラベル範囲］ダイアログボックスが表示された

4 セルA3にマウスポインターを合わせる

マウスポインターの形が変わった

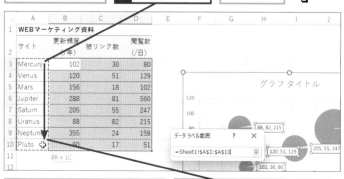

ここではセルA3 〜 A10を参照する

5 セルA10までドラッグして選択

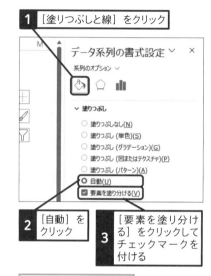
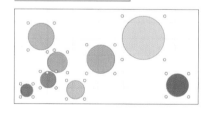

●データラベルで参照するセル範囲を確認する

選択したセル範囲が表示されていることを確認しておく

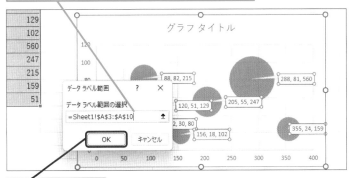

6 [OK] をクリック

データの吹き出しに項目名が追加された

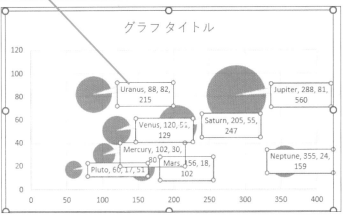

データの吹き出しに項目名だけが
表示されるように設定する

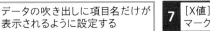

7 [X値] をクリックしてチェック
マークをはずす

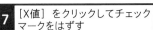

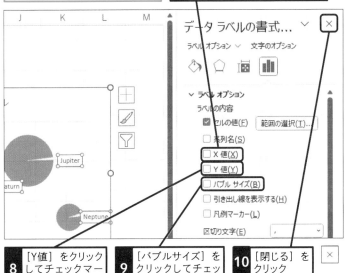

8 [Y値] をクリック
してチェックマー
クをはずす

9 [バブルサイズ] を
クリックしてチェッ
クマークをはずす

10 [閉じる] を
クリック

使いこなしのヒント

データの吹き出しの位置を
調整するには

データラベルをゆっくり2回クリックする
と、クリックしたデータラベルが選択され
ます。その状態で枠線部分をドラッグす
ると、データラベルの位置を移動できま
す。見やすい位置に移動するといいでしょ
う。また、吹き出しの形のデータラベルの
場合は、黄色いハンドルをドラッグすると、
吹き出しの位置を変更できます。

[Neptune] のみを選択しておき、
吹き出しの位置を調整する

1 データの吹き出しの枠線にマウス
ポインターを合わせる

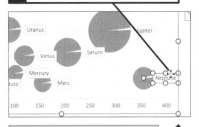

マウスポインターの形が変わった

2 ここまでドラッグ

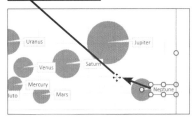

データの吹き出しの位置が調整された

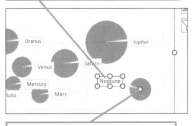

黄色の調整ハンドルをドラッグすると
吹き出しの始点を調整できる

レッスン 70 株価の動きを表すには

株価チャート

練習用ファイル　L70_株価チャート.xlsx

活用編　第8章　データの特性に合わせて数値を視覚化しよう

株価チャートで株価の動きを分析しよう

株価の動きをグラフで表すには、株価チャートを使用します。Excelには4種類の株価チャートが用意されており、その中から目的の種類を選択して作成します。作成自体は簡単ですが、むしろ準備段階で株価チャート用のデータをワークシートに入力するのが大変です。株価のデータはWebページから入手できるので、Webページのデータを上手に利用するといいでしょう。

このレッスンではウィークリーの株価データから「株価チャート（出来高-始値-高値-安値-終値）」を作成します。それには、ワークシートの左の列から「日付」「出来高」「始値」「高値」「安値」「終値」の順にデータを入力しておく必要があります。ここでは、大量のデータを広々と表示するために、グラフシートを使用します。

関連レッスン

レッスン67
性能や特徴のバランスを
分析するには　　　　P.260

キーワード

グラフシート	P.343
テキスト軸	P.345
目盛	P.346

After

株価の動きを把握できる

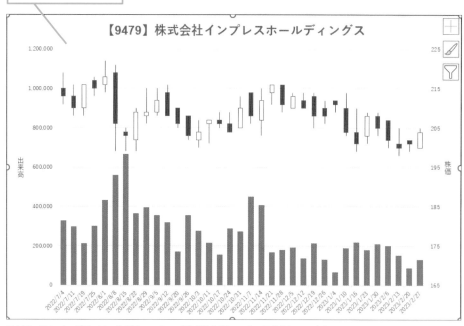

※上記の[After]のグラフは、練習用ファイルの[書式設定後]シートに用意されています。

1 株価チャートを作成する

日付と出来高、始値、高値、安値、終値を入力しておく

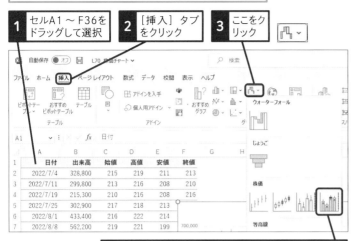

1 セルA1〜F36をドラッグして選択

2 [挿入] タブをクリック

3 ここをクリック

4 [株価チャート（出来高-始値-高値-安値-終値）] をクリック

株価チャートが作成された

株価チャートをグラフ専用のシートに配置する

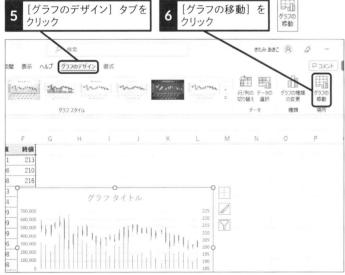

5 [グラフのデザイン] タブをクリック

6 [グラフの移動] をクリック

7 [新しいシート] をクリック

8 [OK] をクリック

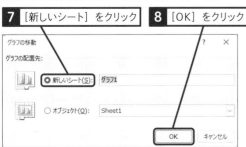

グラフの移動

グラフの配置先:

○ 新しいシート(S): グラフ1

○ オブジェクト(O): Sheet1

OK　キャンセル

使いこなしのヒント

Webページから株価データを入手するには

Webページから株価データを入手すると、入力の手間が省けて便利です。例えばYahoo!ファイナンス（https://finance.yahoo.co.jp/）の場合、銘柄で検索を行い、時系列データを選択すると、日付の新しい順に株価データの表が一覧表示されます。これをワークシートにコピーして、日付の順序で並べ替えれば、手早くデータの準備が整います。

使いこなしのヒント

出来高、始値、高値、安値、終値の順に配置しておく

株価チャートを作成するときは、元表に「出来高、始値、高値、安値、終値」の順番でデータを入力しておく必要があります。一般に出来高は右端に表示されることが多いので、Webページからダウンロードしたデータは順番をきちんと確認し、間違っていた場合は列を移動してください。移動する列を選択し、選択範囲の枠を Shift キーを押しながらドラッグすると移動できます。

「出来高」「始値」「高値」「安値」「終値」の順番でデータを入力しておく

	A	B	C	D	E	F
1	日付	出来高	始値	高値	安値	終値
2	2022/7/4	328,800	215	219	211	213
3	2022/7/11	299,800	213	216	208	210
4	2022/7/19	215,300	210	216	208	216
5	2022/7/25	302,900	217	218	213	215
6	2022/8/1	433,400	216	222	214	218
7	2022/8/8	562,200	219	221	199	206
8	2022/8/15	666,500	204	205	199	203
9	2022/8/22	365,500	202	210	199	209
10	2022/8/29	397,400	208	215	206	209
11	2022/9/5	358,000	209	215	208	212

次のページに続く ➡

② 軸をテキスト軸に変更する

新しく作成された [グラフ1] シートに株価チャートが移動した	横（項目）軸をテキスト軸に変更する

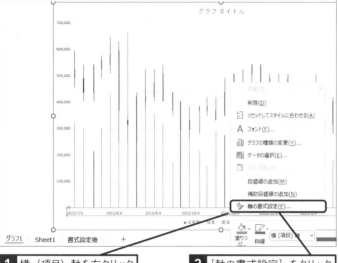

1 横（項目）軸を右クリック

2 [軸の書式設定] をクリック

3 [テキスト軸] をクリック

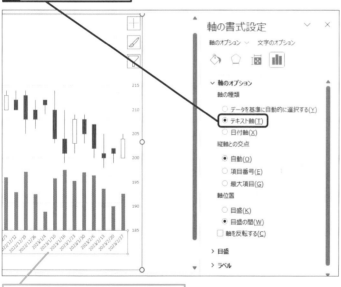

横（項目）軸がテキスト軸に変更され、元の表にない日付が非表示になる

💡 使いこなしのヒント

株価チャートの種類

株価チャートには、次の4種類があります。いずれもあらかじめグラフ名のかっこ内の順序で、元データの項目を並べておく必要があります。

1. 株価チャート（高値-安値-終値）
高値と安値の間に高低線を引き、終値を点で表したグラフ

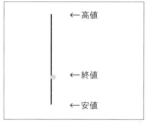

2. 株価チャート（始値-高値-安値-終値）
4つの値をローソク足で表したグラフ

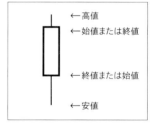

3. 株価チャート（出来高-高値-安値-終値）
1.に出来高の棒を加えたグラフ

4. 株価チャート
（出来高-始値-高値-安値-終値）
2.に出来高の棒を加えたグラフ

💡 使いこなしのヒント

株価データのない日付が補われる

元の表にはウィークリー（週の最初の営業日）の株価データが入力されていますが、グラフの横軸にはそれ以外の日付も表示されます。元の表にある日付だけが表示されるようにするには、手順2のように軸の種類を日付軸からテキスト軸に変更します。

3 目盛りの位置を合わせる

1 [縦（値）軸]をクリック

2 [最小値]に「0」と入力

3 [最大値]に「1200000」と入力

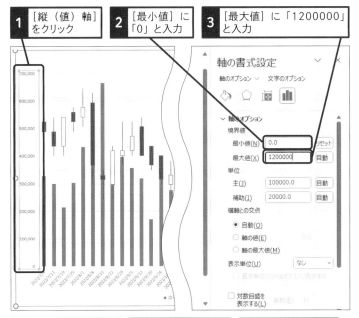

縦（値）軸の最大値と最小値が設定された

4 [第2軸縦（値）軸]をクリック

5 [最小値]に「165」と入力

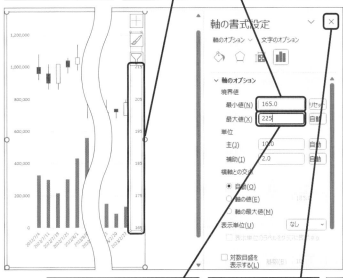

6 [最大値]に「225」と入力

7 [閉じる]をクリック

必要に応じて書式を整えておく

使いこなしのヒント

左右の目盛りの位置を合わせる

縦（値）軸と第2軸縦（値）軸の目盛りの数を合わせると、両方の軸の目盛りと目盛り線が一致して見やすくなります。そこで、手順3では各軸の最小値と最大値を調整して、目盛りの位置を合わせています。

使いこなしのヒント

ローソク足の書式を設定するには

始値より終値が高いローソク足を陽線、反対に始値より終値が低いローソク足を陰線と呼びます。Excelの株価チャートでは、陽線は白、陰線は黒の四角形で区別されます。グラフ上でローソク足をクリックすると、陽線または陰線全体を選択できます。その状態で［図形の塗りつぶし］や［図形の枠線］ボタンを使用すると、陽線や陰線の色を変更できます。

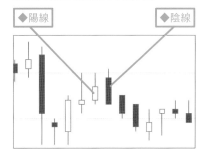

◆陽線　　◆陰線

財務データの正負の累計を棒グラフで表すには

ウォーターフォール図

YouTube動画で見る
詳細は2ページへ

活用編

第8章　データの特性に合わせて数値を視覚化しよう

数値データの累計の様子を分かりやすく視覚化できる

「ウォーターフォール図」を使用すると、正負の数値の累計計算の過程を分かりやすくグラフ化できます。下のグラフは、財務データを表したウォーターフォール図です。期首残高に、営業や投資などによる損益を順に加算していき、期末残高を求める様子を表現しています。プラスの数値は青、マイナスの数値はオレンジというように棒を色分けしているので、各項目がプラスなのかマイナスなのかがひと目で分かります。また、最終的な計算結果である期末残高は、正負とは別の色の棒で表示して区別しています。項目名と数値を並べた表から簡単に作成できるので、累計の様子を視覚化したいときにぜひ活用してください。

関連レッスン

キーワード

After

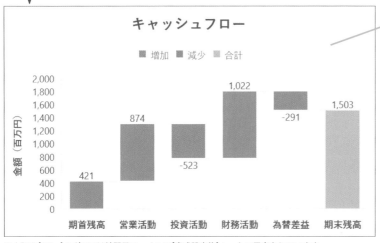

キャッシュフローなど、値の増減によって最終的に残る数値を分かりやすく表現できる

※上記の[After]のグラフは練習用ファイルの[書式設定後]シートに用意されています。

💡 使いこなしのヒント

新グラフは編集の自由度が低い

ツリーマップ、サンバースト、ヒストグラム、箱ひげ図、ウォーターフォール図、じょうごグラフは、いずれもExcel 2016以降に追加された比較的新しいグラフです。これらのグラフは、データを自動集計してグラフ化したり、表の階層を自動で読み取ってグラフ化したりと、さまざまな自動化の仕組みが備えられています。ただし、以前からあるグラフに比べて設定可能な項目が少なく、細かい設定ができない場合があります。

1 ウォーターフォール図を作成する

ここではキャッシュフローを
グラフ化する

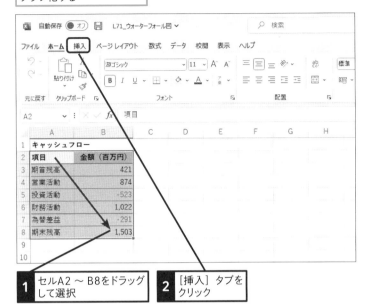

| 1 | セルA2 ～ B8をドラッグ して選択 | 2 | [挿入] タブを クリック |

| 3 | ここをクリック |

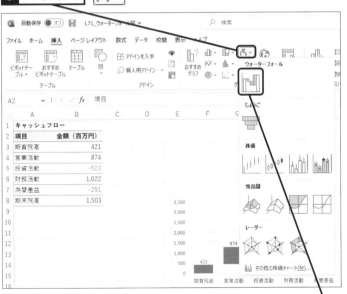

| 4 | [ウォーターフォール] をクリック |

使いこなしのヒント
期末残高をSUM関数で求める

キャッシュフローとは、現金の流れのこ
とです。練習用サンプルの表では、セル
B3に期首残高、セルB4 ～ B7に項目ごと
の今期の金額が入力されています。また、
セルB8には「=SUM(B3:B7)」という数式
が入力されており、期末残高としてセル
B3 ～ B7の合計が求められています。

使いこなしのヒント
ウォーターフォール図の制限事項

ウォーターフォール図の縦軸では最小値
と最大値を設定できますが、目盛間隔は
設定できません。また、縦数値軸ラベル
の文字の向きを縦書きにすることもできま
せん。

使いこなしのヒント
さまざまなデータから作成できる

ウォーターフォール図は、正数だけ、また
は負数だけのデータからでも作成できま
す。次の図は、四半期ごとの売上高の累
計を表示したグラフです。

ウォーターフォール図にすることで、
第3Qの売上高が最も高いことがす
ぐに伝わる

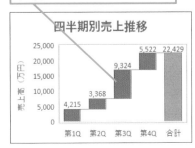

次のページに続く →

② 期末残高を合計として設定する

ウォーターフォール図が
作成された

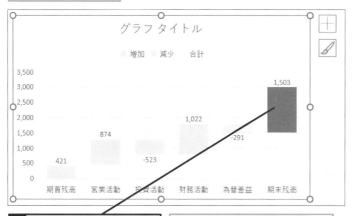

1 [期末残高] のデータ要素を
2回クリックして選択

データ要素が選択されると、ほかの
データ要素が半透明で表示される

[期末残高] のデータ要素の
表示方法を変更する

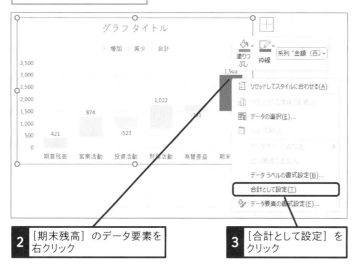

2 [期末残高] のデータ要素を
右クリック

3 [合計として設定] を
クリック

:bulb: **使いこなしのヒント**

正数と負数が異なる色で示される

ウォーターフォール図では、正の数値と負の数値が異なる色で表示されます。また、正の数値は1つ前の累計の位置を基準に上方向に表示され、負の数値は1つ前の累計の位置を基準に下方向に表示されます。

:bulb: **使いこなしのヒント**

選択外の棒は淡色になる

棒グラフでは棒を1本選択すると選択した棒だけ四隅に丸いハンドルが表示されますが、ウォーターフォール図では選択した棒の表示は変わらず、それ以外の棒の色が淡色になります。

:warning: **ここに注意**

手順2では [期末残高] の棒を2回クリックしますが、1回目のクリックですべての棒 (データ系列) が選択され、2回目のクリックで [期末残高] の棒 (データ要素) が選択されます。クリックの間隔が短いとダブルクリックになり、[データ系列の書式設定] 作業ウィンドウが表示されてしまいます。その場合は、作業ウィンドウを閉じ、もう一度 [期末残高] の棒をクリックしてください。

:bulb: **使いこなしのヒント**

累計の位置に注目しよう

正数の棒の場合、上端の位置がそれまでの数値の累計を表します。また、負数の棒の場合、下端の位置がそれまでの数値の累計を表します。なお、右のグラフは、累計の位置を見やすくするためにデータラベルを削除してあります。

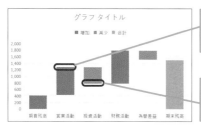

[期首残高] と [営業活動] の累計は [営業活動] の棒の上端になる

[期首残高] と [営業活動]、[投資活動] の累計が [投資活動] の下端になる

3 [増加] の棒の色を変更する

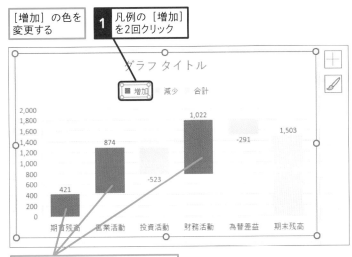

[増加] の色を変更する

1 凡例の [増加] を2回クリック

すべての [増加] の棒が選択される

2 [書式] タブをクリック

3 [図形の塗りつぶし] のここをクリック

4 [青、アクセント5] をクリック

[増加] の色が変更される

同様に [減少] と [合計] も色を設定しておく

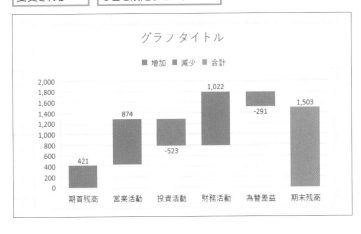

使いこなしのヒント

合計として設定すると「0」の位置から表される

通常、ウォーターフォール図では、1つ前の棒の累計の位置を始点として次の棒が表示されます。合計を表す棒を選択して、手順2のように [合計として設定] を設定すると、合計の棒を「0」の位置から開始できます。また、棒の色も変わり、ほかのデータと区別しやすくなります。

最初は [為替差益] の末尾の位置から [期末残高] が積み上げられる

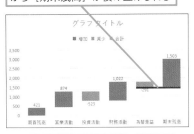

合計として設定すると、[期末残高] が「0」の位置から積み上げられる

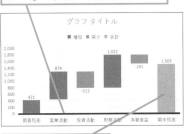

合計の棒の色が変わる

使いこなしのヒント

増加、減少、合計の色を一気に変更するには

通常、凡例には系列名が表示されますが、ウォーターフォール図には「増加」「減少」「合計」の文字が表示されます。凡例から [増加] を選択すると、グラフ上の [増加] の棒をまとめて選択できます。その状態で塗りつぶしの色を設定すると、すべての [増加] の棒の色を一気に変更できます。

72 箱ひげ図でデータの分布を表すには

レッスン

箱ひげ図

練習用ファイル　L72_箱ひげ図.xlsx

データの中心とばらつきがすぐ分かる！

「年齢の分布」や「得点の分布」など、データのばらつきを視覚的に表現したいことがあります。「箱ひげ図」を使用すると、複数の種類のデータのばらつき具合を互いに比較できます。
下のグラフは、3つの商品についてそれぞれの購入者の年齢の分布を示した箱ひげ図です。箱の中に引かれた横棒が中央値、×印が平均値を表し、箱の上下に伸びるひげの先端が最大値と最小値を表します。どの商品も購入者の平均年齢がほぼ同じながら、商品Aはターゲットが広く、商品Bは狭いことがひと目で分かります。また、商品Aと商品Bの年齢分布は均等なのに対して、商品Cは偏りがあることが見て取れます。箱ひげ図を使うことで、各商品がどのような年齢層の顧客に購入されているかを分かりやすく分析できるのです。

関連レッスン

レッスン07
グラフの位置やサイズを
変更するには　　　　　　　P.40

レッスン31
ほかのワークシートにある
データ範囲を変更するには　P.120

キーワード

縦（値）軸	P.344
データ範囲	P.345
要素の間隔	P.346

After

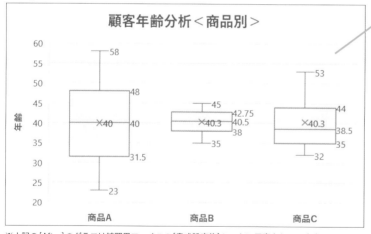

データの中央値と最大値、最小値などの分布が分かりやすくなる

※上記の[After]のグラフは練習用ファイルの[書式設定後]シートに用意されています。

💡 使いこなしのヒント

箱ひげ図の制限事項

箱ひげ図はグラフの作成時に表のデータが自動集計されるので、集計や統計に関する知識がなくても簡単に作成できます。ただし、グラフの編集の自由度は高くありません。例えば、縦軸の最小値と最大値は設定できますが、目盛間隔は設定できません。また、縦数値軸ラベルの文字の向きを縦書きにすることもできません。

1 箱ひげ図を作成する

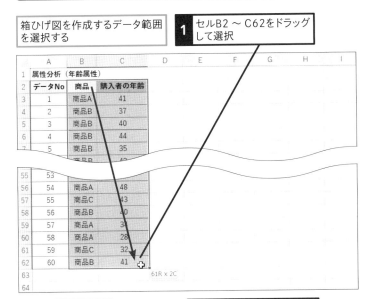

箱ひげ図を作成するデータ範囲を選択する

1 セルB2 ～ C62をドラッグして選択

61R x 2C

2 [挿入] タブをクリック

3 [統計グラフの挿入] をクリック

4 [箱ひげ図] をクリック

使いこなしのヒント

箱ひげ図と各数値の対応を確認しておこう

箱ひげ図は、最大値、四分位数、最小値を表すグラフです。Excelの箱ひげ図には、平均値も表示されます。

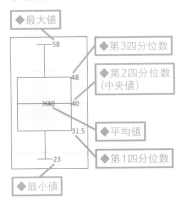

◆最大値
◆第3四分位数
◆第2四分位数（中央値）
◆平均値
◆第1四分位数
◆最小値

58
48
×40 40
31.5
23

使いこなしのヒント

自動で商品別に集計される

手順1の表には、商品名と購入者の年齢が入力されています。[箱ひげ図] を作成すると、表から自動で商品別に最大値、第1四分位数（しぶんいすう）、中央値、第3四分位数、最小値、平均値が計算されます。あらかじめ商品別に並べ替えたり、計算をしておいたりしなくてもいいので便利です。

使いこなしのヒント

四分位数（しぶんいすう）って何?

数値を小さい順に並べたときに、4分の1の位置にある値を「第1四分位数」、4分の2（真ん中）の位置にある値を「第2四分位数」または「中央値」、4分の3の位置にある値を「第3四分位数」と言い、これらをまとめて「四分位数」と言います。最小値、最大値と四分位数を調べることで、数値データのばらつき具合をより深く考察できます。

次のページに続く →

2 目盛りの範囲を変えて箱を大きくする

箱ひげ図が作成された

1 [縦（値）軸]を右クリック

2 [軸の書式設定]をクリック

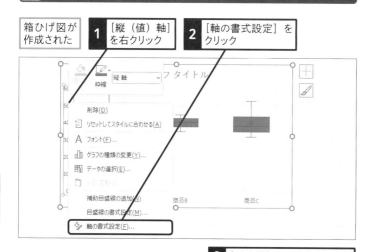

3 [最小値]に「20」と入力

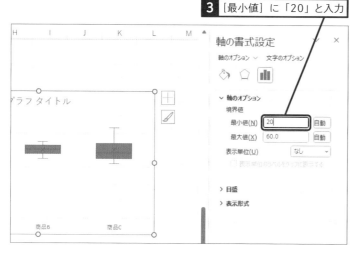

3 箱の幅と色を変更する

1 データ系列をクリック

2 [要素の間隔]に「70」と入力

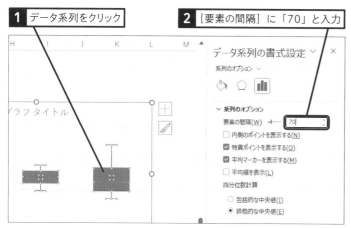

😮 **用語解説**

中央値

「中央値」とは、数値を小さい順に並べたときに真ん中（2分の1の位置）にある値のことです。例えば、数値が5つある場合、小さい順の3番目の値が中央値となります。最小値、中央値、最大値を調べると、数値データのおおよそのばらつき具合が分かります。例えば、最小値が「1」、最大値が「10」の得点データにおいて、中央値が「7」であれば高得点の人が多いと予想でき、中央値が「3」であれば低得点の人が多いと予想できます。

●数値の並びと中央値の関係

数値の並び	中央値
1、3、7、8、10	7
1、3、3、8、10	3

💡 **使いこなしのヒント**

目盛りの範囲を絞って分布を分かりやすく見せる

手順2では縦（値）軸の最小値を「0」から「20」に変更しています。箱ひげ図が大きくなり、分布が分かりやすくなります。

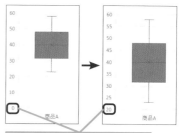

最小値を変更すると、グラフを大きく表示できる

💡 **使いこなしのヒント**

[要素の間隔]を狭くすると箱の幅が広がる

手順3では [要素の間隔] を初期値の「100%」から「70%」に変更しています。要素の間隔を狭くすると、箱の幅が広がります。

●箱の塗りつぶしの色を変更する

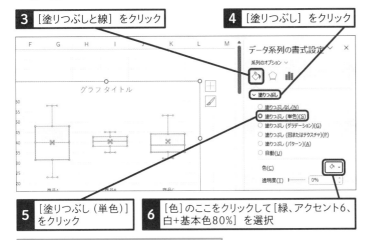

3 [塗りつぶしと線] をクリック

4 [塗りつぶし] をクリック

5 [塗りつぶし (単色)] をクリック

6 [色] のここをクリックして [緑、アクセント6、白+基本色80%] を選択

[データ系列の書式設定] 作業ウィンドウを閉じておく

⌼ 72
箱ひげ図

💡 使いこなしのヒント

リボンで色を設定してもよい

手順3の操作3 〜 6では [データ系列の書式設定] 作業ウィンドウで箱の色を設定しましたが、[書式] タブの [図形の塗りつぶし]から色を設定してもかまいません。後者の方法ではカラーパレットの色にマウスポインターを合わせたときにグラフに色が表示されるので、分かりやすく設定できます。

4 四分位数と平均値を表示する

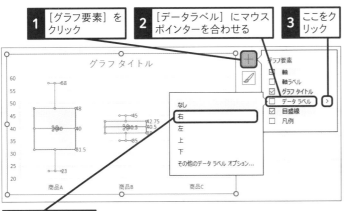

1 [グラフ要素] をクリック

2 [データラベル] にマウスポインターを合わせる

3 ここをクリック

4 [右] をクリック

セルをクリックして [グラフ要素] を非表示にしておく

四分位数と平均値が表示された

💡 使いこなしのヒント

グラフから平均値を削除するには

Excelの箱ひげ図には平均値が表示されますが、一般的な箱ひげ図では表示しないこともあります。グラフから平均値の×印を削除したい場合は、手順3の作業ウィンドウで[平均マーカーを表示する]をクリックしてチェックマークをはずします。

💡 使いこなしのヒント

1つだけ離れたデータがあるときは

グラフの元データの中に、ほかの数値とはかけ離れたデータが存在する場合、そのデータは最大値や最小値と見なされずに、特異点として点で表示されます。

ほかの数値とかけ離れた数値は、[特異点] として表示される

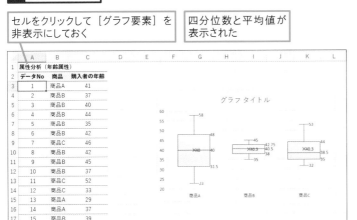

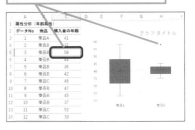

73 階層構造の数値を長方形の面積で表すには

ツリーマップ

練習用ファイル L73_ツリーマップ.xlsx

階層構造はツリーマップでも表現できる

Excelには、階層構造を表すグラフとして「ツリーマップ」が用意されています。ツリーマップとは、プロットエリアに四角形を敷き詰めて、その面積で数値の大きさを表現するグラフです。

下の［Before］の表を見てください。1列目に部門名、2列目に製品名、3列目に売上高が入力されています。この表から作成したのが、［After］のツリーマップです。各製品が、部門ごとに色分けされた四角形で表示されています。四角形の面積を比べることで、どの製品の売り上げ貢献度が高いのかを直感的につかめます。また、色ごとの面積を比べれば、部門ごとの売り上げ貢献度を把握できます。ツリーマップを使用すれば、階層構造とデータの大きさを分かりやすく可視化できるのです。

🔗 関連レッスン

レッスン63
分類と明細を二重のドーナツ
グラフで表すには　　　　　P.240

🔍 キーワード

グラフ要素	P.344
作業ウィンドウ	P.344
データラベル	P.345
凡例	P.345

活用編 第8章 データの特性に合わせて数値を視覚化しよう

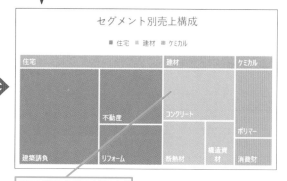

Before

	A	B	C	D	E	F	G
1	セグメント別売上		(百万円)				
2	部門	製品	売上高				
3	住宅	建築請負	2,657				
4		不動産	1,236				
5		リフォーム	891				
6	建材	コンクリート	1,302				
7		断熱材	658				
8		構造資材	455				
9	ケミカル	ポリマー	891				
10		消費財	362				

After

階層構造を分かりやすく表現できる

※上記の[After]のグラフは、練習用ファイルの[書式設定後]シートに用意されています。

1 ツリーマップを作成する

1 セルA2～C10をドラッグして選択

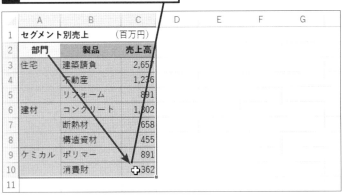

2 [挿入] タブをクリック

3 [階層構造グラフの挿入] をクリック

4 [ツリーマップ] をクリック

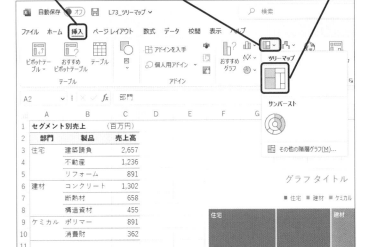

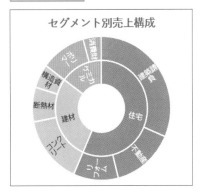
💡 使いこなしのヒント

元になる表の作り方

手順1の表では1列目に部門名が1つずつ入力されていますが、部門名のセルを結合した表や、すべての行に部門名を入力した表からも同じツリーマップを作成できます。

部門名のセルが結合されていても、1行ずつ入力されていても、同じツリーマップを作成できる

部門	製品	売上高
住宅	建築請負	2,657
	不動産	1,236
	リフォーム	891
建材	コンクリート	1,302
	断熱材	658
	構造資材	455
ケミカル	ポリマー	891
	消費財	362

部門	製品	売上高
住宅	建築請負	2,657
住宅	不動産	1,236
住宅	リフォーム	891
建材	コンクリート	1,302
建材	断熱材	658
建材	構造資材	455
ケミカル	ポリマー	891
ケミカル	消費財	362

次のページに続く→

2 ツリーマップの色を変更する

ツリーマップが
作成された

1 [グラフのデザイン] タブを
クリック

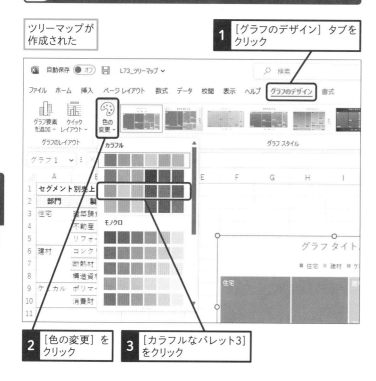

2 [色の変更] を
クリック

3 [カラフルなパレット3]
をクリック

3 分類名を表示する

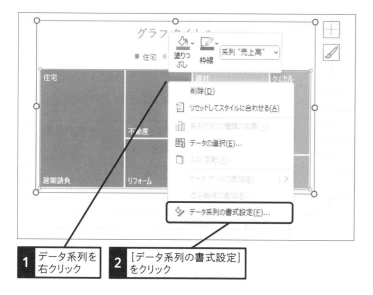

1 データ系列を
右クリック

2 [データ系列の書式設定]
をクリック

使いこなしのヒント

分類やデータ要素に個別に色を設定するには

手順2のように [色の変更] を使うと、分類単位で配色が変更されます。個別に好きな色を設定したいときは、[書式] タブの [図形の塗りつぶし] を使用します。四角形をゆっくり2回クリックすると、同じ分類がまとめて選択され、分類全体に色を設定できます。もう一度クリックすると、クリックした四角形だけが選択され、選択した四角形だけに色を設定できます。なお、ツリーマップでは分類や四角形を選択すると、選択外の分類や四角形が淡色表示になります。

個別に選択して
好きな色を設定
できる

選択対象以外
は淡色表示に
なる

使いこなしのヒント

データラベルに部門名が表示される

ツリーマップでは、長方形の下部に自動でデータラベルが配置され、製品名が表示されます。各部門の中で最も数値が大きい製品には、部門名のデータラベルも表示されます。

最も数値が大きい製品に部門名が
表示される

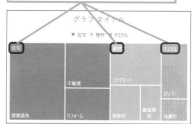

●ラベルオプションを変更する

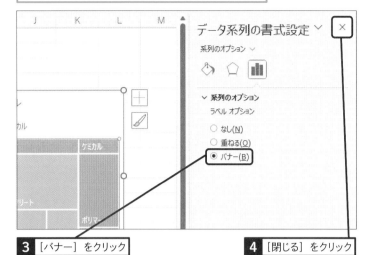

[データ系列の書式設定] 作業ウィンドウが表示された

3 [バナー] をクリック

4 [閉じる] をクリック

分類名がバナーとして表示された

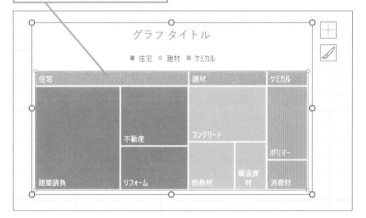

バナーを使って部門名を目立たせる

手順3のように [ラベルオプション] 欄から [バナー] をクリックすると、グラフにバナーと呼ばれる帯状の図形が配置され、最上位の分類名（このレッスンの練習用ファイルでは部門名）を分かりやすく表示できます。

なお、データ数が多い場合はバナーがあるとごちゃごちゃするので、表示しないほうがよいでしょう。

◆バナー

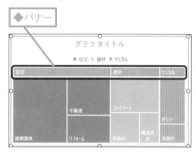

長方形の配置は自動で変わる

グラフのサイズやグラフ要素の配置を変更すると、四角形の配置が自動で変化します。例えば手順3のグラフから凡例を削除すると、下図のようになります。

1 凡例をクリック

2 Delete キーを押す

凡例を削除すると配置が変わる

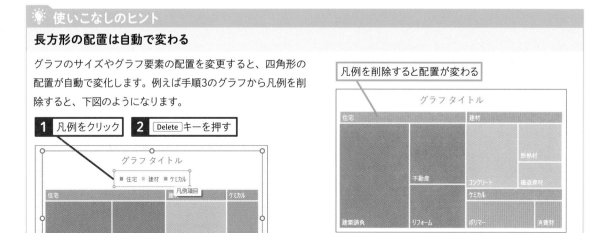

じょうごグラフ

活用編

第8章　データの特性に合わせて数値を視覚化しよう

数値データの絞り込みを可視化できる

Microsoft 365とExcel 2021/2019では、「じょうごグラフ」を利用できます。その名の通りじょうごの形をしており、数値が徐々に絞り込まれていく様子を図解するのにぴったりです。

下の［Before］の表には、営業活動における各ステップの案件数が入力されています。最初の問い合わせの件数から、実際に契約に結び付いた件数まで、数値が徐々に減っています。この数値の減り方をより分かりやすく検証するには、じょうごグラフが最適です。［After］のじょうごグラフを見れば、「提案・見積もり」から「プレゼンテーション」の段階で件数が一気に半減していることが一目瞭然です。グラフ化することによって、営業の課題を浮き彫りにできるのです。

🔗 関連レッスン

レッスン63
分類と明細を二重のドーナツ
グラフで表すには　　　　P.240

🔍 キーワード

データ要素	P.345
データラベル	P.345

⚠ ここに注意

じょうごグラフを作成できるのは、Excel 2021/2019とMicrosoft 365です。Excel 2016では作成できません。

Before

	A	B	C	D	E
1	営業パイプライン				
2	プロセス	件数			
3	問い合わせ	854			
4	初訪問・ヒアリング	651			
5	提案・見積もり	527			
6	プレゼンテーション	223			
7	クロージング	176			
8	契約	134			
9					
10					

After

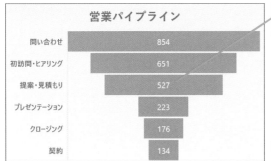

データの数値が徐々に絞り込まれていく様子を表現できた

※左記の［After］のグラフは、練習用ファイルの［書式設定後］シートに用意されています。

1 じょうごグラフを作成する

1 セルA2 ～ B8を
ドラッグして選択

2 [挿入] タブを
クリック

3 ここをク
リック

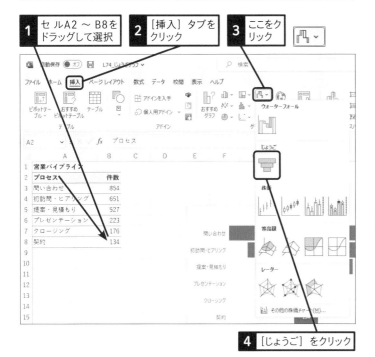

4 [じょうご] をクリック

使いこなしのヒント
ラベルが表示される

じょうごグラフには、初期設定でデータラ
ベルが表示されます。データラベルをク
リックして選択すると、[ホーム] タブの
ボタンでフォントサイズやフォントの色な
どを設定できます。

---

2 じょうごグラフの色を変更する

じょうごグラフが作成された

1 系列をク
リック

2 [書式] タブ
をクリック

3 [図形の塗りつぶし]
のここをクリック

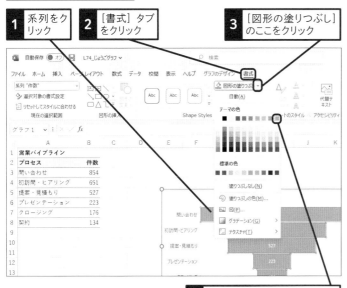

4 [緑、アクセント6] をクリック

じょうごグラフの色が変更される

使いこなしのヒント
特定のデータ要素の色を
変更するには

特定のデータ要素の色を変更したいとき
は、データ要素をゆっくり2回クリックし
て選択します。じょうごグラフでは、デー
タ要素を選択すると、ほかのデータ要素
は白みを帯びた色になります。その状態
で手順2を参考に色を設定すると、選択し
たデータ要素だけ色を変更できます。

1回目のクリックで系列全体
が選択される

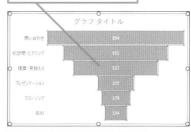

2回目のクリックでデータ要素
が選択される

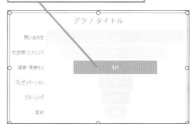

手順2を参考に [図形の塗りつぶし]
から色を変更する

FREQUENCY関数

練習用ファイル　L75_FREQUENCY関数.xlsx

活用編　第8章　データの特性に合わせて数値を視覚化しよう

データのばらつきや分布が即座に分かる!

数値データを10ごと、100ごと、というように一定の区間で区切って、区間ごとのデータ数を集計することがあります。そのような集計表を「度数分布表」と呼び、また、度数分布表から作成した棒グラフを「ヒストグラム」と呼びます。

このレッスンでは、社内英語検定の受験結果の表から、10点刻みの区間に何人の受験者が含まれるかを集計し、度数分布表を作成します。受験者数はFREQUENCY関数という関数を使用して集計するので、自分で数える必要はありません。度数分布表さえしっかり作成しておけば、ヒストグラム自体は単純な棒グラフなので簡単に作成できます。どの得点層にどれだけの人数が含まれているかが即座に分かり、得点ごとの人数の分布を把握するのに便利です。

関連レッスン

レッスン41 棒を太くするには	P.152
レッスン51 ピラミッドグラフで男女別に人数の分布を表すには	P.188

キーワード

系列	P.344
要素の間隔	P.346
横（項目）軸	P.346

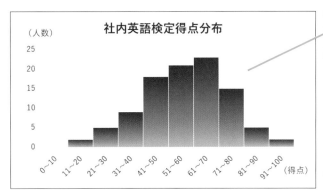

ヒストグラムを使えば、点数ごとの人数の分布がすぐに分かる

※左記のグラフは、練習用ファイルの［書式設定後］シートに用意されています。

Before

After

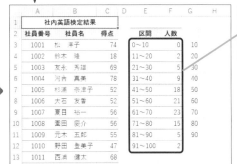

10点刻みの区間となる値を表に入力して、人数を集計する

1 得点分布表を作成する

社内英語検定の点数分布をグラフで
表すために、得点分布表を作成する

どの得点層にどれだけ人数がいるかを把握
するために、区間の最大値を入力する

1 セルG3 〜 G11に区間
の最大値を入力

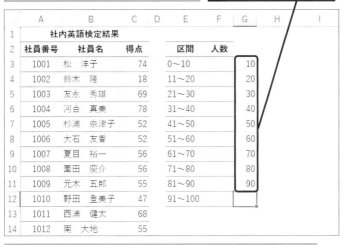

FREQUENCY関数を入力して、セルC3 〜 C102にある各得点から
セルE3 〜 E12にある得点区間の人数を集計する

2 セルF3 〜 F12を
ドラッグして選択

3 数式バーに「=FREQUENCY(C3:C102,
G3:G11)」と入力

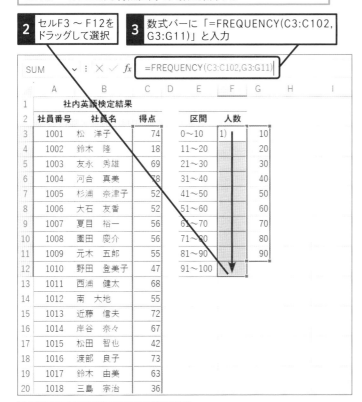

4 Ctrl + Shift + Enter キーを押す

使いこなしのヒント

各区間の最大値を入力しておく

このレッスンでは、FREQUENCY関数
を使用して度数分布表を作成します。
FREQUENCY関数は、各区間の最大値を
並べたセル範囲を引数にするので、度
数分布表には、「10」や「20」など各区
間の最大値を入力しておきます。なお、
FREQUENCY関数で求められる人数の個
数は、最大値の個数より1つ多くなるので、
セルG12に「100」を入力する必要はあり
ません。

使いこなしのヒント

FREQUENCY関数って何?

FREQUENCY関数は、[データ配列]の中
から、[区間配列]ごとのデータ数を求め
る関数です。引数[データ範囲]には数
える対象のデータを入力したセル範囲を
指定し、引数[区間配列]には各区間の
最大値を入力したセル範囲を指定します。

=**FREQUENCY**(データ配列,
区間配列)

この関数は、あらかじめ結果を入力する
セル範囲を選択してから数式を入力し、
Ctrl + Shift + Enter キーを押して確定
する特殊な関数です。数式を確定すると、
あらかじめ選択したすべてのセルに「{ }」
で囲まれた数式が入力されます。このよ
うな数式を「配列数式」と呼びます。

使いこなしのヒント

スピル機能を利用してもいい

Excel 2021とMicrosoft 365では、操作1
の後、操作3の数式をセルF3に入力して
Enter キーを押すだけで、自動的にセル
F12までの範囲に人数が表示されます。こ
のように数式の入力範囲が自動拡張する
機能を「スピル」、自動拡張する数式を「動
的配列数式」と呼びます。

次のページに続く →

● 得点の区間人数が表示された

セルF3 〜 F12に得点の区間人数が求められ、
ヒストグラムの元データが完成した

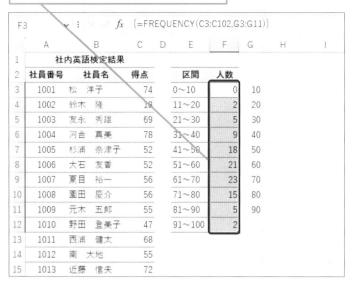

使いこなしのヒント

配列数式を修正したり 削除したりするには

配列数式は、セル単位では編集や削除を行えません。配列数式を修正するには、配列数式を入力したすべてのセルを選択してから、数式バーで修正し、最後に[Ctrl]+[Shift]+[Enter]キーを押して確定します。また、配列数式を削除するには、配列数式を入力したすべてのセルを選択して[Delete]キーを押します。

使いこなしのヒント

「10、20、30……」と 効率よく入力するには

手順1で最大値を入力するとき、以下の操作のように先頭2つの数値を入力してオートフィルを使用すると効率よく入力できます。

1	セルG3に「10」、セルG4に「20」とそれぞれ入力	2	セルG3 〜 G4をドラッグして選択

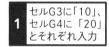

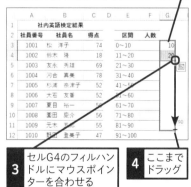

3	セルG4のフィルハンドルにマウスポインターを合わせる	4	ここまでドラッグ

オートフィルで数値が入力された

2　ヒストグラムを作成する

グラフの横（項目）軸に点数の区間、縦（値）軸に各区間の人数を表示させる

1	セルE2 〜 F12をドラッグして選択

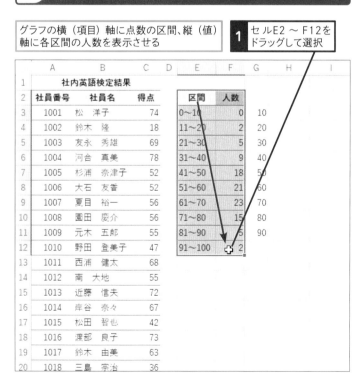

●選択したセル範囲からグラフを作成する

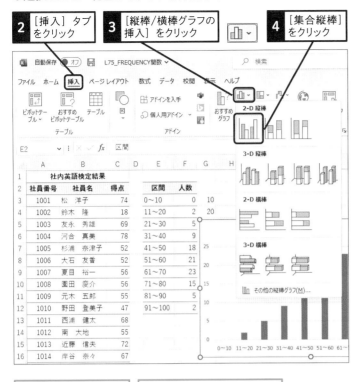

2 [挿入] タブ
をクリック

3 [縦棒/横棒グラフの
挿入] をクリック

4 [集合縦棒]
をクリック

得点区間ごとの分布が
縦棒グラフで表示された

書式を変更し、ヒストグラムを
作成する

5 データ系列を
右クリック

6 [データ系列の書式設定] を
クリック

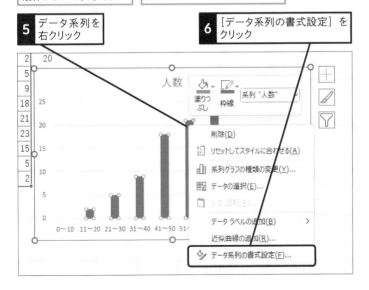

使いこなしのヒント

G列を非表示にするには

度数分布表やグラフを作成したら、G列に
入力した「10、20、30……」を列ごと非
表示にして、見栄えを整えましょう。その
際、G列の上にグラフが配置されていると
グラフのサイズが変わってしまうので、グ
ラフを移動してからG列を非表示にすると
いいでしょう。

1 レッスン07を参考にグラフを
表の右に移動

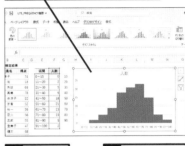

2 G列を右
クリック

3 [非表示] を
クリック

G列が非表示になった

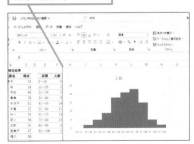

次のページに続く ➡

●要素の間隔を入力する

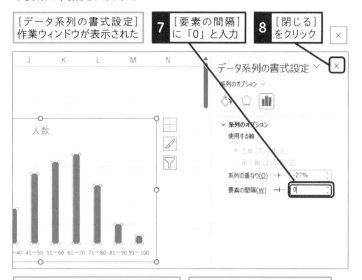

| [データ系列の書式設定] 作業ウィンドウが表示された | 7 [要素の間隔] に「0」と入力 | 8 [閉じる] をクリック |

各得点層の人数の分布がひと目で把握できるようになった

必要に応じてグラフの位置や書式を変更しておく

要素の間隔を設定して棒をすき間なく並べる

一般的にヒストグラムは隣同士の棒をぴったりくっ付けて、全体の山の形でデータの散らばり具合や偏りなどを読み取ります。操作7のように [要素の間隔] を「0」にすると、棒同士がすき間なく並びます。

スキルアップ

パレート図を作成するには

パレート図は、項目を大きい順に並べた縦棒グラフと、その累積構成比の折れ線グラフを組み合わせたグラフで、データ分析によく使用されます。以下のように商品名と売上高のセル範囲から [パレート図] を作成すると、自動で商品ごとに売上高が集計され、売上高の高い商品順に並んだパレート図を簡単に作成できます。

1 [商品] と [売上高] の列をドラッグして選択

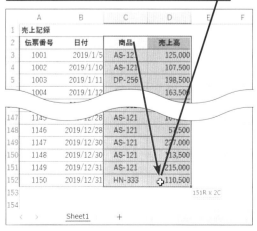

2 [挿入] タブをクリック

3 [統計グラフの挿入] をクリック

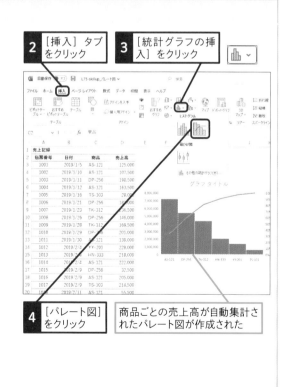

4 [パレート図] をクリック

商品ごとの売上高が自動集計されたパレート図が作成された

スキルアップ

［ヒストグラム］は度数分布表が不要

［ヒストグラム］では、得点が並んだセル範囲から直接ヒストグラムを作成できます。以下の手順では、［ビンの幅］に「10」、［ビンのアンダーフロー］に「20」と指定して、ヒストグラムに10刻みの分布を表示しました。「ビン」とは、ヒストグラムの棒のことです。度数分布表を用意する必要がないので便利ですが、［ヒストグラム］では詳細な設定ができません。横（項目）軸の区間名を「11 〜 20」のように分かりやすく表示したり、棒に凝った書式を設定したい場合は、このレッスンで紹介した手順でヒストグラムを作成しましょう。

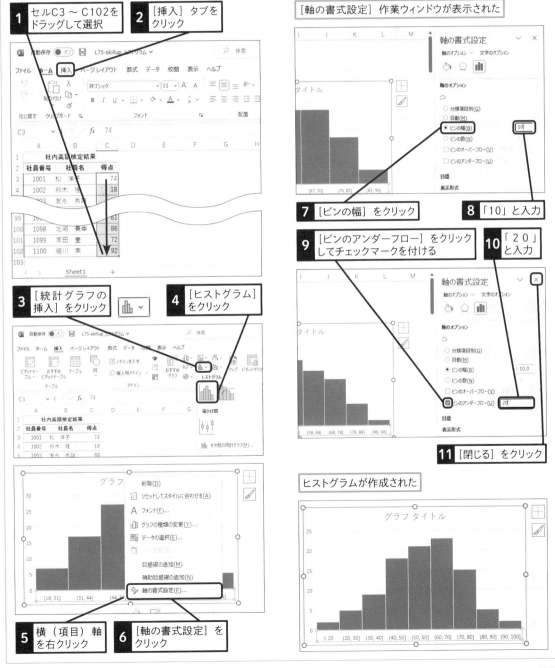

1 セルC3 〜 C102を
ドラッグして選択

2 ［挿入］タブを
クリック

3 ［統計グラフの
挿入］をクリック

4 ［ヒストグラム］
をクリック

5 横（項目）軸
を右クリック

6 ［軸の書式設定］を
クリック

［軸の書式設定］作業ウィンドウが表示された

7 ［ビンの幅］をクリック

8 「10」と入力

9 ［ビンのアンダーフロー］をクリック
してチェックマークを付ける

10 「20」
と入力

11 ［閉じる］をクリック

ヒストグラムが作成された

この章のまとめ

適材適所でグラフの種類を使い分けよう

「グラフ」と聞いて思い浮かべるのは、棒グラフ、折れ線グラフ、円グラフではないでしょうか。この3種類を使えば大半のビジネスデータをグラフ化できますが、一方でこの3種類ではうまく表現できないビジネスデータもあります。例えば、製品の機能評価のデータは、「レーダーチャート」を使うと評価の高低やバランスを直感的につかめます。また、株価データは、「株価チャート」を使うと相場のトレンドを把握できます。

この章では、レーダーチャートや株価チャート、散布図、バブルチャート、ヒストグラム、……、といった特定のデータを表現するためのグラフを紹介しました。いずれも専門性の高いグラフですが、Excelのグラフ機能で簡単に作成できるものばかりです。グラフの種類を適材適所で使い分けることで、データの可視化を適切に行えるのです。

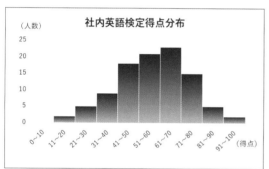

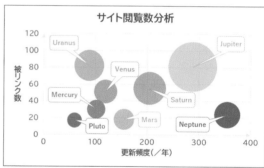

これまで棒、折れ線、円グラフしか使ったことがありませんでしたー。

この章で紹介したグラフはあまり馴染みがないかもしれませんが、データ分析の分野ではよく使われるものばかりですよ。

バランスや分布、階層、累積など、分析内容に合わせてグラフを上手に選ばなきゃいけませんね。

グラフの種類に迷ったときは、この章のページをめくって、目的に合うグラフを探してくださいね！

活用編

第9章

データを効果的に見せる
テクニック

グラフは、説得力のある資料作りに欠かせない存在です。この章
では、伝えたいことを相手に伝えるためのグラフ作成のポイント
や、データをより効果的に見せるためのテクニックを紹介します。

訴求効果のあるグラフを作成しよう

いよいよ最後の章です。ここまで、さまざまなグラフの作成方法や設定方法を学んできました。本章では、学習の総まとめとして説得力のあるグラフ作りのコツや受け手の誤解を招かないための注意事項などを学びましょう。

グラフで印象操作はすべからず

初めて営業成績がマヤさんを上回った記念にグラフを作ってみました！

うわっ。タクミさんの棒グラフは私のより3倍大きい！ トリプルスコアの差を付けられちゃった！

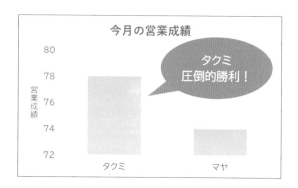

今月の営業成績

タクミ 圧倒的勝利！

おやおや、目盛りをよく見てください。このグラフは「72」以下が省略されていますよ。

目盛りの最小値を「0」に変更

目盛りの最小値を「0」に変えると……。

てへへ。実はそんなに差がありません！

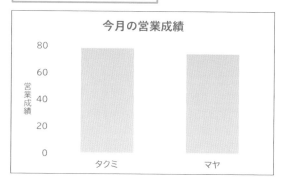

今月の営業成績

タクミさん、印象操作はいけませんよ。グラフで数値を正確に伝えることがビジネスルールです！

説得力のあるグラフ作りのコツをつかもう

グラフ作りの学習もいよいよ大詰め。最後に、データを効果的に魅せるための
テクニックをいろいろ紹介していきましょう。

「当社」と「A社」に視線を誘導する

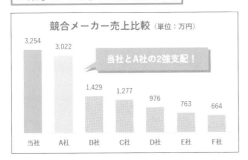

色が違うから、「当社」と「A社」
に自然と目が向きますね♪

大きな文字で好調な数値を主張する

こんなに大きいフォントサイズ
を使ったことがなかったけど、
確かに目立つ!!

アピールポイントを文字で伝える

こちらの文字も大きくて、
言いたいことがダイレクト
に伝わります!

縦（値）軸をグラフの右に移動する

目盛りのそばにあるから直近の
数値が読みやすいし、系列名
も折れ線に直接付いているか
ら分かりやすいです。

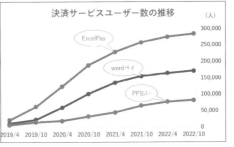

77 棒を太くして量の違いを アピールしよう

棒の太さ

練習用ファイル　L77_棒の太さ.xlsx

棒の太さで「量」の変化を強調する

時間の経過に伴う数値の推移を表すグラフは「折れ線」というイメージが強いでしょう。確かに数値が上昇傾向にあるか下降傾向にあるかに焦点を置くなら折れ線グラフが最適です。しかし、時間の経過に伴って「量」がどれだけ変化したかをアピールしたい場合は、棒グラフを使用しましょう。棒グラフは、棒の高さや面積がダイレクトに数値の大きさを表すので、量の違いや変化を強調するのに持ってこいのグラフです。ただし、Excelで作成したままのグラフだと棒が細いので、棒の面積による強調効果をあまり期待できません。棒グラフを作成したら、必ず棒の太さを調整しましょう。

ここでは年度ごとの営業利益の推移を表す縦棒グラフで、棒の太さを変更します。[After] のグラフは棒にインパクトがあるので、数値の変化が実感しやすいのではないでしょうか。

🔗 関連レッスン

🔍 キーワード

Before

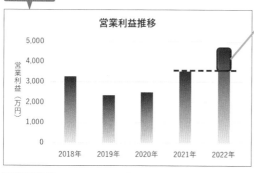

量の増加のアピール力が弱い

After

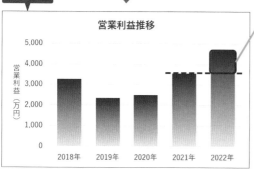

棒を太くすると量の増加を強調できる

活用編　第9章　データを効果的に見せるテクニック

1 棒グラフの棒を太くする

1 系列を右クリック **2** [データ系列の書式設定] をクリック

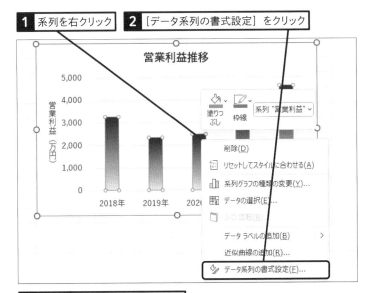

3 [要素の間隔] に「60」と入力

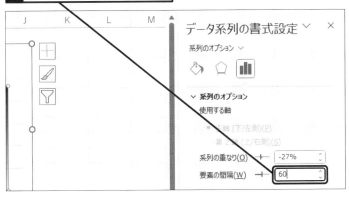

[閉じる] をクリックして [データ系列の書式設定]
作業ウィンドウを閉じておく

棒が太くなった

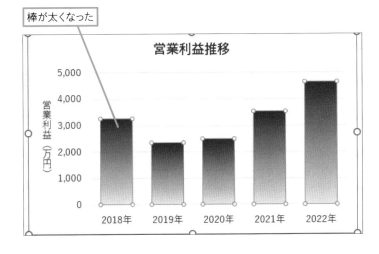

💡 使いこなしのヒント

階段グラフも作れる

[要素の間隔] を活用すると、以下のステップで階段グラフを作成できます。例えば金利の推移をグラフにするには、金利の右列に非常に小さい値を入力し、2段の積み上げ縦棒グラフを作成します。下の棒を透明にし、175ページを参考に区分線を入れてください。

1.積み上げ用の数値を入力

	A	B	C
1	金利推移		
2	月	金利	
3	1月	1.08%	0.01%
4	2月	1.18%	0.01%
5	3月	1.12%	0.01%
6	4月	1.05%	0.01%
7	5月	1.14%	0.01%
8			

2.積み上げ縦棒を作成する

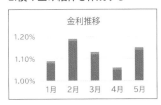

3.要素の間隔を「0」にする

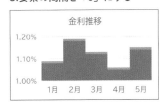

4.下側の棒を透明にする

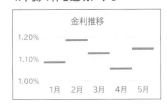

5.区分線を追加する

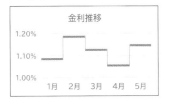

78 棒を大きさ順に並べよう

降順の並べ替え

練習用ファイル　L78_降順の並べ替え.xlsx

売上高の順位が明確になる！

商品別、店舗別、地域別など、時系列ではない項目を横軸に取って縦棒グラフを作成する場合、項目の順序に特別な意味がない限りは、棒を大きい順に左から右へと並べるのが原則です。大きい順にすることで、数値を比較しやすくなります。さらに、売れ行きのよい商品、売り上げに貢献している店舗など、順位に基づくデータ分析もしやすくなります。

ここでは、ブランド別の売上高の積み上げグラフを大きい順に並べ替えます。元表の［合計］欄を降順で並べ替えると、グラフも自動的に合計順に並べ替えられます。売り上げの高いブランドはどれか、売り上げの低いブランドはどれかという情報がほしいとき、［Before］のグラフは全体を見渡さないと判断できませんが、［After］のグラフではぱっと見るだけで判断できます。

🔗 関連レッスン

レッスン45
横棒グラフの項目の順序を
表と一致させるには　　　　P.166

レッスン47
グラフの積み上げの順序を
変えるには　　　　　　　　P.172

🔍 キーワード

系列	P.344
系列名	P.344
データ範囲	P.345

Before

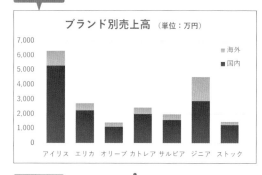

全体を見ないと売り上げに貢献しているブランドが分からない

After

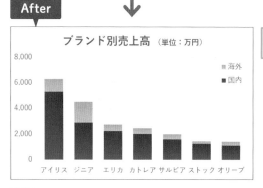

売り上げ順に並んでいるので貢献度の高いブランドがすぐに分かる

活用編　第9章　データを効果的に見せるテクニック

1 棒を大きさ順に並べ替える

[合計] 列の値が大きい順にデータを並べ替える

| 1 | セルD4を
クリック | | 2 | [データ] タブを
クリック | | 3 | [降順] を
クリック |

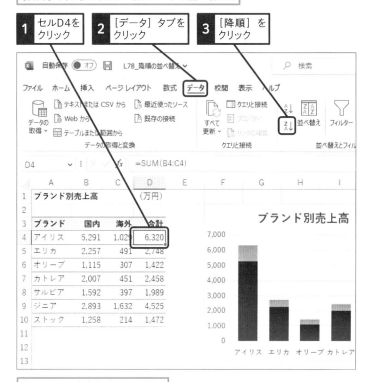

表のデータが [合計] 列の値が
大きい順に並べ替えられる

グラフの棒が大きさ順に並んだ

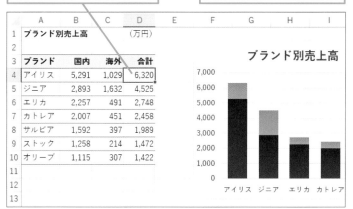

78

降順の並べ替え

用語解説

降順

降順とは、大きい順の順序のことです。表内のセルを1つ選択して [降順] ボタンをクリックすると、選択したセルが数値の場合は大きい数値から小さい数値、日付の場合は古い日付から新しい日付の順に表全体が並び変わります。

使いこなしのヒント

項目の順序に意味がある場合

商品を商品コード順に並べる、支店を所在地順に並べるなど、グラフを見る人にとって分かりやすい"いつもの並び順"がある場合は、棒をその順序で並べるのもいいでしょう。また、時系列データの場合は、棒を時系列順に並べるのが鉄則です。

ここに注意

表の先頭行とデータ行の区別が付かない場合、先頭行もデータと見なされて並べ替えられることがあります。表の先頭行は、2行目以降とは異なる書式を設定しておきましょう。また、表に隣接するセルに何らかのデータが入力されている場合、隣接するセルも含めて並べ替えられることがあります。隣接するセルは空白にしておきましょう。

79 余計な目盛りを削除して数値をダイレクトに伝えよう

数値のデータラベル

棒とデータラベルだけをすっきり表示する

棒グラフを作成すると、当然のように数値軸や目盛り線が表示されます。数値を読み取るには「棒→目盛り線→数値軸」と目でたどる必要があり、わずかながら手間がかかります。数値を伝えることを目的としてグラフを作成する場合は、データラベルを使って数値を表示しましょう。グラフを見るだけで数値が目に飛び込んでくるので、ダイレクトに伝わります。

目盛り線や数値軸の目盛りは不要になるので、思い切って非表示にするといいでしょう。グラフ上の要素を絞りすっきりさせることで、見てほしい情報だけが配置されたグラフとなり、作成者の意図を明確にできます。

🔗 関連レッスン

レッスン15
軸や目盛り線の書式を変更するには
P.68

レッスン45
横棒グラフの項目の順序を
表と一致させるには　　　　　　P.166

レッスン84
気付いてほしいポイントを
図形で誘導しよう　　　　　　　P.322

🔍 キーワード

データラベル	P.345
表示形式	P.345
表示形式コード	P.345

活用編
第9章　データを効果的に見せるテクニック

Before

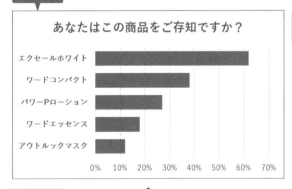

数値を知るには目盛りを
読む必要がある

After

ひと目で数値が分かる

1 データラベルを追加する

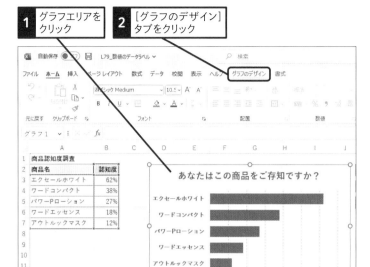

1 グラフエリアをクリック

2 [グラフのデザイン]タブをクリック

3 [グラフ要素を追加]をクリック

4 [データラベル]をクリック

5 [外側]をクリック

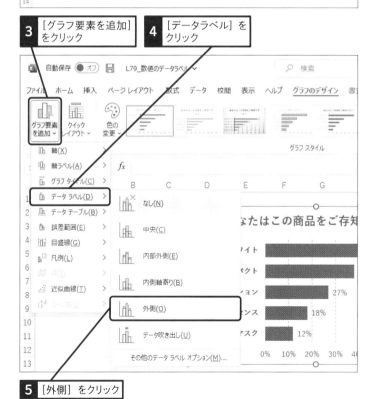

使いこなしのヒント

データラベルの表示形式を設定するには

データラベルの値は、元表のセルに設定されている表示形式で表示されます。このレッスンのグラフの元表には数値のセルにパーセントスタイルが設定されており、データラベルの値もパーセントスタイルで表示されます。独自の表示形式を設定したい場合は、[表示形式コード]を指定します。例えば「0.00」と指定すると、「62%」が「0.62」と小数点第2位までの小数で表示されます。

1 データラベルを右クリック

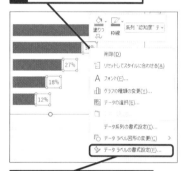

2 [データラベルの書式設定]をクリック

3 ドラッグしてスクロールする

4 [表示形式]をクリック

5 表示形式コードを入力

6 [追加]をクリック

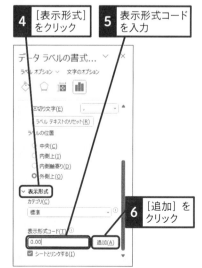

データラベルの表示が変わる

次のページに続く→

2 不要な目盛りを削除する

[認知度] の系列にデータラベルが表示された

1 横（値）軸目盛線をクリック　　**2** Delete キーを押す

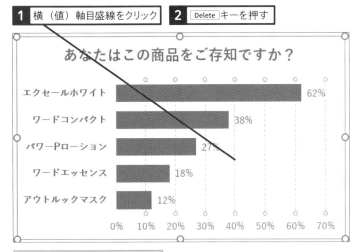

横（値）軸目盛線が削除された

3 縦（項目）軸をクリック　　**4** [書式] タブをクリック　　**5** [図形の枠線] のここをクリック

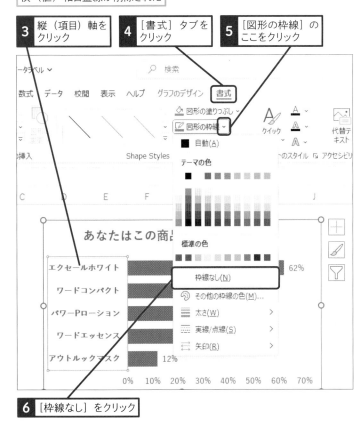

6 [枠線なし] をクリック

使いこなしのヒント

目盛り線は不要

手順2の操作7以降で横（値）軸の目盛りの数値を非表示にします。数値が非表示になると目盛り線が存在する意味がないので手順2の操作2で削除しています。

目盛りの数値を非表示にした場合、目盛り線は不要になる

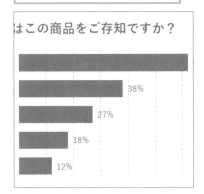

使いこなしのヒント

縦（項目）軸の線を透明にして見た目をすっきりさせる

手順2の操作3 ～ 6では、縦（項目）軸の線を透明にしています。透明にすることでグラフがよりすっきりし、見てほしい情報だけが配置されたグラフとなります。

●横（値）軸の書式を変更する

縦（項目）軸の枠線がなくなった

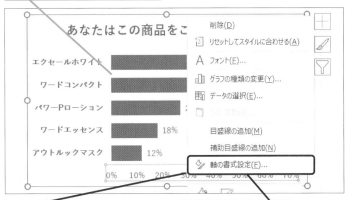

7 横（値）軸を右クリック **8** [軸の書式設定]をクリック

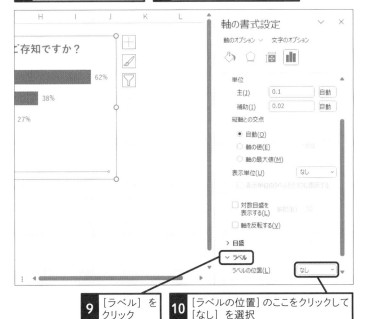

9 [ラベル]を
クリック **10** [ラベルの位置]のここをクリックして
[なし]を選択

横（値）軸のラベルがなくなった

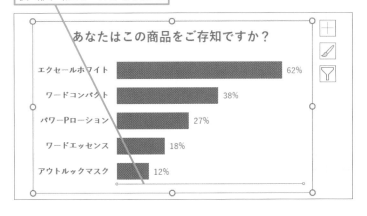

横（値）軸を削除せずに
目盛りの数値を非表示にする

操作7 〜 10の操作の結果、目盛りの数値
は非表示になりますが、横（値）軸は透
明のままグラフ上に残ります。[書式]タ
ブの[グラフ要素]の一覧から[横（値）軸]
をクリックすると選択できるので、元表の
数値が変更されて最大値などを調整する
必要が生じたときも、スムーズに操作で
きます。

横（値）軸は見えないが
存在している

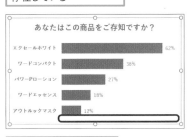

横（値）軸を選択して、
軸の書式設定を行える

横（値）軸を削除してもいい

ここでは横（値）軸を透明のままグラフ上
に残しましたが、削除してもかまいません。
横（値）軸を選択して Delete キーを押すと、
目盛りの数値ごと削除されます。削除後
に横（値）軸の最大値を変更する必要が
生じたときは、あらためてグラフに横（値）
軸を追加して設定を行いましょう。

80 脇役を淡色にして注目データを目立たせよう

色の濃淡

配色を工夫して見せたい部分に視線を集めよう

プレゼンテーションや会議で相手の視線を誘導するには、グラフの配色もポイントになります。主役のデータは濃色、脇役のデータは淡色や無彩色というように色分けしましょう。

下のグラフは競合各社の売り上げを縦棒で表したもので、1位が当社、2位がA社です。1位・2位の売り上げと3位以降の売り上げには大きな差があります。[Before]のグラフでは、すべての棒が同じ色で表示されており、見るべきポイントがすぐには分かりません。それに対して[After]のグラフは、無彩色の棒の中で当社とA社だけを黄色にしています。そのため、自然と1位2位の棒に視線を集めることができ、「当社とA社の2強支配」というグラフの意図が明確に伝わります。

関連レッスン

レッスン16
グラフの中に図形を描画するには　　　　　P.72

レッスン17
いつもとは違う色でグラフを
作成するには　　　　　　　　　　　　　P.76

レッスン81
色数を抑えてメリハリを付けよう
　　　　　　　　　　　　　　　　　　　P.312

キーワード

系列	P.344
データテーブル	P.344
データ要素	P.345

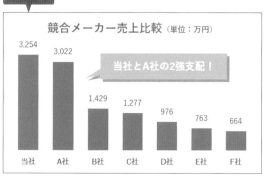

Before

どこを見るべきなのか
一瞬では判断できない

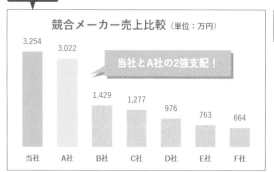

After

見るべき場所に瞬時に
視線を誘導できる

1 系列の色を濃淡で分ける

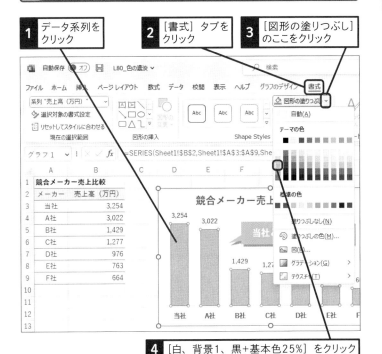

1 データ系列をクリック

2 [書式] タブをクリック

3 [図形の塗りつぶし] のここをクリック

4 [白、背景1、黒+基本色25%] をクリック

引き続きデータ系列を選択しておく

5 [当社] のデータ要素をクリック

6 [書式] タブをクリック

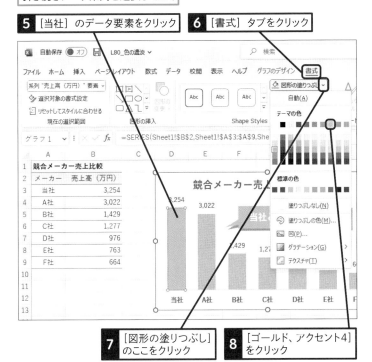

7 [図形の塗りつぶし] のここをクリック

8 [ゴールド、アクセント4] をクリック

同様に [A社] のデータ要素に [ゴールド、アクセント4、白+基本色40%] を設定しておく

80

色の濃淡

使いこなしのヒント

同系色は色馴染みがいい

「強調色＋無彩色」のほか、「同系色の組み合わせ」も色が馴染みます。カラーパレットを使う場合は、[テーマの色] 欄の同じ列から色を選ぶと同系色を設定できます。ほかに使いたい色がある場合は、レッスン65の手順2を参考に [色の設定] ダイアログボックスを使用すると簡単に同系色を設定できます。

1 [標準] タブをクリック

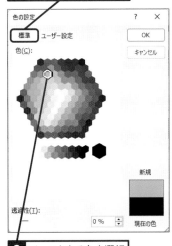

2 ベースとなる色を選択

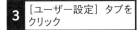

3 [ユーザー設定] タブをクリック

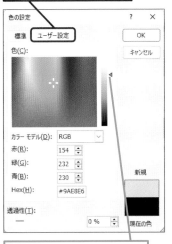

つまみを上下にドラッグするとベースの色の明暗を変えられる

81 色数を抑えて メリハリを付けよう

色とパターンの設定

YouTube 動画で 見る 詳細は2ページへ

練習用ファイル　L81_色とパターンの設定.xlsx

活用編　第9章　データを効果的に見せるテクニック

シンプルな色使いでセンスよく仕上げる

Excelでグラフを作成すると、第1系列に青、第2系列にオレンジ、第3系列に灰色……、というようにカラーパレットの色が自動設定されます。ひと目でExcelのグラフと分かるありきたりの配色なので、受け手によってはあか抜けない印象を持たれるかもしれません。独自の色を設定したくても、洗練された色の組み合わせを探すのはなかなか大変です。そんなときは使用する色を絞って、同系色でまとめてみましょう。

同系色を設定する方法をレッスン80の使いこなしのヒントで紹介しましたが、「パターン」を上手に使って同系色にまとめることもできます。ここでは下の［After］のように、100%積み上げ横棒グラフを緑系の色でまとめます。左の棒に緑色、右の棒に緑のストライプを設定します。使用するのは同系色の緑ですが、パターンの種類を変えることで濃淡だけでなく質感の異なる色を表現でき、シンプルかつメリハリのある仕上がりになります。

関連レッスン

レッスン14
棒にグラデーションを設定するには
P.64

レッスン17
いつもとは違う色でグラフを
作成するには　　　　　　　　P.76

レッスン46
絵グラフを作成するには　　　P.168

キーワード

系列	P.344
データラベル	P.345
ラベル	P.346

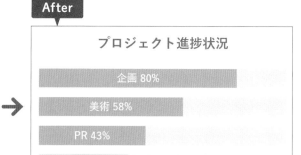

Before

プロジェクト進捗状況

企画 80%	企画 20%
美術 58%	美術 42%
PR 43%	PR 57%
設営 36%	設営 64%

いつもの配色でありきたりな
印象を受ける

After

プロジェクト進捗状況

| 企画 80% |
| 美術 58% |
| PR 43% |
| 設営 36% |

同系色のパターンを使うことでシンプル
だが洗練された印象になる

1 データ系列の色を変更する

1 [済] の系列を
クリック

2 [書式] タブを
クリック

3 [図形の塗りつぶし] の
ここをクリック

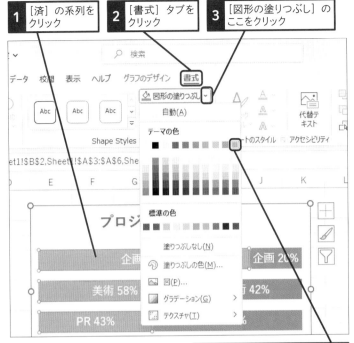

4 [緑、アクセント6] をクリック

2 系列をパターンで塗りつぶす

1 [未] の系列を右クリック

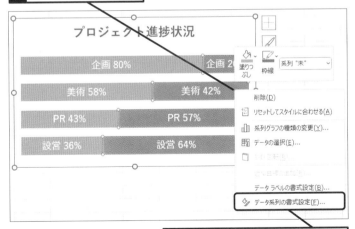

2 [データ系列の書式設定] をクリック

使いこなしのヒント

カラーパレットの配色を
入れ替えてありきたりを阻止

グラフがありきたりな色になるのを防ぐに
は、レッスン17で紹介した [配色] を変
更する方法があります。手順1ではカラー
パレットから色を選んでいるのでグラフが
既視感のある緑になりますが、[配色] を
変更するといつもとは違う色に変えられ
ます。

1 [ページレイアウト]
タブをクリック

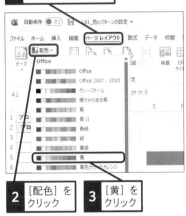

2 [配色] を
クリック

3 [黄] を
クリック

グラフの色が変わった

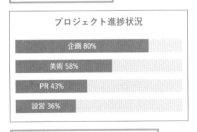

手順1を参考にカラーパレットを
表示すると別の配色になる

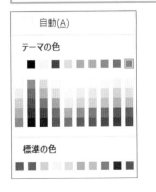

次のページに続く→

●データ系列の書式を設定する

3 ［塗りつぶしと線］をクリック　　**4** ［塗りつぶし］をクリック

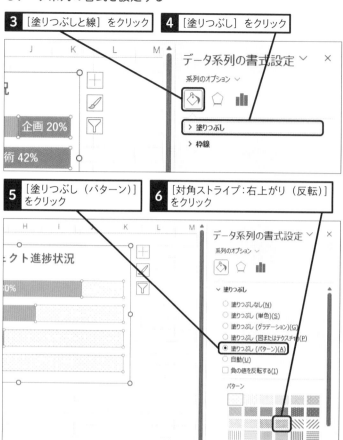

5 ［塗りつぶし（パターン）］をクリック　　**6** ［対角ストライプ：右上がり（反転）］をクリック

7 ここを下にドラッグしてスクロール

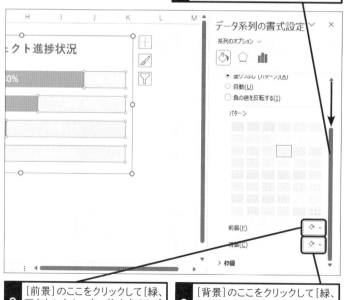

8 ［前景］のここをクリックして［緑、アクセント6、白+基本色80%］を選択

9 ［背景］のここをクリックして［緑、アクセント6、白+基本色60%］を選択

🔦 使いこなしのヒント

「前景」と「背景」って?

塗りつぶしのパターンを設定するには、［前景］と［背景］の2色を指定します。［前景］は模様に付ける色で、［背景］は模様の背景の色のことです。例えば下図の格子模様の場合、青い線が［前景］、ゴールドの面が［背景］となります。

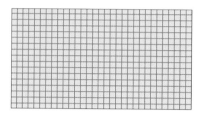

🔦 使いこなしのヒント

グラフエリアにもパターンを設定できる

手順2と同様の操作でグラフエリアにパターンを設定できます。グラフエリアに模様を付けたいときのほか、ほんのり淡い色を付けたいときにも便利です。カラーパレットの薄い色よりさらに薄い色にしたいとき、白の背景に薄い色の模様を使えば、質感のある淡い色を作成できます。本章のレッスン79、レッスン80、レッスン83、レッスン84、レッスン87、レッスン89、レッスン92ではグラフエリアにさまざまなパターンを設定しているので参考にしてください。

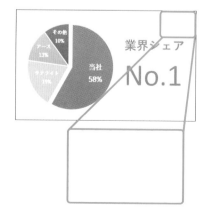

3 データラベルを削除する

[閉じる] をクリックして [データ系列の書式設定]
作業ウィンドウを閉じておく

1 [未] のデータ系列のデータ
ラベルをクリック

2 Delete キーを押す

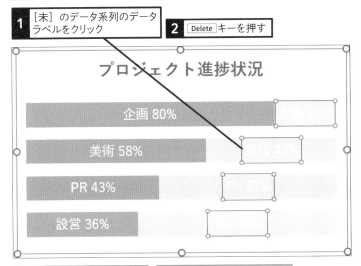

[未] のデータ系列のデータ
ラベルが削除された

グラフを同系色で塗り分ける
ことができた

使いこなしのヒント

未達成の数値を消して
達成率を目立たせる

このレッスンのグラフは、プロジェクトの
進捗状況の達成率と未達成率の表から作
成しています。達成率を見れば未達成率
は分かるので、手順3で未達成率のデータ
ラベルを削除します。削除することで、達
成率の数値が際立ちます。

「済」の列に達成率が
入力されている

	A	B	C
1	プロジェクト進捗状況		
2	プロジェクト	済	未
3	企画	80%	20%
4	美術	58%	42%
5	PR	43%	57%
6	設営	36%	64%
7			

スキルアップ

PowerPointを利用して画像から色の構成を調べるには

グラフにブランドカラーやコーポレートカラーを設定するに
は、色の構成を知る必要があります。PowerPointのスライド
にロゴなどの画像を貼り付け、以下のように操作すると、画
像の色から赤、緑、青の数値を調べられます。調べた数値は、

62ページの使いこなしのヒントを参考に [色の設定] ダイア
ログボックスの [赤] [緑] [青] に入力することでグラフに
設定できます。

画像をPowerPointのスライド
に貼り付けて選択しておく

1 [図の形式] タブ
をクリック

2 [図の枠線]
をクリック

3 [スポイト]
をクリック

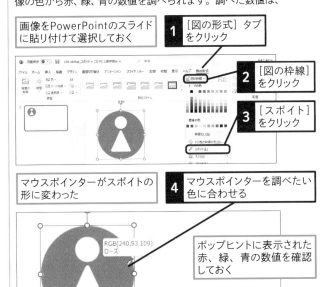

マウスポインターがスポイトの
形に変わった

4 マウスポインターを調べたい
色に合わせる

ポップヒントに表示された
赤、緑、青の数値を確認
しておく

Excelに切り替え、62ページの使いこなしのヒ
ントを参考に [色の設定] ダイアログボックス
を表示しておく

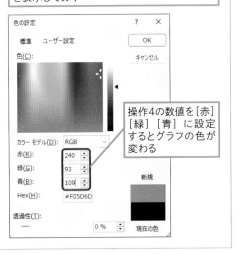

操作4の数値を [赤]
[緑] [青] に設定
するとグラフの色が
変わる

レッスン 82

注目データは文字サイズで主張しよう

フォントサイズの拡大

練習用ファイル　L82_フォントサイズの拡大.xlsx

大袈裟過ぎるくらいがちょうどいい

グラフの注目ポイントの棒に1つだけデータラベルを追加して、元表の数値を表示することがあります。数値により大きな注目を集めるには、大袈裟過ぎると感じるくらいのフォントサイズを大胆に使ってみましょう。

ここでは、ユーザー数の推移を表すグラフで、直近のユーザー数をアピールします。[Before]と[After]のどちらのグラフからも、ユーザー数が年々増加し、直近で10万人に届こうとしていることは分かります。しかし、ユーザー数の増加がより視覚に響くのは、フォントサイズの大きい[After]のグラフではないでしょうか。

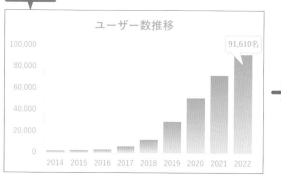

Before

直近のユーザー数が淡々と伝わる

After

直近のユーザー数が強く印象付けられる

使いこなしのヒント

単位の「名」は表示形式で表示する

上のグラフのデータラベルでは、3けた区切りの数値の後ろに「名」という単位が付いています。このような表示にするには、307ページの使いこなしのヒントを参考に「#,##0"名"」という表示形式コードを設定します。

[表示形式コード]に「#,##0"名"」と入力する

1　データラベルを大きくする

1 ［2022］のデータ要素のデータラベルをゆっくり2回クリック

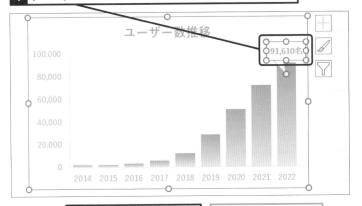

2 ここにマウスポインターを合わせる

マウスポインターの形が変わった

3 ここまでドラッグ

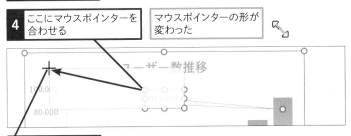

4 ここにマウスポインターを合わせる

マウスポインターの形が変わった

5 ここまでドラッグ

データラベルのサイズが大きくなった

レッスン12を参考に、フォントサイズを［36］に変更しておく

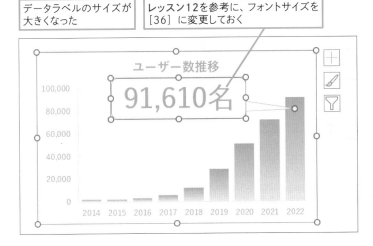

使いこなしのヒント

データラベルの選択状態の違い

データラベルをクリックすると、水色のハンドルで囲まれます。この状態で設定を行うと、すべての棒のデータラベルが設定対象になります。データラベルをもう1度クリックすると、白丸のハンドルで囲まれます。この状態で設定を行うと、クリックしたデータラベルが設定対象になります。データラベルの移動やサイズ変更は、白丸で囲まれたときにしか行えません。

●水色のハンドルで囲まれた状態

すべてのデータラベルが設定対象

●白色のハンドルで囲まれた状態

このデータラベルだけが設定対象

移動やサイズ変更はこの状態で行う

使いこなしのヒント

白丸の状態でフォントサイズを設定しよう

このレッスンのサンプルのようにデータラベルが1つしか表示されていない場合でも、水色のハンドルの状態でフォントサイズを大きくすると、すべてのデータラベルに適用されます。そのため、後から別の棒のデータラベルを表示すると、その文字も36ポイントで表示されてしまいます。今回のように現在表示されているデータラベルだけ設定したい場合は、白丸のハンドルの状態で設定を行いましょう。

83 伝えたいことはダイレクトに 文字にしよう

テキストボックスの利用

練習用ファイル　L83_テキストボックスの利用.xlsx

そのものズバリを文字にして伝える

プレゼンテーション用のグラフは、相手が読み取る努力をしなくても自然に伝わる分かりやすいグラフが理想です。手っ取り早い方法は、こちらの意図を文字にして直接伝えることです。ただし、文章を長々と書き入れるのはご法度です。ひと目で理解できる簡潔なフレーズを使いましょう。

[After] の円グラフでは、テキストボックスに「業界シェアNo.1」と大きな文字で表示しています。グラフを見れば当社がNo.1であることは分かりますが、それは相手がグラフを読み取る意思があってのことです。アピールポイントを文字にすれば、こちらの意図がすっと頭に入り強く印象に残ります。意図を文字にして伝えることで、訴求効果も高まるのです。

関連レッスン

レッスン16
グラフの中に図形を描画するには
P.72

レッスン59
円グラフから扇形を切り離すには
P.226

レッスン84
気付いてほしいポイントを
図形で誘導しよう
P.322

キーワード

グラフタイトル	P.343
データ要素	P.345
プロットエリア	P.345

活用編

第9章　データを効果的に見せるテクニック

Before

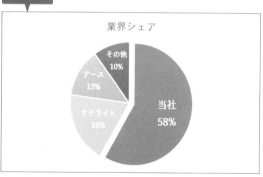

当社がNo.1であることを知るにはグラフを読み取る必要がある

After

当社がNo.1であることが考えなくても自然に伝わる

1 プロットエリアを移動する

1 グラフタイトルをクリック　**2** Delete キーを押す

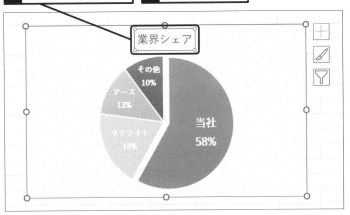

業界シェア

グラフタイトルが削除された

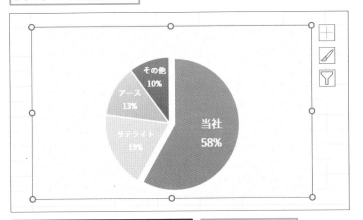

3 プロットエリアにマウスポインターを合わせる　マウスポインターの形が変わった

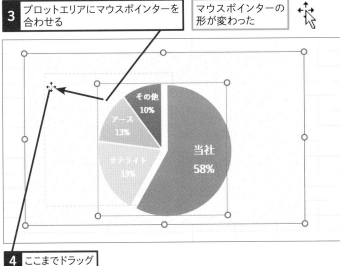

4 ここまでドラッグ

使いこなしのヒント

プロットエリアを確実に移動させるコツ

円の斜め上または斜め下にマウスポインターを合わせると、ポップヒントに[プロットエリア]と表示されます。そのままドラッグすればグラフエリア内で円グラフを移動できますが、より確実に移動するには、まずクリックしてプロットエリアを選択します。するとプロットエリアが枠で囲まれるので、その枠内の無地の部分をドラッグすると分かりやすく移動できます。

1 プロットエリアにマウスポインターを合わせる

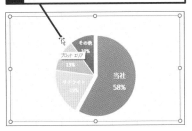

2 そのままクリック

プロットエリアが枠で囲まれた

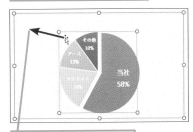

枠内にマウスポインターを合わせてドラッグする

⚠ ここに注意

プロットエリアを移動するとき、誤ってデータ要素（扇形の部分）をドラッグすると、データ要素が円グラフから切り離されてしまいます。必ずプロットエリアの枠内の無地の部分をドラッグしましょう。

次のページに続く →

3 テキストボックスを挿入する

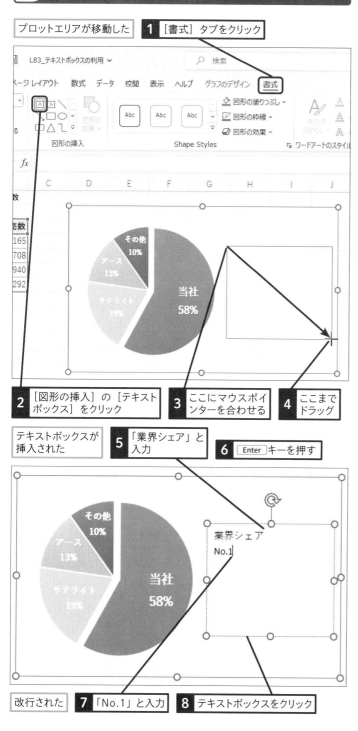

プロットエリアが移動した

1 [書式] タブをクリック

L83_テキストボックスの利用 ∨

検索

ページ レイアウト　数式　データ　校閲　表示　ヘルプ　グラフのデザイン　書式

図形の挿入　　　Shape Styles　　　ワードアートのスタイル

2 [図形の挿入] の [テキストボックス] をクリック

3 ここにマウスポインターを合わせる

4 ここまでドラッグ

その他 10%
アース 13%
サテライト 19%
当社 58%

テキストボックスが挿入された

5 「業界シェア」と入力

6 Enter キーを押す

その他 10%
アース 13%
サテライト 19%
当社 58%

業界シェア
No.1

改行された

7 「No.1」と入力

8 テキストボックスをクリック

活用編

第9章　データを効果的に見せるテクニック

使いこなしのヒント

文字数は少なくしよう

グラフにアピールポイントを書き入れるときは、ひと目で頭に入る短いフレーズを使いましょう。訴求したいことが即座に伝わります。読み込まなくては理解できないような長い文章は避けましょう。

使いこなしのヒント

ビジネス向けのフォント

グラフをプレゼンテーションや会議の資料として作成するときは、読みやすいフォントを使いましょう。例えば、[BIZ UDPゴシック] はビジネス向けのユニバーサルデザインのフォントで、視認性や識別性に優れています。[メイリオ] もユニバーサルデザインを意識して作られたフォントなのでお薦めです。また、[游ゴシック] も読みやすさに定評があります。

用語解説

UDフォント

[BIZ UDPゴシック] を始めとするUDフォント（ユニバーサルデザインフォント）は、年齢や視力に関係なく誰が見ても見やすく、読み間違いにくいフォントです。例えばUDフォントでは、数字の「1（イチ）」、大文字の「I（アイ）」、小文字の「l（エル）」がきちんと判別できるデザインになっています。

文字が判別しやすい

---

4 フォントを調整する

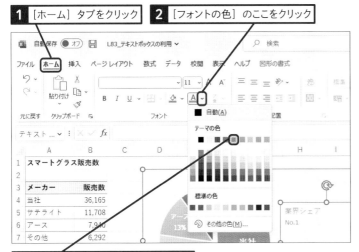

1 ［ホーム］タブをクリック

2 ［フォントの色］のここをクリック

3 ［オレンジ、アクセント2］をクリック

4 「業界シェア」の文字をドラッグして選択

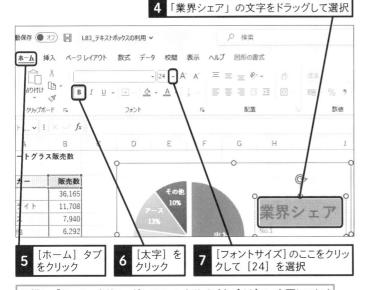

5 ［ホーム］タブをクリック

6 ［太字］をクリック

7 ［フォントサイズ］のここをクリックして［24］を選択

同様に「No.1」をドラッグしてフォントサイズを［60］に変更しておく

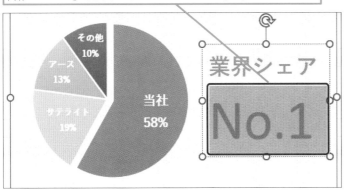

使いこなしのヒント

目立つ色で強調しよう

手順4では、グラフに書き入れたアピールポイントの文字をオレンジ色に変えています。文字に目立つ色を設定することで、アピールポイントがより強調されます。

時短ワザ

文字のサイズは数値で指定できる

［ホーム］タブの［フォントサイズ］欄に直接数値を入力すると、フォントサイズを素早く変更できます。1 〜 409の範囲であれば、一覧リストの選択肢にない数値を入力することも可能です。

フォントサイズの欄に数値を入力できる

84 気付いてほしいポイントを 図形で誘導しよう

図形の利用

練習用ファイル　L84_図形の利用.xlsx

矢印を使って上昇傾向を強調する

グラフで伝えたいことを相手に理解してもらう手段の1つに「図形」があります。特に使い勝手がいいのは「矢印」でしょう。矢印を使えば、「上昇」「下降」など、数値の向きを具体的に示せます。Excelには直線に矢じりが付いた単純な線矢印、ブロック矢印、カーブ形の矢印、吹き出し付きの矢印などさまざまな種類が用意されているので上手に利用しましょう。

ここでは売上高の推移を表す縦棒グラフに線矢印を追加します。[Before] のグラフと比べると、矢印を入れた [After] のグラフからは売上高が上昇傾向にあることがストレートに伝わります。

🔗 関連レッスン

レッスン81
色数を抑えてメリハリを付けよう
P.312

レッスン83
伝えたいことはダイレクトに
文字にしよう
P.318

レッスン88
見せたいデータにフォーカスを
合わせよう
P.332

🔍 キーワード

グラフエリア　　　　　P.343
表示形式コード　　　　P.345

活用編

第9章　データを効果的に見せるテクニック

Before

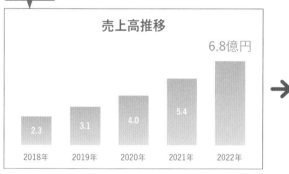

売り上げが増加している

After

売り上げの増加がより強調される

💡 使いこなしのヒント

「6.8億円」と表示するには

このレッスンのグラフは「億円」単位の数値が入力された表から作成しており、数値の単位を伝えるために一番右のデータラベルに「6.8億円」と表示しています。このような表示にするには、307ページの使いこなしのヒントを参考に「0.0"億円"」という表示形式コードを設定します。

	A	B
1	売上高推移	
2	年度	売上高（億円）
3	2018年	2.3
4	2019年	3.1
5	2020年	4.0
6	2021年	5.4
7	2022年	6.8
8		

元表に「億円」単位の数値が入力されている

1 矢印を挿入する

| 1 [グラフエリア] をクリック | 2 [書式] タブをクリック |

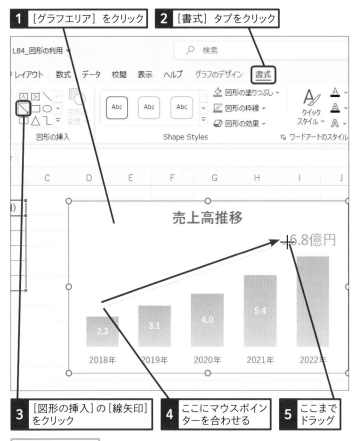

| 3 [図形の挿入] の [線矢印] をクリック | 4 ここにマウスポインターを合わせる | 5 ここまでドラッグ |

矢印が挿入された

| [図形の書式] タブの [図形の枠線] をクリックして [ゴールド、アクセント4] を設定しておく | 同様に [図形の枠線] をクリックして [太さ] をクリックし、[6pt] を設定しておく |

使いこなしのヒント

アイコンも使用できる

グラフを選択して [挿入] タブの [図] - [アイコン] をクリックすると、下図のようなアイコンの一覧が表示され、グラフにアイコンを挿入できます。挿入したアイコンは、[グラフィックス形式] タブの [グラフィックの塗りつぶし] から色を変更できます。

グラフを選択しておく

[挿入] タブの [図] - [アイコン] をクリックしてアイコンの一覧を表示しておく

| 1 「矢印」と入力 | 2 挿入したいアイコンをクリック |

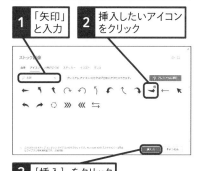

3 [挿入] をクリック

グラフにアイコンが挿入された

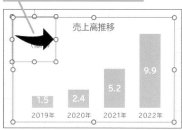

サイズと角度、色を調整しておく

レッスン 85

凡例を使わずに直接折れ線に系列名を付けよう

系列名のデータラベル

YouTube 動画で見る
詳細は2ページへ

練習用ファイル L85_系列名のデータラベル.xlsx

活用編 第9章 データを効果的に見せるテクニック

折れ線と凡例を照らし合わせる手間を省く

Excelで複数の系列があるグラフを作成すると、系列名と色の対応が凡例に表示されます。棒グラフの場合、棒と凡例の並びが一致するので順に目で追って照らし合わせることができます。一方、折れ線グラフの場合、折れ線と凡例の並びが一致しない上、折れ線が途中で交差するため、凡例との照らし合わせが面倒です。どの系列の折れ線なのかすぐに分かるグラフにするには、データラベルを使用して折れ線に直接系列名を書き入れましょう。ここでは[After]のグラフのように、プロットエリアの右側にスペースを作って、右端のマーカーにデータラベルを追加し、系列名を表示します。

関連レッスン

レッスン53
折れ線全体の書式や一部の書式を
変更するには　　　　　　　　P.200

レッスン54
縦の目盛り線をマーカーと重なるように
表示するには　　　　　　　　P.204

キーワード

クイックレイアウト	P.343
系列名	P.344
データラベル	P.345
マーカー	P.346

Before

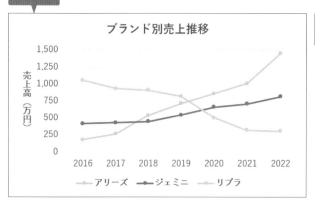

折れ線と凡例を照らし合わせるのに
視線の移動が必要

After

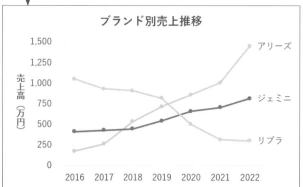

折れ線のすぐそばに系列名が表示されて
いるので視線を動かす必要がない

1 プロットエリアのサイズを変更する

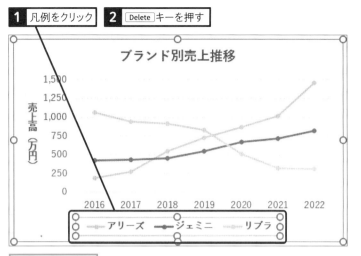

| 1 | 凡例をクリック | | 2 | Delete キーを押す |

凡例が削除された

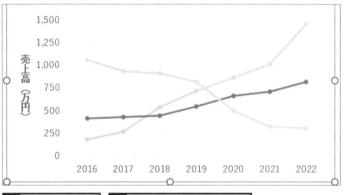

| 3 | プロットエリアをクリック | | 4 | ここにマウスポインターを合わせる |

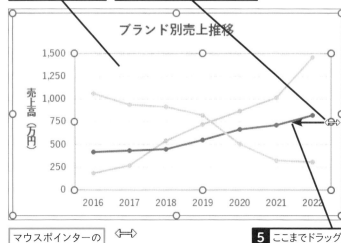

マウスポインターの形が変わった

| 5 | ここまでドラッグ |

使いこなしのヒント

グラフ内の要素が重複しないようにしよう

折れ線に系列名を表示すると、凡例で系列名を確認する必要はなくなります。そこで、操作2で凡例を削除しています。

凡例とデータラベルの説明している内容が重複してしまう

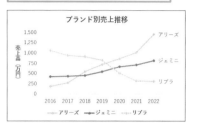

使いこなしのヒント

折れ線の右側にスペースを作ろう

作成直後のグラフには、折れ線の右側にデータラベルを収めるスペースがありません。操作3〜5では、スペースを作るためにプロットエリアのサイズを変更しています。

使いこなしのヒント

グラフのレイアウトが自動調整されなくなる

グラフ要素を追加／削除すると、通常はプロットエリアのサイズが自動調整され、レイアウトが整います。プロットエリアのサイズを手動で変更すると、それ以降はサイズの自動調整機能が働かなくなります。なお、[グラフのデザイン] タブの [クイックレイアウト] から何らかのレイアウトを設定すると、再度サイズの自動調整機能が働くようになります。

次のページに続く➡

2 折れ線の右端に系列名を表示する

1 [アリーズ] 系列の [2022] のデータ要素を
ゆっくり2回クリック

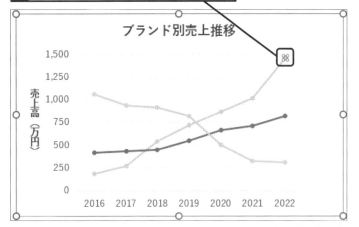

2 [アリーズ] 系列の [2022]
のデータ要素を右クリック

3 [データラベルの追加] を
クリック

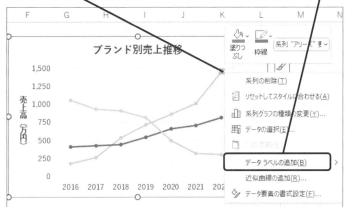

4 [アリーズ] 系列の [2022] のデータ
要素をもう一度右クリック

5 [データラベルの書式設
定] をクリック

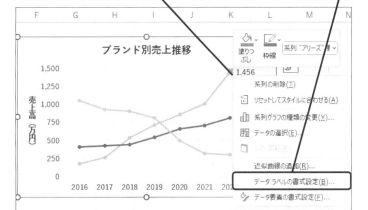

⚠ ここに注意

手順2では、ゆっくり2回クリックして右
端のデータ要素を選択してからデータラ
ベルを追加してください。1回クリックし
ただけで操作を進めると、データラベル
がすべてのデータ要素に追加されてしま
うので注意してください。

💡 使いこなしのヒント

[レイアウト6] を使う手もある

[Before] のグラフの状態で [グラフのデ
ザイン] タブの [クイックレイアウト] か
ら [レイアウト6] を設定すると、自動的
に右端のデータ要素に系列名と数値が表
示されます。後はプロットエリアのサイズ
を変更し、データラベルから数値を削除
すれば [After] の状態にできます。

[レイアウト6] を設定すると、系列名
と数値が表示される

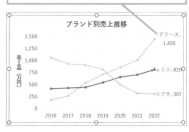

プロットエリアのサイズを変更する

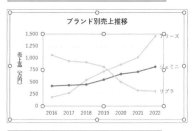

データラベルから数値を削除する

●データラベルの内容を設定する

6 [系列名] をクリックしてチェックマークを付ける

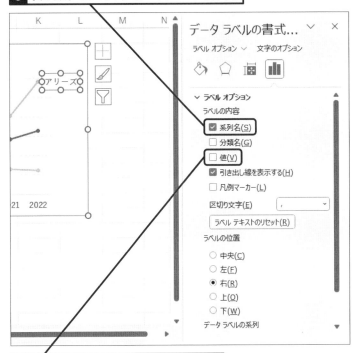

7 [値] をクリックしてチェックマークをはずす

データラベルに系列名のみが表示された

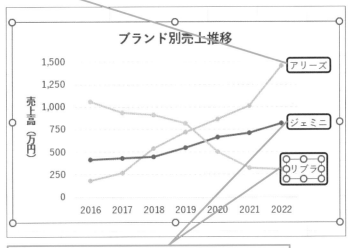

同様に [ジェミニ] 系列の [2022] のデータ要素、[リブラ]
系列の [2022] のデータ要素にもデータラベルを付けておく

💡 使いこなしのヒント

データラベルを
右クリックしてもいい

手順2の操作4ではデータ要素を右クリッ
クしていますが、データラベルの右クリッ
クからも操作できます。その場合、必ず
データラベルを2回クリックして白丸のハ
ンドルで囲まれた状態にしてから右クリッ
クし、[データラベルの書式設定] をクリッ
クしてください。1回クリックしただけで
操作を進めると、すべてのデータ要素に
系列名が表示されてしまいます。

💡 使いこなしのヒント

データラベルの色を線と
そろえると分かりやすい

データラベルの文字を折れ線と同じ色に
すると対応が分かりやすくなります。

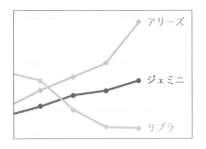

💡 使いこなしのヒント

マーカーに数値を表示できる

203ページのスキルアップを参考にマー
カーのサイズを大きくしておき、[グラフ
のデザイン] タブの [グラフ要素を追加]
- [データラベル] - [中央] をクリックす
ると、マーカーの中に数値を表示できます。

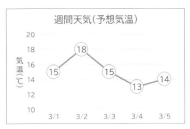

レッスン 86 折れ線の変化が分かるように 数値軸を調整しよう

数値軸の範囲

練習用ファイル L86_数値軸の範囲.xlsx

活用編 第9章 データを効果的に見せるテクニック

上向きか下向きか傾向を明確にしよう

折れ線グラフは、前後の数値の差から傾向を読み取るグラフです。数値が上向きなのか下向きなのかが重要なので、折れ線の傾きが目立つように縦（値）軸の目盛りの範囲を設定しましょう。

下の［Before］のグラフは、「当社製品」と「競合商品」の売り上げの推移を表した折れ線グラフです。当社製品の伸びをアピールしたいのですが、目盛りが0～7,000と広いため、折れ線がほぼ平坦で傾向がつかみにくくなっています。［After］のグラフでは、目盛りの範囲を4,500～6,500に変更しました。範囲を絞り込んだ分だけ折れ線の変化が大きくなり、当社製品の伸びを強力にアピールできます。

関連レッスン

レッスン43
棒グラフの高さを波線で省略するには
P.156

レッスン44
縦棒グラフに基準線を表示するには
P.162

レッスン53
折れ線全体の書式や一部の書式を変更するには
P.200

キーワード

系列	P.344
第2軸縦（値）軸	P.344
縦（値）軸	P.344

Before

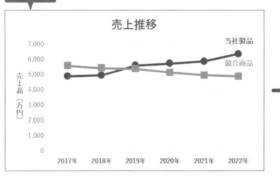

折れ線が平坦で変化が分かりづらい

After

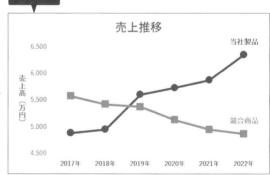

折れ線の傾きが大きくなり「当社製品」の伸びをアピールできる

使いこなしのヒント

縦棒グラフの目盛りは「0」から始める

折れ線グラフは傾きから傾向を判断するグラフなので、傾きを明確にするためには軸の範囲の調整は必要です。一方、縦棒グラフや横棒グラフは棒全体のサイズで数値の大きさを判断するグラフなので、棒の下を端折ってはいけません。数値軸は「0」から始めるようにしましょう。詳細はレッスン92を参照してください。

1 数値軸の範囲を変更する

1 縦（値）軸を右クリック

2 ［軸の書式設定］をクリック

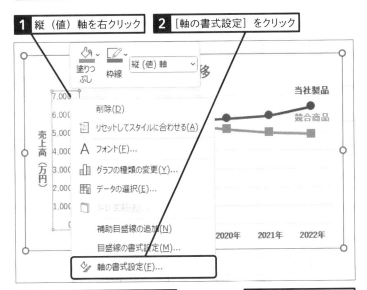

3 ［最小値］に「4500」と入力

4 ［閉じる］をクリック

縦（値）軸の範囲が変更された

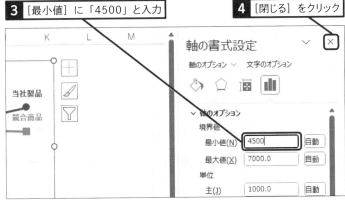

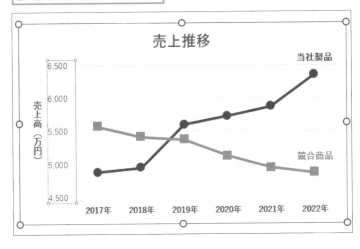

使いこなしのヒント

必要に応じて最大値も設定しよう

初期設定では、縦（値）軸の［最小値］と［最大値］はグラフのサイズやほかの設定に応じて自動的に変化します。このレッスンのグラフの場合、操作3で［最小値］を「4000」に変えると、［最大値］は自動で「7000」から「6500」に変わります。「4000」と入力した後で Enter キーを押すと、［最大値］が変化することを確認できます。別の値にしたいときは、［最大値］も手動で設定しましょう。

［最小値］を変更すると［最大値］も変わる

使いこなしのヒント

当社製品の折れ線を競合製品の前面に重ねるには

複数系列からなる折れ線グラフでは、1系列目が最背面、最後の系列が最前面に重なります。重なり方を変更したいときは、レッスン47を参考に［データソースの選択］ダイアログボックスで系列の順序を入れ替えます。このレッスンのサンプルの場合、「当社製品」の青い折れ線を前面にしたほうがより強調されます。

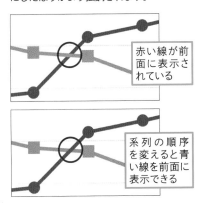

赤い線が前面に表示されている

系列の順序を変えると青い線を前面に表示できる

87 折れ線の形状に合わせて 縦軸の位置を切り替えよう

縦軸との交点

練習用ファイル　L87_縦軸との交点.xlsx

目盛りを左に移動して最新の数値を読みやすく

折れ線グラフに複数の系列を表示して、時間の経過とともに数値の差が広がっていく様子を示したいことがあります。下のグラフは、3種類の決済サービスのユーザー数の推移を表したグラフです。初期のユーザー数はほとんど同じですが、月を追うごとに差が広がっています。このような折れ線グラフでは、縦（値）軸を右側に配置すると見やすいグラフになります。[Before] のグラフと [After] のグラフを比べてください。縦（値）軸を右側に配置した [After] のほうが、最終的な数値が読みやすく、数値の差が大きいことが鮮明に感じられるでしょう。

🔗 関連レッスン

レッスン21
数値軸や項目軸に説明を表示するには
P.88

レッスン54
縦の目盛り線をマーカーと重なるように
表示するには
P.204

🔍 キーワード

軸ラベル	P.344
プロットエリア	P.345
横（項目）軸	P.346

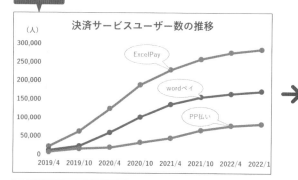

Before

決済サービスユーザー数の推移

最終的な数値が読み取りにくい

After

決済サービスユーザー数の推移

最終的な数値が読み取りやすい

💡 使いこなしのヒント

元表に日付が「年/月」形式で表示されている

上のグラフの元表ではセルに表示形式が設定してあり、日付が「年/月」形式で表示されています。例えば「2019/4/1」と入力したセルには「2019/4」が表示されます。グラフの横（項目）軸もセルの表示形式を継承し、日付が「年/月」形式で表示されます。

A4			fx	2019/4/1	
	A	B	C	D	E
1	決済サービスユーザー数の推移				
2					
3	年月	ExcelPay	wordペイ	PP払い	
4	2019/4	22,447	12,247	7,634	
5	2019/10	63,247	23,277	15,764	
6	2020/4	124,587	60,272	19,563	

1 縦軸の交点を変更する

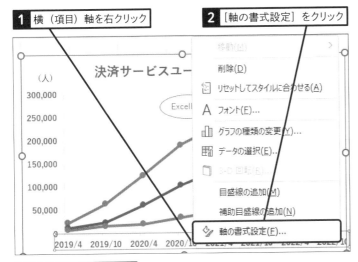

1 横（項目）軸を右クリック

2 ［軸の書式設定］をクリック

メニュー項目:
- 移動(M)
- 削除(D)
- リセットしてスタイルに合わせる(A)
- A フォント(F)...
- グラフの種類の変更(Y)...
- データの選択(E)...
- 3-D 回転(R)...
- 目盛線の追加(M)
- 補助目盛線の追加(N)
- 軸の書式設定(F)...

3 ［最大日付］をクリック

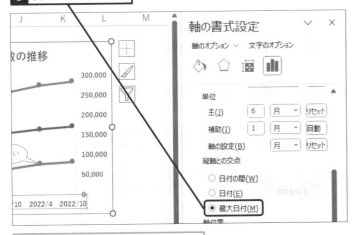

軸の書式設定

軸のオプション ∨　文字のオプション

単位
主(I)　6　月 ∨　リセット
補助(I)　1　月 ∨　自動
軸の設定(B)　月 ∨　リセット

縦軸との交点
- ○ 日付の間(W)
- ○ 日付(E)
- ● 最大日付(M)

右の使いこなしのヒントを参考に、「（人）」のテキストボックスを移動しておく

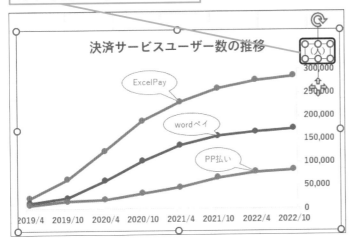

使いこなしのヒント

「最大日付」って何?

このレッスンのグラフの横（項目）軸は、日付が表示される「日付軸」です。操作3の［最大日付］とは、日付軸に表示される最新の日付のことです。［縦軸との交点］で［最大日付］を選択することにより、縦軸が最大日付である「2022/10」の位置に移動します。

使いこなしのヒント

テキスト軸の場合は［最大項目］を選ぶ

横（項目）軸に「4月、5月……」「2021年、2022年……」などが表示されている場合は「テキスト軸」になります。その場合、［縦軸との交点］で［最大項目］を選択すると、縦（値）軸がプロットエリアの右側に移動します。

使いこなしのヒント

テキストボックスを移動しよう

通常、縦（値）軸をプロットエリアの右側に移動すると、縦（値）軸ラベルも右側へ移動します。事前にプロットエリアの位置やサイズを変更していた場合は、縦（値）軸ラベルの位置は自動調整されないので、手動で移動する必要があります。また、テキストボックスの位置はもともと自動調整されないので、手動で移動する必要があります。

1 「（人）」のテキストボックスをクリック

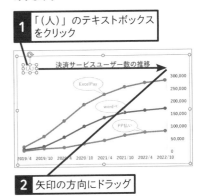

2 矢印の方向にドラッグ

レッスン
88 見せたいデータにフォーカスを合わせよう

グラフフィルター

練習用ファイル　L88_グラフフィルター.xlsx

グラフフィルターで注目データだけを抽出する

資料を作成すると、つい詳しい情報を盛り込んでしまいがちです。もちろん詳しいほうが役に立つケースもありますが、場合によっては情報を盛り込み過ぎるとすべてに気を取られ、ポイントがぼやけてしまうことがあります。情報を絞り込んだほうが、伝えたいことが端的に伝わるでしょう。

下のグラフのアピールポイントは、「売上高が10年で10倍になった」ことです。10年分のデータが表示されている［Before］のグラフより、10年前と現在の2つのデータだけが表示されている［After］のグラフのほうが、アピールポイントが際立ちます。ここでは［グラフフィルター］を使用して、グラフ上のデータを絞り込みます。

関連レッスン

レッスン81
色数を抑えてメリハリを付けよう　　　　P.312

レッスン83
伝えたいことはダイレクトに
文字にしよう　　　　P.318

レッスン84
気付いてほしいポイントを図形で
誘導しよう　　　　P.322

キーワード

グラフフィルター　　　　P.343
データ要素　　　　P.345
横（項目）軸　　　　P.346

活用編　第9章　データを効果的に見せるテクニック

Before 過去10年間売上推移
売上高が10年で10倍に！
95億円 74.7億円 59.9億円 46.8億円 35.7億円 26.2億円 9.9億円 1.6億円 4.3億円 9.0億円
2013年 2014年 2015年 2016年 2017年 2018年 2019年 2020年 2021年 2022年

データがたくさんあるので焦点が定まらない

After 過去10年間売上推移
売上高が10年で10倍に！
95億円
9.9億円
2013年　2022年

見るべきポイントに自然に目が行く

使いこなしのヒント

グラフフィルターって何？

「グラフフィルター」とは、グラフに表示する内容を絞り込む機能です。例えば複数系列からなるグラフの場合、グラフに表示するデータ系列を［系列］欄から絞り込めます。また、［カテゴリ］欄からは横（項目）軸に表示する項目を絞り込めます。

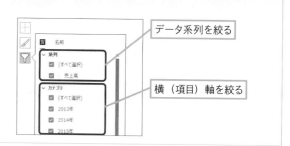

データ系列を絞る

横（項目）軸を絞る

1 不要なデータをグラフから除外する

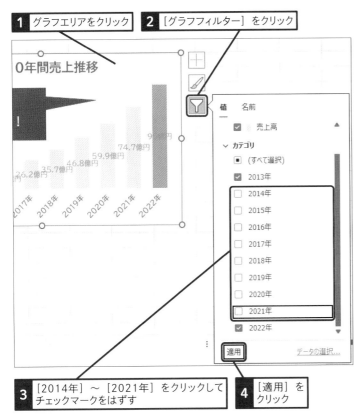

1	グラフエリアをクリック

2	[グラフフィルター] をクリック

値　名前

☑ 売上高

∨ カテゴリ
- ■ (すべて選択)
- ☑ 2013年
- ☐ 2014年
- ☐ 2015年
- ☐ 2016年
- ☐ 2017年
- ☐ 2018年
- ☐ 2019年
- ☐ 2020年
- ☐ 2021年
- ☑ 2022年

適用　　　データの選択...

3	[2014年] ～ [2021年] をクリックして チェックマークをはずす

4	[適用] を クリック

[グラフフィルター] を クリックして閉じておく	レッスン65の手順5を参考に [2022年] のフォントの色を [白、背景1] に変更しておく

過去10年間売上推移

売上高が
10年で10倍に！

9.9億円
2013年　　　　　2022年

レッスン12を参考にフォントサイズを [18] に変更しておく

使いこなしのヒント

非表示にした系列を再表示するには

[グラフフィルター] の一覧を表示し、[(すべて選択)] にチェックマークを付けると、非表示にした項目に自動でチェックマークが付き、簡単にすべての棒を再表示できます。

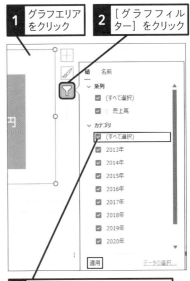

1	グラフエリア をクリック

2	[グラフフィルター] をクリック

値　名前

∨ 系列
- ☑ (すべて選択)
- ☑ 売上高

∨ カテゴリ
- ☑ (すべて選択)
- ☑ 2013年
- ☑ 2014年
- ☑ 2015年
- ☑ 2016年
- ☑ 2017年
- ☑ 2018年
- ☑ 2019年
- ☑ 2020年

適用　　　データの選択...

3	[(すべて選択)] をクリックして チェックマークを付ける

[適用] をクリックすると 再表示される

使いこなしのヒント

作成時にデータを絞り込んでおいてもいい

グラフを作成する時点で「2013年」と「2022年」のデータだけを選択しておけば、最初から目的のデータだけを表示したグラフを作成できます。

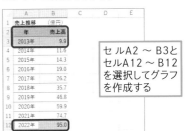

セルA2 ～ B3とセルA12 ～ B12を選択してグラフを作成する

レッスン 89 系列数が多い折れ線は 積み上げる／絞るで対処しよう

積み上げの利用

練習用ファイル　L89_積み上げの利用.xlsx

関連レッスン

レッスン56
特定の期間だけ背景を塗り分けるには　P.210

レッスン57
採算ラインで背景を塗り分けるには　P.216

キーワード

グラフフィルター	P.343
凡例	P.345
凡例項目	P.345

折れ線を積み上げて交差を解消する

折れ線グラフの系列数が多くなると線の交差が増え、1つ1つの折れ線が判別しづらくなります。プロットエリアに見やすく表示できるのは、3～4本程度でしょう。特徴的なデータだけ、または目的のあるデータだけを選んで、グラフ化する系列を絞りましょう。

絞り込みをしたくない場合は、積み上げ面グラフを使用してすべてのデータを積み上げるという方法も考えられます。この方法が使えるのは売上高や売上数のように合計することに意味のある数値に限られますが、データが交差することがないので各データの判別が容易になります。また、凡例との照らし合わせも便利になります。折れ線グラフの右側に凡例を表示した場合、折れ線と凡例の順序がごちゃごちゃで読み取りが困難です。一方、積み上げ面グラフでは、積み上げと凡例の順序が一致します。

Before

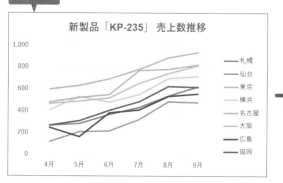

データが交差して見づらい。凡例と折れ線の順序が一致しない

After

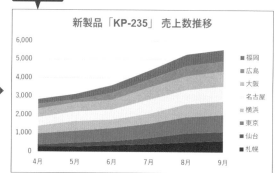

各データを判別しやすい。凡例が積み上げの順序と一致する

※上記の［After］のグラフは練習用ファイルの［書式設定後］シートに用意されています。

使いこなしのヒント

積み上げの順序を変更するには

積み上げ面グラフでは、元表の先頭の項目が一番下、最後の項目が一番上に積み上げられます。積み上げの順序を変えるには、レッスン47を参考に［データソースの選択］ダイア
ログボックスを使用して系列の順序を変更します。積み上げの順序を変えると、連動して凡例の順序も入れ替わります。

活用編 第9章 データを効果的に見せるテクニック

1 積み上げ面グラフに変更する

1 グラフエリアを右クリック　　**2** [グラフの種類の変更] をクリック

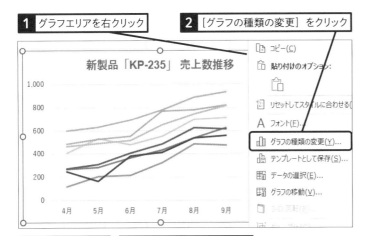

3 [面] をクリック　　**4** [積み上げ面] をクリック

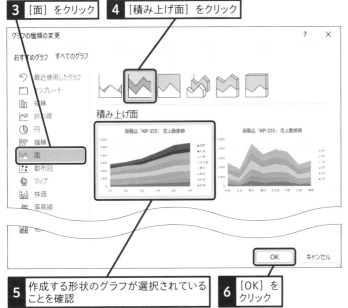

5 作成する形状のグラフが選択されていることを確認

6 [OK] をクリック

グラフの種類が変更された

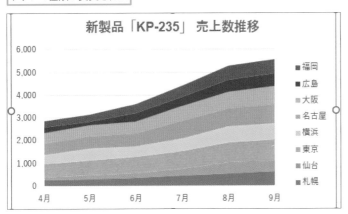

使いこなしのヒント

系列の色を変更するには

積み上げ面グラフの面の部分は、データ系列ごとに [書式] タブの [図形の塗りつぶし] から色を変更できます。

1 色を変更したい系列をクリック

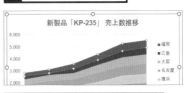

[書式] タブの [図形の塗りつぶし] から色を変更する

使いこなしのヒント

表示する折れ線を絞るには

レッスン88で紹介した [グラフフィルター] を使用すると、表示する折れ線を簡単に絞り込めます。

1 [グラフフィルター] をクリック

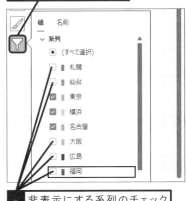

2 非表示にする系列のチェックマークをはずす

3 [適用] をクリック

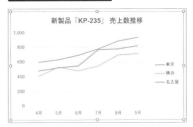

90 「その他」を利用して円グラフの要素を絞ろう

その他の計算

練習用ファイル　L90_その他の計算.xlsx

細かい数値を「その他」としてまとめる

円グラフでは比率の小さなデータが複数あると、見づらくなります。見やすく表示できる要素数は、5 ～ 6個程度でしょう。ただし、見づらいからといって、小さい数値を円グラフから完全に除外してしまってはいけません。円グラフは全体の合計を100%としたときの比率を表すグラフなので、小さい数値も合計に含める必要があります。グラフに表示する要素数を減らすには、小さな数値を「その他」としてグラフの最後に表示します。ここでは元表を作成し直して、グラフも作り直します。

🔗 関連レッスン

レッスン60
項目名とパーセンテージを見やすく
表示するには　　　　　　　　　　P.228

レッスン61
円グラフの特定の要素の内訳を
表示するには　　　　　　　　　　P.232

レッスン62
ドーナツグラフの中心に合計値を
表示するには　　　　　　　　　　P.236

🔍 キーワード

グラフ要素	P.344
データ範囲	P.345

活用編　第9章　データを効果的に見せるテクニック

Before

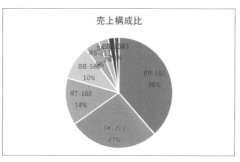

値の小さい要素がごちゃごちゃして見づらい

After

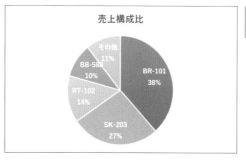

グラフがすっきり
見やすくなる

小さな要素を「その他」
にまとめる

※上記の［After］のグラフは練習用ファイルの［書式設定後］シートに用意されています。

1 その他の数値を計算する

右の使いこなしのヒントを参考に、セルA2 ～ B6を
コピーしてセルA12に貼り付けておく

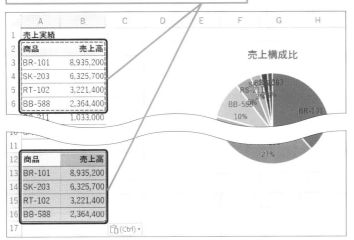

売上構成比

1 セルA17に「その他」と
入力

2 セルB17に「 =SUM(B7:B10) 」と
入力

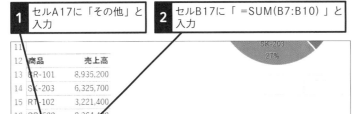

3 Enter キーを押す | 「その他」の値が計算された

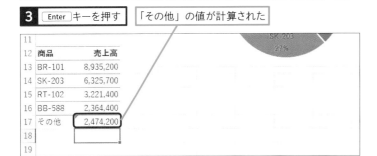

セルA12 ～ B17を選択し［挿入］-［円またはドーナツ
グラフの挿入］-［円］をクリックし円グラフを作成する

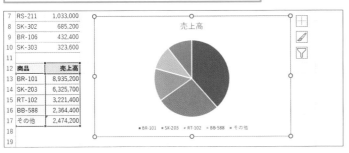

使いこなしのヒント

セルをコピーするには

表を作り直す際、「その他」以外の要素は
以下のようにコピー／貼り付けを利用す
ると効率的です。

1 セルA2 ～ B6をドラッグ
して選択

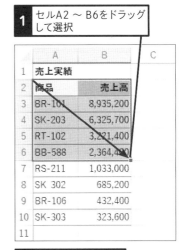

2 Ctrl + C キーを押す

3 セルA12を
クリック **4** Ctrl + V キーを
押す

セルが貼り付けられた

使いこなしのヒント

元のグラフを修正するには

ここでは円グラフを作成し直しましたが、
元からある円グラフを修正する方法もあ
ります。それには円グラフを選択して［グ
ラフのデザイン］タブの［データの選択］
をクリックします。表示される画面の［グ
ラフデータの範囲］欄でセルA12 ～ B17
を指定します。

受け手の誤解を招く
3-Dは控えよう

グラフの形式の変更

数値を正確に表せないグラフはNG！

3-D円グラフは見た目が華やかなので、相手の目を引きたいときに使われることがあります。しかし3-D円グラフには、遠近法により手前の図形が実際の数値より大きく見えてしまう欠点があります。下の［Before］のグラフを見てください。手前にある「当社」の面積が最も大きく見えますが、実際の数値は「A社」が36％、「当社」が32％で「A社」のほうが大きく、見かけと実態が異なっています。［After］の2-D円グラフは、数値の大きさがそのまま扇形の面積で表されます。正確性が求められるビジネスの現場では、受け手の誤解を招いたり、印象操作を疑われる可能性がある3-D円グラフの使用を避け、2-D円グラフを使用するのが賢明です。

🔗 関連レッスン

レッスン86
折れ線の変化が分かるように
数値軸を調整しよう　　　　　P.328

レッスン92
棒グラフの基線はゼロから始めよう
　　　　　　　　　　　　　　P.340

🔍 キーワード

グラフエリア　　　　　　　　P.343
系列　　　　　　　　　　　　P.344

Before

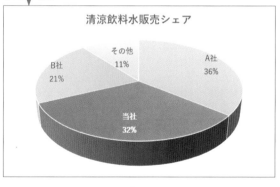

実際のシェアが大きいA社より
当社が大きく見えてしまう

After

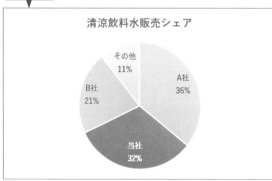

実際のシェアの数値が扇形の
面積に正確に反映される

1 円グラフに変更する

1 グラフエリアを右クリック

2 [グラフの種類の変更] をクリック

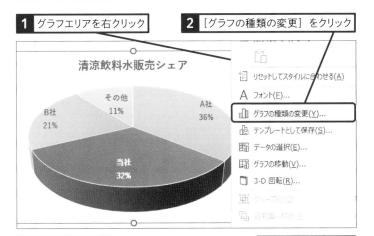

3 [円] をクリック

4 [OK] をクリック

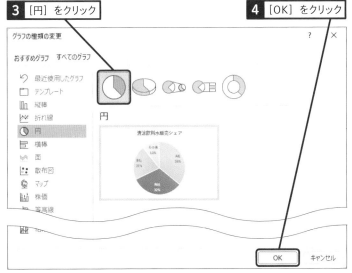

グラフの種類が
変更された

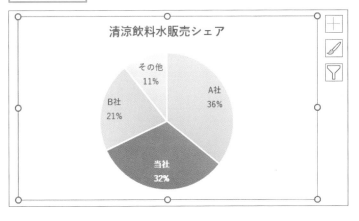

使いこなしのヒント

3-D縦棒では [軸の直交] に注意

棒グラフにも3-Dグラフが用意されています。初期状態では背面の目盛線が等間隔に並び、数値を正確に表せます。しかし、[軸の直交] という設定をオフにすると遠近感が付き、同じ数値でも手前の棒のほうが大きく見えます。3-Dの棒グラフを使用するときは、[軸の直交] がオンの状態のまま使用しましょう。ちなみに [軸の直交] の設定を確認するには、グラフエリアを右クリックして [3-D回転] をクリックします。

● 初期状態の3-D集合縦棒グラフ

数値の大きさが正確に
表される

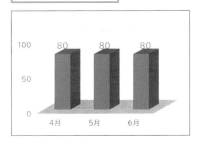

● [軸の直交] をオフにして角度を
調整したグラフ

同じ数値でも手前の棒が
大きく見える

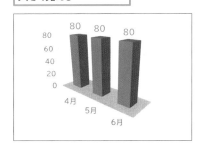

棒グラフの基線は
ゼロから始めよう

最小値の設定

活用編

第9章　データを効果的に見せるテクニック

棒を断りなく端折るのはNG！

棒グラフは、棒全体のサイズで数値の大きさを表現するグラフです。数値軸の「0」を省略して途中の数値から始めると、棒のサイズと数値が一致しなくなり、正確な比較ができません。

下の［Before］のグラフの渋谷店と代々木店の棒を見比べてみましょう。渋谷店の棒は約2倍の高さがあり、売り上げが代々木店の2倍あるように見えます。しかし、実際には縦（値）軸の最小値が「7,000」なので、すべての棒が7,000を差し引いたサイズで表示されており、売り上げに2倍の差はありません。縦（値）軸の最小値を「0」に変更すると、［After］のように各店舗の売り上げに大きな差がないことが分かります。「売り上げに大きな差がない」という正しい情報を伝えるためにも、棒グラフの基線は必ず「0」から始めましょう。

🔗 関連レッスン

レッスン44
縦棒グラフに基準線を表示するには
P.162

レッスン86
折れ線の変化が分かるように
数値軸を調整しよう　　　　P.328

レッスン91
受け手の誤解を招く3-Dは控えよう
P.338

🔍 キーワード

縦（値）軸	P.344
表示形式	P.345

Before

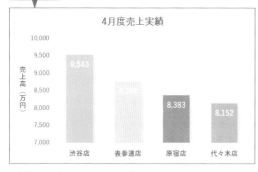

棒の下側が省略されているので棒の
サイズで正確な比較ができない

After

基線が「0」なら棒のサイズで
数値を正確に表せる

1 縦（値）軸の最小値を変更する

1 縦（値）軸を右クリック **2** [軸の書式設定] をクリック

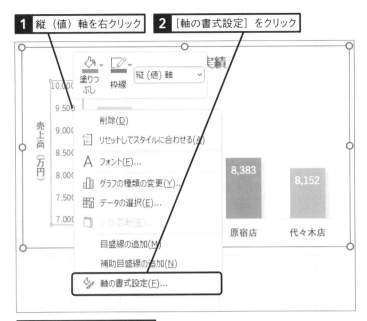

3 [最小値] に「0」と入力

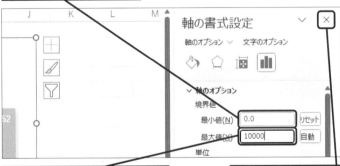

4 [最大値] に「10000」と入力　　**5** [閉じる] をクリック

縦（値）軸の範囲が変更された

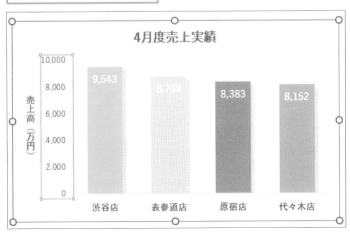

使いこなしのヒント

最大値も変更しよう

初期設定では、縦（値）軸の [最小値] と [最大値] はグラフのサイズやほかの設定に応じて自動的に変化します。このレッスンのグラフの場合、操作3で [最小値] を「0」に変えると [最大値] は「10000」から「12000」に変わります。ここでは最大値を変えたくないので、操作4で [最大値] に「10000」を設定しました。

[最小値] を変更すると [最大値] の値が自動で変更される

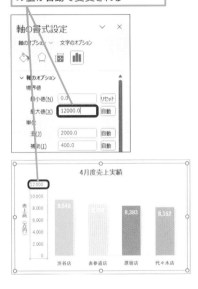

使いこなしのヒント

棒の差を強調したいときは波線を入れよう

棒の高さを省略して各棒の差を強調したいときは、159ページのスキルアップを参考に波線を入れましょう。その際、表示形式を使用して縦（値）軸の「7,000」を「0」に置き換えましょう。

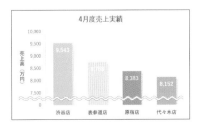

この章のまとめ

今日からあなたもグラフマスター!

この章では、データを効果的に見せるためのグラフ作成のテクニックや、受け手の誤解を招かないための注意ポイントを紹介しました。プレゼンテーションで企画を通すためには、伝えたいことを効果的にアピールする必要があります。重要な数値を大きなサイズで表示する、上向きの矢印を追加して実績の好調を強調する、意図を文字にして添える、といった工夫を重ねることで、伝わるグラフに仕上がります。

また、見る人に誤解を与えないための注意も必要です。見栄えがいいからと3-Dグラフを使ったり、縦棒グラフの足元を端折ったりすると、そのつもりがなくても情報操作と捉えられてしまう危険性があるので気を付けましょう。

グラフを実務に生かしてこそ、グラフ作成の醍醐味を味わえます。本書で紹介したさまざまな機能やテクニックを使いこなして、「グラフマスター」の称号を思いのままにしてください!

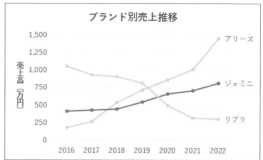

以上ですべてのレッスンが終了です。二人ともよくがんばりました。今日から「グラフマスター」を名乗ってもいいですよ♪

はい。グラフマスターの名に恥じないように、勉強してきたことを生かして説得力のあるグラフ作りに励みます!

やったー、グラフマスターだ! 色を変えたり図形を入れたり、グラフ作りは楽しいです!

楽しんで作ることが、いいグラフを作る最高のテクニックかもしれませんね。これからもグラフ作りを楽しんでください!!

用語集

2軸グラフ

通常、複数の系列を持つグラフはプロットエリアの左端と下端にある軸を共通に使うが、一部の系列に「第2軸」と呼ばれる別の軸を割り当てられる。そのようなグラフを「2軸グラフ」と呼ぶ。第2軸はプロットエリアの右端と上端に表示される。
→系列、プロットエリア

カラーリファレンス

グラフを選択すると、データ範囲のセルが色の付いた枠で囲まれる。その枠のことを「カラーリファレンス」と呼ぶ。カラーリファレンスを移動したりリサイズを変更したりすることで、グラフのデータ範囲を簡単に変更できる。
→データ範囲

クイックアクセスツールバー

よく使うボタンを登録できる帯状の領域。Excel 2019/2016では標準でタイトルバーの左部に表示され、[上書き保存][元に戻す][やり直し]の3つのボタンが並んでいる。Excel 2021とMicrosoft 365では標準では表示されず、[元に戻す][やり直し]は[ホーム]タブ上にある。

クイックレイアウト

グラフのレイアウトを手早く設定できる機能。「タイトルと軸ラベルと凡例」「タイトルとデータテーブル」というように、グラフ要素の組み合わせが複数登録されており、選ぶだけでグラフ要素を簡単に表示できる。
→グラフ要素、軸ラベル、データテーブル、凡例

区切り文字

データラベルに複数の内容を並べる際に、データ間に挿入する文字のこと。[,(コンマ)][;(セミコロン)][(改行)]などの設定項目がある。
→データラベル

区分線

積み上げ縦棒グラフや積み上げ横棒グラフで隣り合う棒の系列同士を結ぶ線。グラフに区分線を入れることで、データの増減が分かりやすくなる。
→系列

グラフエリア

グラフ全体の領域。プロットエリアやグラフタイトルなどのグラフ要素はすべてグラフエリアに配置される。
→グラフタイトル、グラフ要素、プロットエリア

グラフシート

グラフを表示するためのグラフ専用のシート。元のデータとは別に、グラフだけを表示したいときに使う。

グラフスタイル

グラフ全体のデザインを設定するための機能。Excelにはグラフ用の見栄えのする書式が複数登録されており、選ぶだけで簡単に書式を適用できる。グラフタイトルや軸ラベルなどのグラフ要素をグラフに追加する機能も含まれる。
→グラフタイトル、グラフ要素、軸ラベル

グラフタイトル

グラフのタイトルを入力するためのグラフ要素。通常、ほかのグラフ要素より大きな文字で、グラフの上部に配置される。
→グラフ要素

グラフフィルター

グラフを選択したときにグラフの右上に表示されるグラフボタンの1つ。グラフに表示する系列の絞り込みやグラフのデータ範囲の編集ができる。
→グラフボタン、系列、データ範囲

グラフボタン

グラフを選択したときにグラフの右上に表示されるボタン。[グラフ要素][グラフスタイル][グラフフィルター]の3つのボタンがある。
→グラフスタイル、グラフフィルター、グラフ要素

グラフ要素

グラフを構成する個々の部品のこと。グラフエリア、グラフタイトル、凡例、系列などがある。
→グラフエリア、グラフタイトル、系列、凡例

系列

グラフに表示されるデータの集合。既定の書式の棒グラフや折れ線グラフの場合、同じ色で表されるデータ要素の集合が1つの系列となる。また、円グラフの場合は、円全体が1つの系列となる。
→データ要素

系列の重なり

複数の系列がある棒グラフで、隣り合う系列の棒の重なり方を指定する機能。「0」を指定するとぴったりくっ付き、正数を指定すると重なり、負数を指定すると離れる。
→系列

系列名

系列を区別するための名称。通常、元表の見出しが系列名になる。系列名はグラフの凡例に表示される。
→系列、凡例

作業ウィンドウ

特定の操作や設定を行うときに、画面の左や右に表示される設定画面。グラフの詳細な設定項目が作業ウィンドウに表示される。

軸ラベル

軸の説明を入力するためのグラフ要素。通常は縦軸の左、横軸の下に配置されるが、第2軸を表示しているグラフでは第2縦軸の右、第2横軸の上にも配置できる。
→グラフ要素

数式バー

セルの内容を表示したり、編集したりする場所。グラフタイトルや軸ラベルにセルの内容を表示するときにも使用する。
→グラフタイトル、軸ラベル

絶対参照

数式をコピーしても、その数式が参照するセル番号が変わらないセル参照の方法。列番号と行番号に「$」を付けて、「=$A$1」のように指定する。

相対参照

数式をコピーしたとき、コピーした数式が参照するセル番号が自動的に変化するセル参照の方法。「=A1」のように単にセル番号を指定すれば相対参照になる。「=A1」と入力されたセルを真下のセルにコピーすると、コピー先のセルは「=A2」となる。

第2軸縦（値）軸

2軸グラフで第2軸に割り当てた系列が使用する縦（値）軸のこと。プロットエリアの右端に表示される。
→2軸グラフ、系列、縦（値）軸、プロットエリア

第2軸横（値）軸

2軸グラフで第2軸に割り当てた系列が使用する横（値）軸のこと。プロットエリアの上端に表示される。
→2軸グラフ、系列、プロットエリア、横（値）軸

縦（値）軸

縦棒グラフや折れ線グラフなどでプロットエリアの左端に表示される数値の大きさを示す軸。軸は位置を基準に縦軸と横軸、用途を基準に数値軸と項目軸に分けられるが、縦軸の数値軸を「縦（値）軸」と呼ぶ。
→プロットエリア

縦（項目）軸

横棒グラフでプロットエリアの左端に表示される項目名を配置した軸。軸は位置を基準に縦軸と横軸、用途を基準に数値軸と項目軸に分けられるが、縦軸の項目軸を「縦（項目）軸」と呼ぶ。
→プロットエリア

データテーブル

元データを表形式で表示するグラフ要素。すべてのデータの正確な数値を整理して表示できる。
→グラフ要素

データ範囲

グラフの元データのセル範囲のこと。グラフを作成するときに元データとなるセルを選択するが、そのとき選択したセルがデータ範囲となる。

データ要素

系列を構成する1つ1つの要素のこと。棒グラフの場合は1本の棒、折れ線グラフの場合は山や谷から次の山や谷までの線分、円グラフの場合は1つの扇形がデータ要素となる。
→系列

データラベル

データ要素の数値や系列名などを表示するグラフ要素。特定の系列や特定のデータ要素だけに表示することも可能。
→グラフ要素、系列、系列名、データ要素

テキスト軸

項目軸の種類の1つ。テキスト軸では、軸に並ぶ項目名を文字列として扱う。

凡例

系列の色と系列名の対応を示すグラフ要素。系列の色は「凡例マーカー」と呼ばれる小さい四角形で表される。
→グラフ要素、系列、系列名

凡例項目

凡例には凡例マーカーと系列名の組み合わせが系列の数だけ表示される。その1組1組を凡例項目と言う。
→系列、系列名、凡例

日付軸

項目軸の種類の1つ。日付軸では、軸に並ぶ項目名を日付として扱う。元表の日付は自動的に時系列に並べられるので、元表にない日付が補われることもある。

表示形式

データの表示方法。同じ「1234」という数値データでも、表示形式の設定により、「1,234」「1,234.00」「¥1,234」など、さまざまな形で表示できる。通常、軸やデータラベルの表示形式は元データの表示形式を継承するが、グラフ側でも変更できる。
→データラベル

表示形式コード

表示形式を定義する機能。「書式記号」と呼ばれる記号を使用して表示形式コードを設定すると、数値軸やデータラベルの数値の表示形式を定義できる。
→データラベル、表示形式

表示単位

縦（値）軸や横（値）軸などの数値軸では、目盛りの数値を千単位や万単位で表示する機能がある。「千」や「万」などの単位を「表示単位」と呼ぶ。例えば表示単位を千にした場合、「100,000」は「100」と表示される。
→縦（値）軸、目盛、横（値）軸

フィルハンドル

セルやセル範囲を選択したときに、右下隅に表示される小さな四角形のこと。フィルハンドルをドラッグすると、数式をコピーしたり、連続データを作成したりすることができる。

複合グラフ

1つのプロットエリアに複数の種類のグラフを表示したグラフのこと。縦棒グラフと折れ線グラフを組み合わせた複合グラフなどがある。
→プロットエリア

プロットエリア

縦棒グラフの棒や折れ線グラフの折れ線など、グラフ本体が表示される領域。

分類名

横（項目）軸や縦（項目）軸などの項目軸に並ぶ項目名。表からグラフを作成する際に、表の行見出しと列見出しの一方が系列名、もう一方が分類名になる。
→系列名、縦（項目）軸、横（項目）軸

補助目盛

目盛りと目盛りの間を区切る短い線のこと。通常、目盛りより短い線で表示される。

→目盛

補助目盛線

目盛線と目盛線の間に表示する補助的な線のこと。通常、目盛線より目立たない書式で表示される。例えば、目盛線の間隔を「100」、補助目盛線の間隔を「10」とすると、目盛線と目盛線の間に9本の補助目盛線が引かれる。

→目盛線

マーカー

数値の大きさを示す図形のこと。折れ線グラフでは、元データの数値の位置に円や四角形などのマーカーが表示され、隣り合うマーカー同志が線で結ばれる。

目盛

数値軸や項目軸を等間隔に区切る短い線のこと。例えば、目盛りの間隔を「100」と設定した縦（値）軸で目盛を表示すると、100間隔で区切り線が表示される。

→縦（値）軸

目盛線

軸からプロットエリアに伸ばす線のこと。目盛線を表示すると、数値軸の数値や項目軸の項目名とグラフとの対応が分かりやすくなる。例えば、縦（値）軸の目盛線の間隔を「100」とすると、縦（値）軸に数値が「0、100、200……」と振られ、各数値に対応する目盛線が引かれる。

→縦（値）軸、プロットエリア

要素の間隔

棒グラフの棒同士の距離を指定する機能。要素の間隔を狭くすると、棒が太くなる。また、要素の間隔を「0」にすると棒同士がぴったりくっ付く。

横（値）軸

横棒グラフや散布図などでプロットエリアの下端に表示される数値の大きさを示す軸。軸は位置を基準に縦軸と横軸、用途を基準に数値軸と項目軸に分けられるが、横軸の数値軸を「横（値）軸」と呼ぶ。

→プロットエリア

横（項目）軸

端に表示される項目名を配置した軸。軸は位置を基準に縦軸と横軸、用途を基準に数値軸と項目軸に分けられるが、横軸の項目軸を「横（項目）軸」と呼ぶ。

ラベル

文字を表示するグラフ要素の総称。データラベルや軸ラベルなどがある。また、軸に表示される数値や項目名をラベルと呼ぶこともある。

→グラフ要素、軸ラベル、データラベル

ラベルの間隔

横（項目）軸や縦（項目）軸などの項目軸で、項目名を表示する間隔のこと。例えば、ラベルの間隔の単位として「2」を指定すると、項目名が1つ置きに表示される。

→縦（項目）軸、横（項目）軸

リンク貼り付け

コピーしたデータの貼り付け方法の1つ。貼り付けられたデータは、コピー元のデータと合わせて更新されるように、コピー元のデータとの関連付けが保持される。

索引

索引

本書を読み終えた方へ
できるシリーズのご案内

パソコン関連書籍

できるWindows11 パーフェクトブック

困った！＆
便利ワザ大全
2023年 改訂2版

法林岳之・一ケ谷兼乃・
清水理史＆
できるシリーズ編集部
定価：1,628円
（本体1,480円＋税10%）

基本から最新機能まですべて網羅。マイクロソフトの純正ツール「PowerToys」を使った時短ワザを収録。トラブル解決に役立つ1冊です。

できるExcel関数
Office 2021/2019/2016&Microsoft 365対応

尾崎裕子＆
できるシリーズ編集部
定価：1,738円
（本体1,580円＋税10%）

豊富なイメージイラストで関数の「機能」がひと目でわかる。実践的な使用例が満載なので、関数の利用シーンが具体的に学べる！

できるExcelピボットテーブル
Office 2021/2019/2016&Microsoft 365対応

門脇香奈子＆
できるシリーズ編集部
定価：2,530円
（本体2,300円＋税10%）

ピボットテーブルの基本から、「パワーピボット」「パワークエリ」など上級者向けテクニックまで詳しく紹介。すぐに使える練習用ファイル付き。

読者アンケートにご協力ください！

ご意見・ご感想を
お聞かせください！

https://book.impress.co.jp/books/1122101171

「できるシリーズ」では皆さまのご意見、ご感想を今後の企画に生かしていきたいと考えています。
お手数ですが以下の方法で読者アンケートにご協力ください。
ご協力いただいた方には抽選で毎月プレゼントをお送りします！

※プレゼントの内容については「CLUB Impress」のWebサイト（https://book.impress.co.jp/）をご確認ください。

1 URLを入力して[Enter]キーを押す

2 [アンケートに答える]をクリック

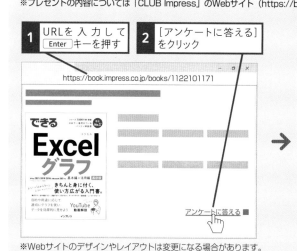

※Webサイトのデザインやレイアウトは変更になる場合があります。

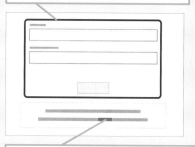

◆会員登録がお済みの方
会員IDと会員パスワードを入力して、[ログインする]をクリックする

◆会員登録をされていない方
[こちら]をクリックして会員規約に同意してからメールアドレスや希望のパスワードを入力し、登録確認メールのURLをクリックする

■著者
きたみあきこ

東京都生まれ。神奈川県在住。テクニカルライター。コンピュータ
ー関係の雑誌や書籍の執筆を中心に活動中。近著に『できる
Access 2021 Office 2021 & Microsoft 365両対応』『できる
Excelパーフェクトブック 困った！＆便利ワザ大全 Office
2021/2019/2016 & Microsoft 365対応』『できるイラストで学ぶ
入社1年目からのExcel』『できるイラストで学ぶ入社1年目からの
Excel VBA』（以上、インプレス）『極める。Excel デスクワークを
革命的に効率化する[上級]教科書』（翔泳社）『Excel関数＋組み合
わせ術　[実践ビジネス入門講座]【完全版】第2版』（SBクリエイ
ティブ）などがある。

●Office Kitami ホームページ
https://office-kitami.com/

STAFF

シリーズロゴデザイン	山岡デザイン事務所<yamaoka@mail.yama.co.jp>
カバー・本文デザイン	伊藤忠インタラクティブ株式会社
カバーイラスト	こつじゆい
本文イラスト	ケン・サイトー
サンプル制作協力	ハシモトアキノブ
DTP制作	田中麻衣子
校正	株式会社トップスタジオ
デザイン制作室	今津幸弘<imazu@impress.co.jp>
	鈴木　薫<suzu-kao@impress.co.jp>
制作担当デスク	柏倉真理子<kasiwa-m@impress.co.jp>
編集制作	株式会社トップスタジオ
編集	高橋優海<takah-y@impress.co.jp>
編集長	藤原泰之<fujiwara@impress.co.jp>
オリジナルコンセプト	山下憲治

■商品に関する問い合わせ先

このたびは弊社商品をご購入いただきありがとうございます。本書の内容などに関するお問い合わせは、下記のURLまたは二次元バーコードにある問い合わせフォームからお送りください。

https://book.impress.co.jp/info/

上記フォームがご利用いただけない場合のメールでの問い合わせ先

info@impress.co.jp

※お問い合わせの際は、書名、ISBN、お名前、お電話番号、メールアドレス に加えて、「該当するページ」と「具体的なご質問内容」「お使いの動作環境」を必ずご明記ください。なお、本書の範囲を超えるご質問にはお答えできないのでご了承ください。

●電話やFAXでのご質問には対応しておりません。また、封書でのお問い合わせは回答までに日数をいただく場合があります。あらかじめご了承ください。

●インプレスブックスの本書情報ページ https://book.impress.co.jp/books/1122101171 では、本書のサポート情報や正誤表・訂正情報などを提供しています。あわせてご確認ください。

●本書の奥付に記載されている初版発行日から3年が経過した場合、もしくは本書で紹介している製品やサービスについて提供会社によるサポートが終了した場合はご質問にお答えできない場合があります。

■落丁・乱丁本などの問い合わせ先

FAX　03-6837-5023

service@impress.co.jp

※古書店で購入された商品はお取り替えできません。

できるExcelグラフ

2023年5月21日　初版発行

著　者　きたみあきこ & できるシリーズ編集部

発行人　小川 亨

編集人　高橋隆志

発行所　株式会社インプレス
　　　　〒101-0051　東京都千代田区神田神保町一丁目105番地
　　　　ホームページ　https://book.impress.co.jp/

印刷所　株式会社広済堂ネクスト

ISBN978-4-295-01649-6 C3055

Printed in Japan